U0959935

全国高职高专院校装备制造大类专业规划教材
“互联网+”新形态信息化教材

电气控制技术

刘云　马莉娜　主编

天津大学出版社
TIANJIN UNIVERSITY PRESS

图书在版编目（CIP）数据

电气控制技术 / 刘云，马莉娜主编. -- 天津 ：天津大学出版社，2025. 5. --（全国高职高专院校装备制造大类专业规划教材）（“互联网+”新形态信息化教材）. -- ISBN 978-7-5618-8021-0

Ⅰ. TM921.5

中国国家版本馆CIP数据核字第2025ZF8278号

出版发行	天津大学出版社
地　　址	天津市卫津路92号天津大学内（邮编：300072）
电　　话	发行部：022-27403647
网　　址	www.tjupress.com.cn
印　　刷	河北鑫彩博图印刷有限公司
经　　销	全国各地新华书店
开　　本	787mm×1092mm　1/16
印　　张	16.25
字　　数	427千
版　　次	2025年5月第1版
印　　次	2025年5月第1次
定　　价	48.00元

本书编委会

主　编　刘　云　马莉娜
副主编　胡琼琼　郭玉坤
　　　　　曹玉柱

前言

Preface

电气控制技术的应用极为广泛，在工业生产、交通运输、能源化工、建筑照明、医疗、环保、军事等重要领域，均有不俗的表现，是推动工业升级，提升国家工业竞争力的核心技术之一。

“电气控制技术”是职业院校机电大类专业的专业核心课程。为满足国家对新时代高职教育提出的新要求，教材内容选取立足智能制造背景下企业发展新需求和机电类专业毕业生所需要岗位能力，积极“对接电工职业标准，对标行业企业工艺要求”，以学生知识、能力、素质结构为依据，以生产项目为导向，以工作任务为驱动，依据知识体系的递进关系，设计了 8 个项目和多个任务，将电气控制基础知识与应用技能有序衔接，内容覆盖面广，采用任务描述、知识准备、任务实施、考核评价的模式，把知识目标和能力目标的达成融入实践任务，帮助学生深入理解电气控制技术的理论知识，掌握电气控制系统的设计、安装、调试与运行维护等实践技能，为未来的职业发展奠定坚实基础。

项目 1 至项目 7 以三相异步电机启动、制动、调速控制线路的安装与调试为工作任务，重点介绍继电控制基础知识，让学生从实践过程中掌握低压电气元件和继电控制线路的相关知识与典型应用；项目 8“典型机床控制电路的识读和检修”，重点介绍常用机床电气控制系统 CA6140 型车床、Z3050 钻床、X62W 铣床、T68 镗床、M7120 磨床的电气控制线路及故障检修的一般方法，让学生进一步了解继电控制在工业生产中的典型应用及故障检修的一般方法。学习项目的选取对接职业岗位的要求与一线岗位的技术应用，内容先进、科学，具有针对性和典型性，有利于帮助学生就业创业和终身成长。

为方便学生展开碎片化学习，本书配有丰富的视频、动画、精品精评课等资源，极大丰富了学生的学习途径。期望本书能成为学习者掌握电气控制技术的得力助手。

校企合作企业宁夏大有电气集团有限公司原高级工程师曹玉柱参与了本书的编写，在此表示感谢。

编写本书时，编者查阅和参考了众多文献资料，从中得到了许多教益和启发，在此向参考文献的作者致以诚挚的谢意。由于编者水平有限和时间仓促，书中错误和不妥之处在所难免，恳请广大读者批评指正。

编者

2025 年 3 月

目录

Contents

项目 1

砂轮机电气控制线路的安装与调试

情境描述

砂轮机是装有砂轮、结构简单的电动机械装置，主要用于完成磨削粗糙工件、去毛刺、清理铸件、修磨刀具、除锈、抛光等工作。砂轮机按结构形式可分为落地式砂轮机、手提式砂轮机、切割砂轮机，虽然它们的结构形式、应用场合不同，控制要求也不一样，但其控制线路均为典型的电机启动控制。本项目以砂轮机电气控制线路的安装与调试为任务载体，学习电气控制技术知识，了解电机启动控制线路基本电气元件，掌握电气控制线路原理图、布局图、接线图的绘制方法及电气控制线路安装与调试的基本方法。

任务分解

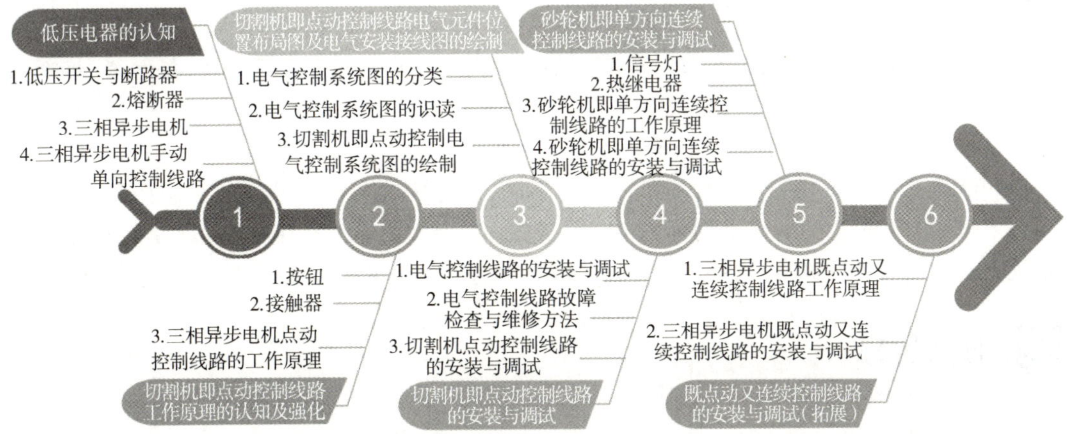

项目目标

知识目标

- 熟悉常用电气元件的工作原理结构组成及测量选用的基本方法。
- 理解简单的三相异步电机手动单向控制线路的基本组成及工作原理。
- 学习电气控制系统图的绘制与识图的基本方法。
- 了解电气控制线路的安装及接线工艺。
- 掌握电气控制线路安装与调试的知识准备。

技能目标

- 能根据系统控制要求正确选用熔断器、断路器、接触器、热继电器、中间继电器、主令电器、指示灯等电气元件。
- 能看懂电气控制系统图。
- 能正确使用电气元件的电气符号绘制“三相异步电机单向运行控制线路”的电气原理图。
- 能完成典型“三相异步电机单向运行控制线路”的安装与调试。

素质目标

- 培养学生的实践动手能力。
- 训练学生的工程思维。
- 培养学生的团队协作能力。

任务 1.1　低压电器的认知

任务描述

低压电气元件是构建电气控制系统的基础元件，常用的主要有断路器、接触器、熔断器等。它们在电路的通断控制、保护等方面发挥着关键作用。低压电器的性能直接影响电气控制系统的可靠性和稳定性。高质量的低压电器能有效降低故障发生概率，确保系统安全运行。随着科技的发展，新型低压电器不断涌现，为电气控制技术的智能化、自动化提供了有力支撑，推动电气控制技术向高效、节能、智能的方向发展。本任务以“简单的三相异步电机手动单向控制线路”的安装与调试为目标，学习该线路中的典型电气元件及使用方法。

任务目标

知识目标

- 学习低压断路器、熔断器、三相异步电机的结构、原理及主要参数。
- 理解简单的三相异步电机手动单向控制线路的基本组成及工作原理。

- 掌握电气控制线路安装与调试的知识准备。

技能目标

- 能根据系统控制要求正确选用低压断路器、熔断器、三相异步电机。
- 能使用万用表测量电气元件及电机。
- 能完成“简单的三相异步电机手动单向控制线路”的安装与调试。

知识准备

低压电器的相关知识。

电器在实际电路中的工作电压有高低之分，工作于不同电压下的电器可分为高压电器和低压电器两大类，凡工作在交流电压 1 200 V 及以下或直流电压 1 500 V 及以下电路中的电器均称为低压电器。

低压电器种类繁多，分类方法也有很多种。

按动作方式可分为手动控制电器和自动控制电器。手动控制电器是依靠外力（如人工）直接操作来进行切换的电器，如刀开关、按钮等。自动控制电器是依靠指令或物理量（如电流、电压、时间、速度等）变化而自动动作的电器，如接触器、继电器等。

按用途可分为低压控制电器和低压保护电器。低压控制电器主要在低压配电系统及动力设备中起控制作用，控制线路的接通、分断以及电机的各种运行状态，如刀开关、接触器、按钮等；低压保护电器主要在低压配电系统及动力设备中起保护作用，保护电源和电路或电机，使它们不至于在短路状态和过载状态下运行，如熔断器、热继电器等。有些电器既有控制作用，又有保护作用，如接触器既能频繁控制线路通断，又能防止电路因电压过低导致设备运行异常和避免设备在非正常状态下突然启动等欠压、失压保护；断路器既能控制线路的通断，又能起到短路保护、过载保护、欠电压保护等作用。

按低压电器有无触点的结构特点可分为有触点电器和无触点电器。目前有触点电器仍占多数，随着电子技术的发展，无触点电器的应用会日趋广泛。

1.1.1　低压开关与断路器

1.1.1.1　低压开关

低压开关主要用作隔离、转换及接通和分断电路，多数用于机床电路的电源开关和局部照明电路的开关，有时也可以用来直接控制小容量三相异步电机的启动、停止和正反转。低压开关一般为非自动切换电器，常用的有开启式负荷开关、封闭式负荷开关、组合开关和低压断路器。

1. 刀开关

（1）刀开关的结构和外形。常用刀开关的结构和外形如图 1-1-1 所示。在低压电路中，刀开关一般用于不频繁地手动接通/断开电路和作为电源隔离开关使用，是一种手动配电电器。刀开关可以用作电源开关、照明电路的控制开关或小容量电机的启停控制开关。

刀开关主要由手柄、触刀、静插座、铰链支座和绝缘底板组成。刀开关按极数可分为单极、双极和三极刀开关;按操作方式可分为直接手柄操作、正面旋转手柄操作、杠杆操作和电动操作刀开关;按转换方式可分为单投和双投刀开关。

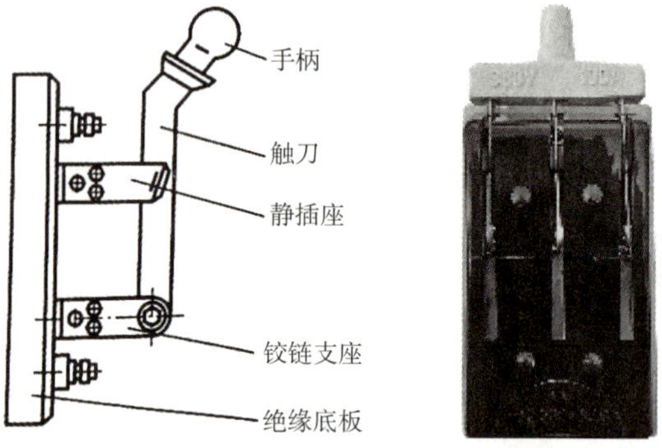

(a) (b)

图 1-1-1 刀开关的结构和外形

(a)刀开关结构;(b)刀开关外形

(2)刀开关的电气符号。刀开关的图形符号及文字符号如图 1-1-2 所示。

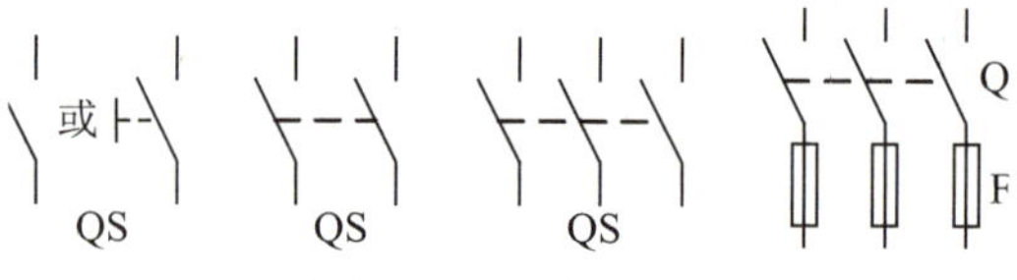

(a) (b) (c) (d)

图 1-1-2 刀开关的图形、文字符号

(a)单极;(b)双极;(c)三极;(d)三极刀熔开关

(3)刀开关的型号及含义。刀开关有 HD(单投)系列和 HS(双投)系列,它们都适用于交流供电频率 50 Hz、额定电压 500 V 以下,直流额定电压 440 V 以下、额定电流 1 500 A 以下的成套配电装置中,可作为非频繁手动接通和分断电路使用,或作为隔离开关使用,其型号含义如图 1-1-3 所示。

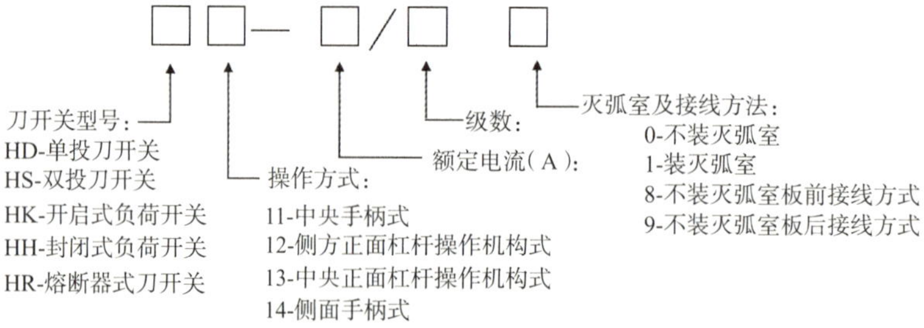

图 1-1-3 刀开关的型号及含义

(4)刀开关的选择。

①根据使用场合,选择刀开关的类型、极数及操作方式。

②刀开关的额定电压应大于或等于线路电压。

③刀开关的额定电流应大于或等于线路的额定电流。对于电机负载,开启式刀开关额定电流可取电机额定电流的 3 倍,封闭式刀开关额定电流可取电机额定电流的 1.5 倍。

表 1-1-1 为 HK1 系列开启式负荷开关的主要技术参数。

表 1-1-1　HK1 系列开启式负荷开关的主要技术参数

<table>
<tr><th rowspan="3">型号</th><th rowspan="3">极数</th><th rowspan="3">额定电流/A</th><th rowspan="3">额定电压/V</th><th colspan="2" rowspan="2">可控制电机最大功率/kW</th><th colspan="4">配用熔丝规格</th></tr>
<tr><th colspan="3">熔丝成分/%</th><th rowspan="2">熔丝截面/mm^2</th></tr>
<tr><th>220 V</th><th>380 V</th><th>锑</th><th>铅</th><th>锡</th></tr>
<tr><td>HK1-15</td><td>2</td><td>15</td><td>220</td><td>—</td><td>—</td><td rowspan="6">98</td><td rowspan="6">1</td><td rowspan="6">1</td><td>1.45~1.59</td></tr>
<tr><td>HK1-30</td><td>2</td><td>30</td><td>220</td><td>—</td><td>—</td><td>2.30~2.52</td></tr>
<tr><td>HK1-60</td><td>2</td><td>60</td><td>220</td><td>—</td><td>—</td><td>3.36~4.00</td></tr>
<tr><td>HK1-15</td><td>3</td><td>15</td><td>380</td><td>1.5</td><td>2.2</td><td>1.45~1.59</td></tr>
<tr><td>HK1-30</td><td>3</td><td>30</td><td>380</td><td>3.0</td><td>4.0</td><td>2.30~2.52</td></tr>
<tr><td>HK1-60</td><td>3</td><td>60</td><td>380</td><td>4.5</td><td>5.5</td><td>3.36~4.00</td></tr>
</table>

(5)刀开关的识别与检测。

HK1 系列开启式负荷开关的识别与检测方法见表 1-1-2。

表 1-1-2　HK1 系列开启式负荷开关的识别与检测方法

序号	任务内容	操作说明
1	识读型号	型号标注在开启式负荷开关的胶盖上
2	识别接线端	接线座上端为进线端,接线座下端为出线端
3	检测开启式负荷开关的好坏	选择万用表电阻挡,用两支表笔分别搭接在开启式负荷开关的进、出线端子上。当合上开关时,若阻值为 0,则开启式负荷开关正常;若阻值为无穷大,则开启式负荷开关已断路,应当检查熔体连接是否可靠等

(6)刀开关的安装与维护。

①刀片应垂直安装。

②手柄向上为合闸状态,向下为分闸状态,不得倒装或平装。

③接线时应将电源线接在上端,负载线接在下端,避免负载线因重力自动下落,引起误动合闸。

④刀开关作电源隔离开关使用时,合闸顺序是先合上刀开关,再合上其他用以控制负载的开关;分闸顺序则相反。

微课　刀开关的维护——保险的更换

2. 组合开关

组合开关又称转换开关,它的操作手柄在平行于其安装面的平面内向左或向右转动。

它具有多触点、多位置、体积小、性能可靠、操作方便、安装灵活等特点，如图 1-1-4 所示。组合开关的种类很多，常用的有 HZ5、HZ10、HZ15 等系列。

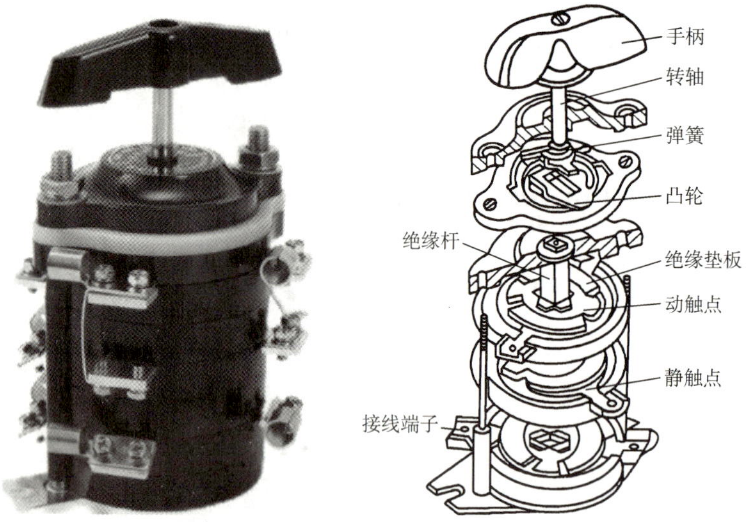

（a）　　（b）

图 1-1-4　HZ10-100/3 型组合开关

（a）外观；（b）结构

（1）组合开关的外形、结构及电气图形和文字符号。

组合开关按操作机构可分为无限位型和有限位型两种，其结构略有不同。组合开关的型号及含义如图 1-1-5 所示。

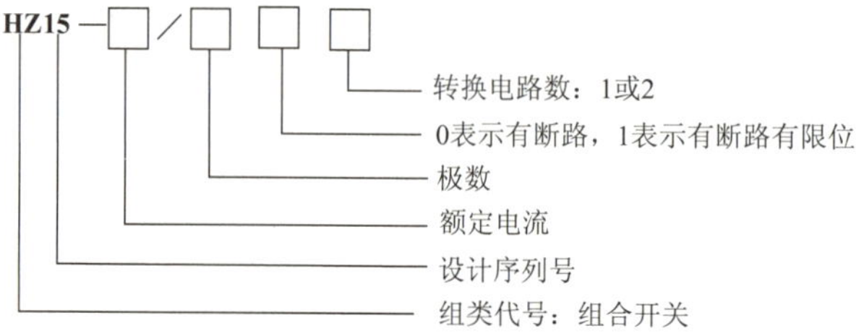

图 1-1-5　组合开关的型号及含义

理论联系实际：

根据图 1-1-5 分析组合开关 HZ10-100/3 型的含义。

组合开关有三个静触片，每一个静触片的一端固定在绝缘垫板上，另一端伸出盒外，并附有接线柱，以便和电源线及用电设备的导线相连。三个动触片装在另外的绝缘垫板上，垫板套装在附有绝缘手柄的绝缘杆上，手柄能沿任何方向每次旋转 90°，带动三个动触片分别与三个静触片接通或断开。为了使开关在切断负荷电流时所产生的电弧能迅速熄灭，在开关的转轴上都装有弹簧储能机构，使开关能快速闭合与分断，其分断、闭合速度与手柄旋转速度无关。

组合开关的各触点状态可用文字叙述法、闭合表法和图示法三种方式表达。组合开关电气符号的表示方法有两种：一种是触点状态图结合通断表；另一种与手动刀开关图形符号相似，如图 1-1-6 所示。

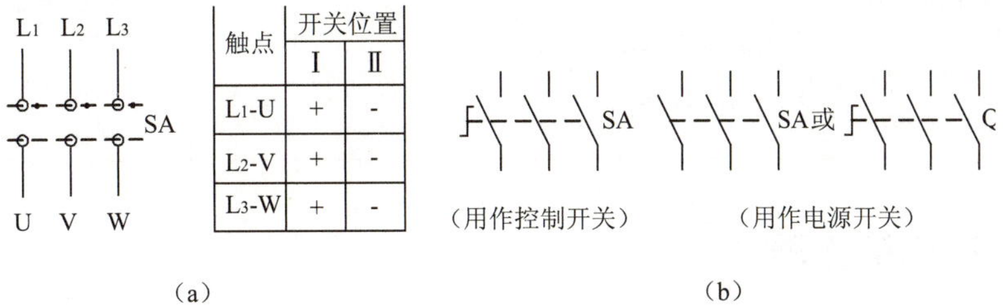

图 1-1-6　组合开关的触点状态表及电气符号

（a）触点状态图及通断表；（b）文字符号及图形符号

（2）组合开关的选择。

组合开关用于照明电路时，其额定电流应大于或等于被控制线路中各负载电流的总和。

组合开关用于电机电路时，其额定电流一般取电机额定电流的 1.5~2.5 倍。

（3）组合开关的识别与检测。

HZ10 系列组合开关的识别与检测方法见表 1-1-3。

微课　组合开关的检测

表 1-1-3　HZ10 系列组合开关的识别与检测方法

序号	任务内容	操作说明
1	识读型号	型号标注在组合开关的手柄下方的胶盖上
2	识别接线端	接线座上端为进线端，接线座下端为出线端
3	检测组合开关的好坏	选择万用表电阻挡，用两支表笔分别搭接在组合开关的进、出线端子上。当手柄旋到“0”位置时组合开关断开，则阻值应为无穷大；当手柄旋到“1”位置时组合开关闭合，则阻值应为 0

（4）组合开关的使用。

组合开关不能用来分断故障电流。当组合开关用于控制电机做可逆运转时，必须在电机完全停止转动后，才允许反向接通。

当操作较频繁或负载功率因数较低时，组合开关要降容使用，否则会影响开关寿命。

（5）组合开关的常见故障及其处理方法。

组合开关的常见故障及其处理方法见表 1-1-4。

表 1-1-4　组合开关的常见故障及其处理方法

序号	故障现象	产生原因	处理方法
1	手柄转动而内部触点未动	手柄磨损	更换手柄
		操作机构损坏	修复或更换
		绝缘方杆磨损	更换绝缘方杆
		转轴与绝缘方杆装配松动	紧固

续表

序号	故障现象	产生原因	处理方法
2	开关相间短路	铁屑或油污黏附在接线柱间形成导电层，破坏绝缘而形成短路	清除铁屑或油污，更换绝缘件
3	手柄转动而各对动、静触点不能同时通、断	维修后触点位置装配不正确	重新装配
		触点弹簧失去弹性或有尘污	更换弹簧或清除尘污

1.1.1.2　低压断路器

低压断路器又称为空气开关或自动开关，相当于刀开关、熔断器和过电流继电器的组合。低压断路器负责负载电流的开闭，在发生过载及短路事故时可自动切断电路，可用来分配电能、启动异步电机（不频繁的场合）、对电机及电源进行保护，既具有手动开关的作用，又能自动进行欠压、失压、过载和短路保护。

1. 低压断路器的分类和用途

常见低压断路器，如图 1-1-7 所示。

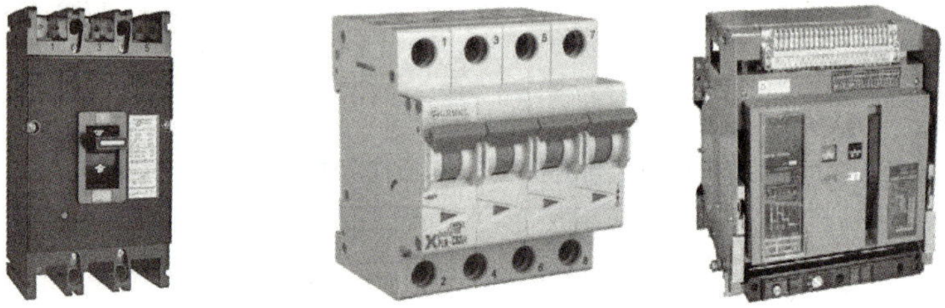

（a）　　　　（b）

图 1-1-7　常见低压断路器

（a）框架式；（b）塑壳式

2. 功能和工作原理

低压断路器的结构如图 1-1-8 所示。低压断路器主要由触点、灭弧系统、各种脱扣器和操作机构等组成。脱扣器与低压断路器的功能相对应，分为自由脱扣器、过电流脱扣器、分励脱扣器、热脱扣器和失压（欠电压）脱扣器。

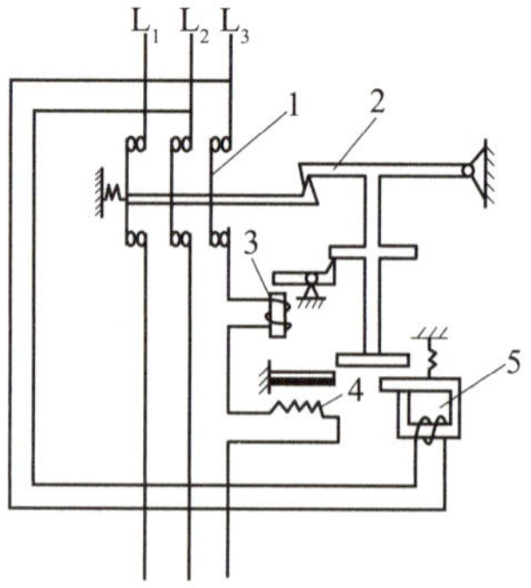

1—主触点；2—自由脱扣器；3—过电流脱扣器；4—分励脱扣器；5—热脱扣器

图 1-1-8　低压断路器结构示意图

低压断路器的工作原理：断路器的主触点靠手动或电动操作机构合闸。主触点闭合后，自由脱扣器将主触点锁在合闸位置上。

过电流脱扣器的线圈和热脱扣器的热元件与主电路串联。当电路发生短路或出现过电流时，过电流脱扣器的衔铁吸合，过电流脱扣器所产生的电磁力使挂钩脱扣，并使自由脱扣器动作，动触点在弹簧的拉力作用下迅速断开，主触点断开主电路。当电路过载时，热脱扣器的热元件发热使双金属片向上弯曲，推动自由脱扣器动作。

失压脱扣器的线圈与电源并联。当电路失压时，失压脱扣器的衔铁释放，使自由脱扣器动作。分励脱扣器用于远程控制，正常工作时，其线圈失电。在需要远程控制时，按下远程控制按钮，分励脱扣器的线圈得电，衔铁产生电磁力带动自由脱扣器动作，使断路器主触点断开。

漏电保护器可以检测线路异常，并在电流强度和时间达到伤害程度之前跳闸，切断电源主电路，充分保证人身安全。灭弧系统将动、静触点分断时产生的电弧引入灭弧栅片中，分割成小段，切断电弧并使弧熄灭。

3. 低压断路器的型号和电气符号

低压断路器的型号及其含义如图 1-1-9 所示。

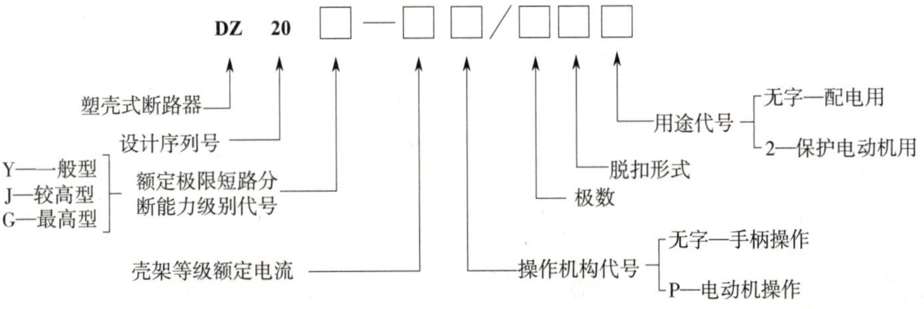

图 1-1-9　低压断路器符号含义

低压断路器的图形符号及文字符号如图 1-1-10 所示。

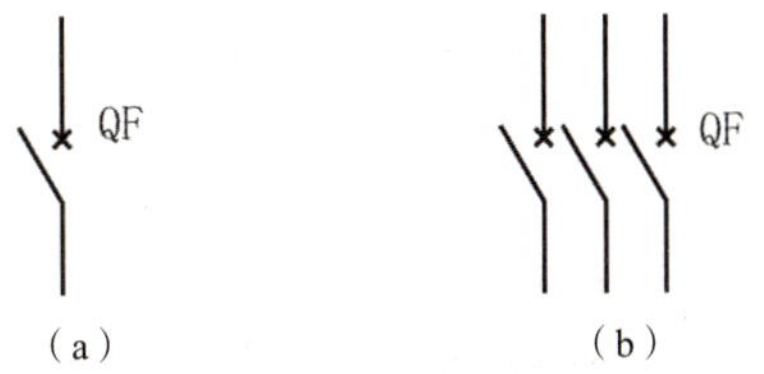

图 1-1-10　低压断路器的图形符号及文字符号

(a)单相低压断路器的符号；(b)三相低压断路器的符号

4. 低压断路器的主要技术参数

以塑壳式断路器为例，低压断路器的主要技术参数有额定工作电压、额定电流、额定极限短路分断能力、额定运行短路分断能力、电气寿命、机械寿命等。DZ20 系列低压断路器的主要技术参数见表 1-1-5。

表 1-1-5　DZ20 系列低压断路器的主要技术参数

型号	壳架额定电流/A	断路器额定电流 I_N/A	瞬时脱扣器整定电流倍数	额定电压/V
DZ20Y-100	100	16，20，25，32，40，50，63，80.100	配电用 10 A；保护电机用 12 A	交流 380 直流 220 DZ47S-C63 低压断路器型号解读
DZ20I-100				
DZ20G-100				
DZ20Y-225	225	100，125，160，180，200，225	配电用 5 A、10 A；保护电机用 12 A	
DZ20I-225				
DZ20G-225				
DZ20Y-400	400	250，315，350，400	配电用 10 A；保护电机用 12 A	
DZ20J-400				
DZ20G-400				
DZ20Y-630	630	400，500，630	配电用 5 A、10 A	
DZ20J-630				

理论联系实际：

产品	参数	含义
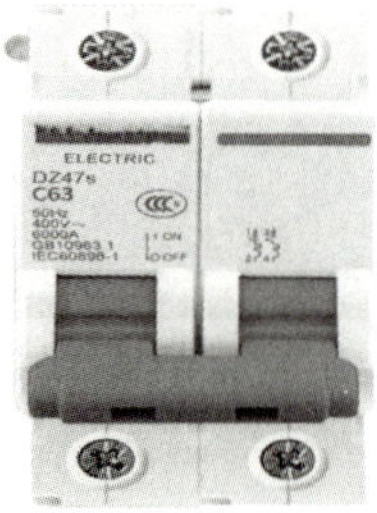	DZ47S	
	C63	
	50Hz400V	
	IEC10963	
	GB10963	
	6000A	
	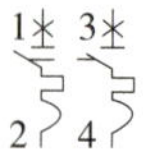	

5. 低压断路器的选择原则

低压断路器的选择应从以下几方面考虑。

（1）根据使用场合和保护要求选择断路器类型。

如照明线路、电机控制一般选用塑壳式断路器；配电线路短路电流很大时应选用限流式断路器；额定电流比较大或有选择性保护要求时选用框架式断路器。

（2）保护含有半导体器件的直流电路时应选用直流快速断路器。

断路器的额定电压、额定电流应大于或等于线路、设备的正常工作电压和工作电流。用于控制电机的断路器，其瞬时脱扣电流整定值取 $I_z \geq KI_{st}$，式中，K 为安全系数，取 1.5~1.7；I_{st} 为电机的启动电流。

微课　低压断路器的选择原则

(3)断路器极限分断能力应大于或等于线路可能出现的最大短路电流。

(4)失压脱扣器额定电压等于线路额定电压。

(5)过电流脱扣器额定电流大于或等于线路的最大负载电流。

(6)热脱扣器的整定电流应等于所控制负载的额定电流。

(7)电磁脱扣器的瞬时脱扣整定电流应大于负载正常工作时可能出现的峰值电流。

6. 低压断路器的使用与检测方法

1)低压断路器的使用

断路器应垂直安装在开关板上,电源接线端朝上,负载接线端朝下;断路器各脱扣器动作整定值一经整定好,不允许随意变动;断路器用作电源总开关或电机的控制开关时,在电源进线侧必须加装刀开关或熔断器等,作为明显的断开点。

注意:电气元件中带有色标的螺钉,表示已经整定好,不得改变。

2)低压断路器的识别与检测方法

低压断路器的识别与检测方法见表 1-1-6。

表 1-1-6　低压断路器的识别与检测方法

序号	任务内容	操作说明
1	识读型号	型号标注在低压断路器产品的正面
2	识别接线端	接线座上端为进线端,接线座下端为出线端
3	检测低压断路器的好坏	选择万用表电阻挡,用两支表笔分别搭接在低压断路器的进、出线端子上。当合上低压断路器时,阻值应为 0;当断开低压断路器时,阻值应为无穷大

1.1.2　熔断器

低压熔断器的作用是在线路中做短路保护,通常简称为熔断器。短路是电气设备或导线的绝缘损坏而导致的一种电气故障。熔断器应串联在被保护的电路中。正常情况下,熔断器的熔体相当于一段导线,当电路发生短路故障时,熔体迅速熔断分断电路,从而起到保护线路和电气设备的作用。熔断器的结构简单,价格低,使用维护方便,因而得到广泛应用。图 1-1-11(a)为常用低压熔断器的外形图,图 1-1-11(b)为低压熔断器在电路图中的符号。

微课　熔断器更换的注意事项

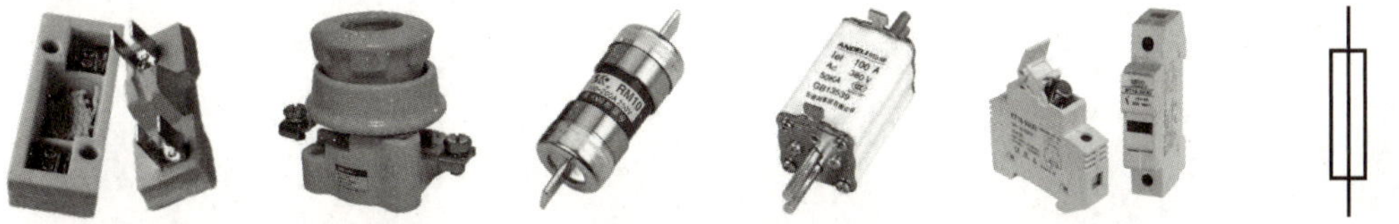

RCX 型　RL 型　RM 型　RTO 型　RT18 型　符号

(a)　(b)

图 1-1-11　低压熔断器

(a)常用低压熔断器的外形图;(b)熔断器电气符号

1.1.2.1　熔断器的结构

“RT 18-32X”熔断器型号的含义

熔断器由熔体、安装熔体的熔管和熔座三部分组成。熔体是熔断器的核心，常制成丝状、片状或栅状，制作熔体的材料一般有铅锡合金、锌、银等，根据受保护电路的要求而定。熔管是熔体的保护外壳，用耐热绝缘材料制成，在熔体熔断时兼有灭弧作用。熔座是熔断器的底座，用于固定熔管和外接引线。

熔断器的型号及意义说明如图 1-1-12 所示。

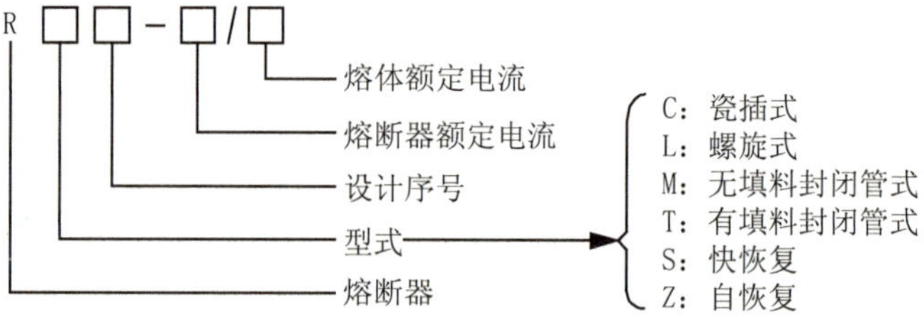

图 1-1-12　熔断器型号含义

理论联系实际：

根据熔断器型号含义解读 RT18-32X 熔断器的型号含义。

1.1.2.2　熔断器的主要技术参数

额定电压：指熔断器长期工作所能承受的电压。如果熔断器的实际工作电压大于其额定电压，熔体熔断时可能会发生电弧不能熄灭的危险。

额定电流：指保证熔断器能长期正常工作的电流。它由熔断器各部分长期工作时允许的温升决定。

分断能力：在规定的使用和性能条件及电压下，熔断器能分断的预期分断电流值。常用极限分断电流值来表示。

时间-电流特性：也称为安-秒特性或保护特性，指在规定的条件下，表示流过熔体的电流与熔体熔断时间的关系曲线，如图 1-1-13 所示。从特性上可以看出，熔断器的熔断时间随电流的增大而缩短，具有反时限特性。

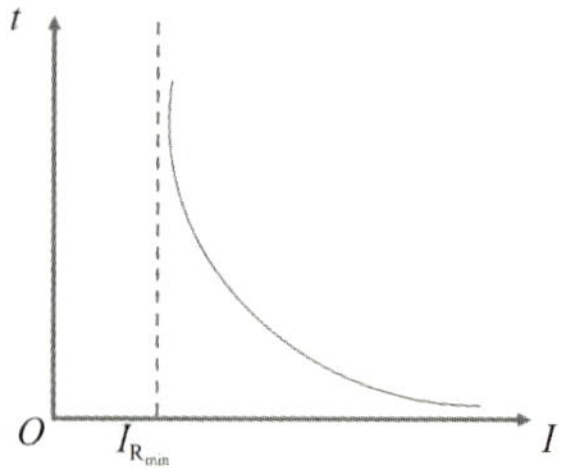

图 1-1-13　熔断器安-秒特性曲线

根据曲线可以看出，熔体在额定电流 I_N 下不应熔断，所以最小熔化电流 $I_{R_{min}}$ 必须大于额定电流 I_N。一般熔断器的熔断电流 I_s 与熔断时间 t 的关系见表 1-1-7。

表 1-1-7　一般熔断器的熔断电流 I_s 与熔断时间 t 的关系

熔断电流 I_S/A	$1.25I_N$	$1.6I_N$	$2.0I_N$	$2.5I_N$	$3.0I_N$	$4.0I_N$	$8.0I_N$	$10.0I_N$
熔断时间 t/s	∞	3 600	40	8	4.5	2.5	1	0.4

由表 1-1-7 可以看出，熔断器对过载的反应是很不灵敏的，当电气设备发生轻度过载时，熔断器将持续很长时间才能熔断，有时甚至不熔断。因此除照明和电加热电路外，熔断器一般不宜用作过载保护电器，主要用于短路保护。

1.1.2.3　熔断器的选择

1. 熔断器的基本要求

在电气设备正常运行时，熔断器应不熔断；在出现短路故障时，熔断器应立即熔断；在电流发生正常变动（如电机启动时）时，熔断器应不熔断；在用电设备持续过载时，熔断器应延时熔断。

2. 熔断器的选用要素

熔断器的选用主要包括类型、熔断器的额定电压、熔断器的额定电流和熔体额定电流的选择。

（1）熔断器类型的选用。

应当根据使用环境、负载性质和短路电流的大小来选用适当类型的熔断器。例如，对于容量较小的照明电路，可选用 RT 系列圆筒帽形熔断器或 RC1A 系列瓷插式熔断器；对于短路电流相当大的电路或有易燃气体的环境，应选用 RL0 系列有填料封闭管式熔断器；在机床控制线路中，多用 RL 系列螺旋式熔断器；用于对半导体功率元件（即晶闸管）的保护，应选用 RS 或 RLS 系列熔断器。

（2）熔断器的额定电压和额定电流的选用。

熔断器的额定电压必须等于或大于线路的额定电压；熔断器的额定电流必须等于或大于所装熔体的额定电流；熔断器的分断能力应大于电路中可能出现的最大短路电流。

熔体额定电流的选用：对照明和电热等电流较平稳、无冲击电流的短路保护，熔体的额定电流应等于或稍大于负载的额定电流。对于一台不经常启动且启动时间不长的电机的短路保护，熔体的额定电流应大于或等于 1.5~2.5 倍电机的额定电流。对于多台电机的短路保护，熔体的额定电流应大于或等于其中最大容量电机额定电流的 1.5~2.5 倍，再加上其余电机额定电流的总和。

例：某机床电机的型号为 Y112M-4，额定功率为 4 kW，额定电压为 380 V，额定电流为 8.8 A，该电机正常工作时不需要频繁启动。如用熔断器为该电机提供短路保护，试确定熔断器的型号规格。

解：选择熔断器的类型。该电机在机床电路中使用，所以熔断器可选用 RL1 系列螺旋式熔断器。

选择熔体的额定电流:由于保护的电机不需要经常启动,所以熔体的额定电流取为:

I_{RN}=(1.5~2.5)×8.8=13.2~22(A)。

查表得熔体的额定电流为:I_{RN}=20 A 或 15 A,但选取时常常留有一定余量,故选取 I_{RN}=20 A。

选择熔断器的额定电流和额定电压:查表,可选 RL1-60/20 型熔断器,其额定电流为 60 A,额定电压为 500 V。

1.1.2.4 熔断器的常见故障及处理方法

熔断器的常见故障及处理方法见表 1-1-8。

表 1-1-8 熔断器的常见故障及处理方法

故障现象	可能原因	处理方法
电源接通瞬间,熔体熔断	熔体电流等级选择过小	更换熔体
	负载侧短路或接通	排除负载故障
	熔体安装时受到机械损伤	更换熔体
熔体未熔断,但电路不通	熔体或接线座接触不良	重新连接

学有所悟:

熔断器宛如电路系统中一位沉默而坚毅的守护者。当电流超出安全界限,面临过载风险时,熔断器以自身的熔断为代价,果断切断危险电流的传输路径,从而有效阻止潜在电气灾害的肆意蔓延。这一特性与社会生活中众多坚守原则的角色有着惊人的相似之处:食堂师傅发现燃气泄漏立即关阀;仓库管理员下架过期食品;公交车司机拒载超员乘客等。这些行为说明:安全需要主动切断危险。就像熔断器快速反应、电工更换老化插座、员工撤下临期商品等细微保护,共同构成社会安全网。

1.1.3 三相异步电机

1.1.3.1 电机概述及分类

在现代日常生产过程中,各种生产机械都广泛采用电机来拖动。电机按接入电源种类的不同可分为交流电机和直流电机。交流电机又分为异步电机和同步电机两种,其中,异步电机具有结构简单、工作可靠、价格低、维护方便及效率较高等优点,其缺点是功率因数较低,调速性能不如直流电机。三相异步电机是所有电机中应用最为广泛的一种。一般的机床、起重机、传送带、鼓风机、水泵及各种农副产品的加工等都普遍采用三相异步电机;各种家用电器、医疗器械和许多小型机械则采用单相异步电机;在一些有特殊要求的场合,则使用特种异步电机。电机的分类如图 1-1-14 所示。

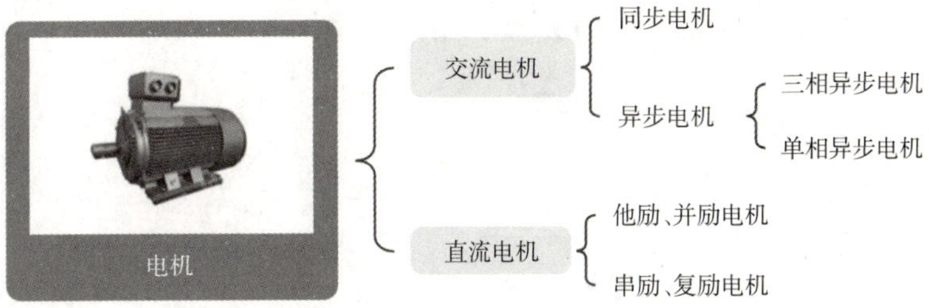

图 1-1-14　电机的分类

1.1.3.2　三相异步电机外观及结构

三相异步电机是一种常见的交流电机，广泛应用于工业、农业、交通运输、国防等领域。在工业领域，它是各种机床、水泵、风机、压缩机等设备的主要动力源。其外观结构如图 1-1-15 所示。它由定子和转子两个基本部分组成：固定不动的部分，称为定子；旋转部分，称为转子。

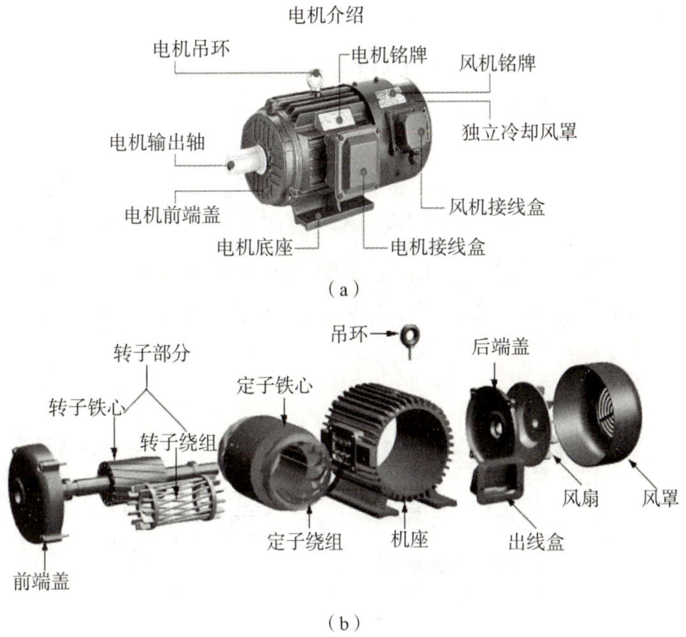

图 1-1-15　三相异步电机外观及结构图

（a）三相异步电机外观；（b）三相异步电机结构图

1. 定子

定子由机座、定子铁心、定子绕组和端盖等组成。定子绕组是定子的电路部分，中小型电机一般采用漆包线绕制而成，共分三组，分布在定子铁心槽内。它们在定子内圆周空间的排列是彼此相隔 120°，构成对称的三相绕组。三相绕组共有 6 个出线端，通常接在置于电机外壳上的接线盒中。三相绕组的首端分别用 U_1、V_1、W_1 表示，对应的末端分别用 U_2、V_2、

W_2表示。三相定子绕组可以连接成星形或三角形，如图 1-1-16 所示。

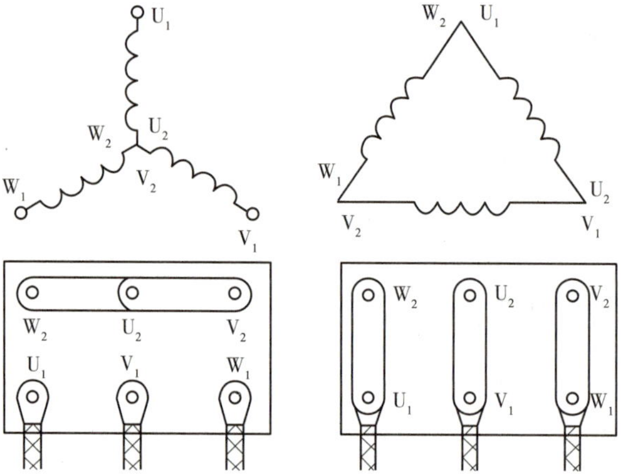

图 1-1-16　三相异步电机定子绕组的接法

2. 转子

转子由转子铁心、转子绕组、转轴和风扇等组成。转子铁心为圆柱形，通常由制作定子铁心冲片剩下的内圆硅钢片叠成，压装在转轴上。转子铁心与定子铁心之间有微小的气隙，转子铁心、定子铁心和气隙共同组成了电机的磁路。转子铁心外圆周上有许多均匀分布的槽，这些槽用来安放转子绕组。

转子绕组有笼型转子绕组和绕线转子绕组两种。笼型转子绕组是由嵌在转子铁心槽内的若干铜条组成的，两端分别焊接在两个短接的端环上。如果去掉铁心，转子绕组的外形就像一个笼子，故称为笼型转子绕组。目前中小型笼型电机大都在转子铁心槽中浇铸铝液，铸成笼型绕组，并在端环上铸出许多叶片，作为冷却用的风扇。笼型转子的结构如图 1-1-17 所示。

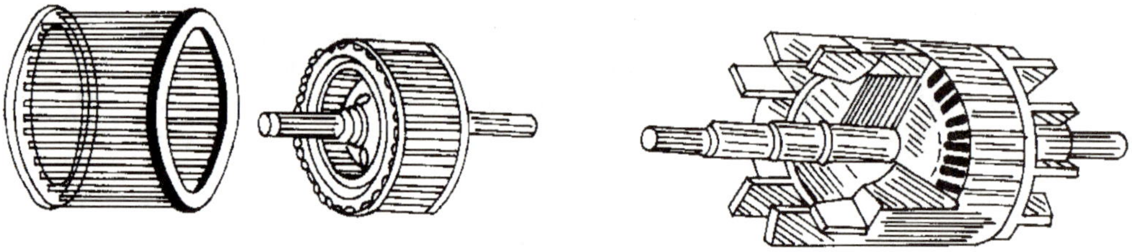

（a）　　（b）

图 1-1-17　笼型转子的结构图

（a）大型电机；（b）中、小型电机

绕线转子绕组与定子绕组相似，在转子铁心槽内嵌放对称的三相绕组，作星形连接。三相绕组的三个尾端连接在一起，三个首端分别接到装在转轴上的三个铜制集电环上，通过电刷与外电路的可变电阻器相连接，用于启动或调速，如图 1-1-18 所示。

由于绕线转子异步电机的结构较复杂、价格较高，一般只用于对启动和调速有较高要求的场合，如立式车床、起重机等。

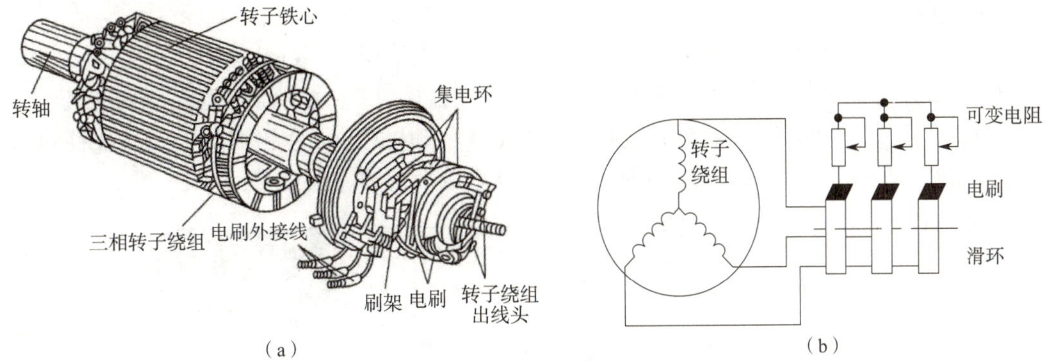

图 1-1-18　绕线转子

（a）绕线型转子形状；（b）结构示意图

3. 三相异步电机的内部接线方式

三相电机的三相定子绕组每相绕组都有两个引出线头，分别是 U_1-U_2、V_1-V_2 和 W_1-W_2。这六个引出线头引入接线盒的接线柱上，接线柱相应标出 U_1、U_2、V_1、V_2、W_1、W_2 的标记，如图 1-1-19 所示。三相定子绕组的六个端头可将三相定子绕组接成星形或三角形。一台电机是接成星形还是接成三角形，应视厂家规定而定，可以从电机铭牌上查到。三相定子绕组的首末端是生产厂家事先设定好的，绝不可任意颠倒，但可将三相绕组的首末端一起颠倒，例如将三相绕组的末端 U_2、V_2、W_2 倒过来作为首端，而将 U_1、V_1、W_1 作为末端，但绝不可单独将一相绕组的首末端颠倒，否则将产生接线错误。如果接线盒中发生接线错误，或者绕组首末端弄错，轻则电机不能正常启动，长时间通电造成启动电流过大，电机发热严重，影响寿命；重则烧毁电机绕组，或造成电源短路。

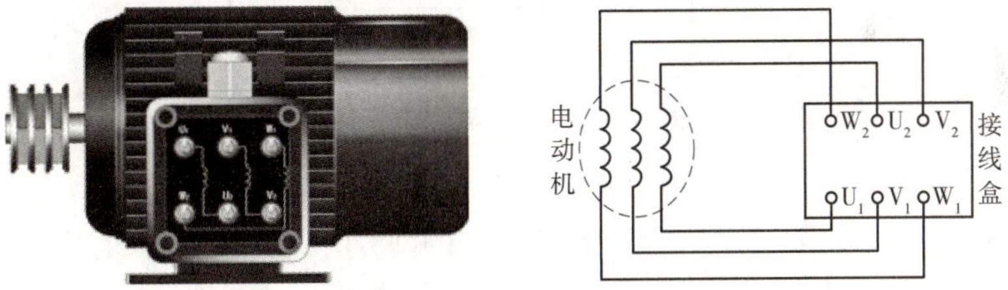

图 1-1-19　三相交流异步电机接线端子

1）星形接法

星形接法是将三相绕组的末端并联起来，即将 U_2、V_2、W_2 三个接线柱用铜片连接在一起，而将三相绕组首端分别接入三相交流电源，即将 U_1、V_1、W_1 分别接入 L1、L2、L3 相电源，如图 1-1-20 所示。

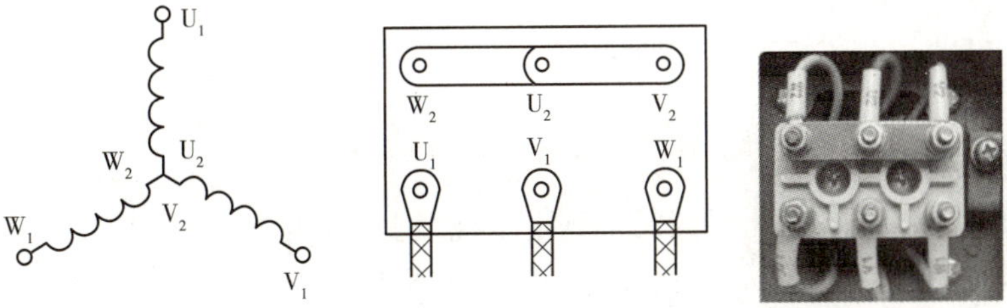

图 1-1-20　星形接法

2）三角形接法

三角形接法是将第一相绕组的首端 U_1 与第三相绕组的末端 W_2 相连接，再接入第一相电源；第二相绕组的首端 V_1 与第一相绕组的末端 U_2 相连接，再接入第二相电源；第三相绕组的首端 W_1 与第二相绕组的末端 V_2 相连接，再接入第三相电源。即在接线板上将接线柱 U_1 和 W_2、V_1 和 U_2、W_1 和 V_2 分别用铜片连接起来，再分别接入三相电源，如图 1-1-21 所示。

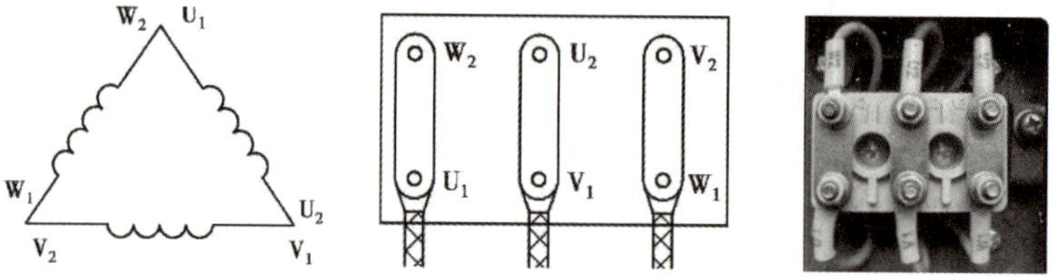

图 1-1-21　三角形接法

1.1.3.3　铭牌数据的识读

铭牌安装在三相异步电机的机座上，如图 1-1-22 所示。上面标有电机的型号、规格和相关技术数据，要正确使用电机，就必须看懂铭牌。现以 Y112M-4 型电机为例来说明铭牌上各个数据的含义。

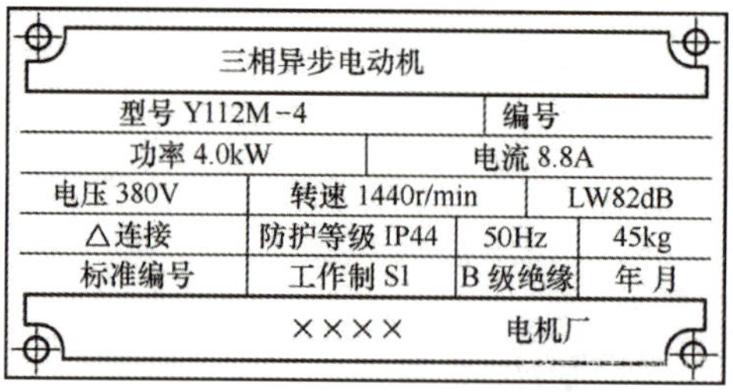

三相异步电动机

型号 Y112M-4		编号	
功率 4.0kW		电流 8.8A	
电压 380V	转速 1440r/min	LW82dB	
△连接	防护等级 IP44	50Hz	45kg
标准编号	工作制 SI	B 级绝缘	年 月

××××　　电机厂

图 1-1-22　三相异步电机铭牌

微课　三相异步电机铭牌的识读

1. 型号

型号是电机类型、规格的代号。国产异步电机的型号由汉语拼音字母以及国际通用符号和阿拉伯数字组成。如 Y112M-4 中：Y 表示三相笼型异步电机，112 表示机座中心高 112 mm，M 表示机座长度代号（S-短机座，M-中机座，L-长机座），4 表示磁极数（磁极对数 p=2）。

2. 接法

接法是指电机在额定电压下，三相定子绕组的连接方式：Y 或△。一般功率在 4 kW 以下的电机采用 Y 连接，4 kW 及以上的电机采用△连接。

3. 额定频率 f_N（Hz）

额定频率是指电机定子绕组所加交流电源的频率，我国工业用交流电源的标准频率为 50 Hz。

4. 额定电压 U（V）

额定电压是指电机在正常运行时加到定子绕组上的线电压。

5. 额定电流 I_N（A）

额定电流是指电机在正常运行时，定子绕组的线电流。

6. 额定功率 P_N(kW)和额定效率 η_N

额定功率也称额定容量，是指在额定电压、额定频率和额定负载条件下运行时，电机轴上输出的机械功率。额定效率是指输出机械功率与输入电功率的比值。

7. 额定转速 n_N(r/min)

额定转速是指在额定频率、额定电压和额定输出功率条件下，电机每分钟的转数。

8. 温升和绝缘等级

电机运行时，其温度高出环境温度的允许值即为温升。环境温度为 40 ℃，温升为 65 ℃的电机最高允许温度为 105 ℃。

绝缘等级是指电机定子绕组所用绝缘材料允许的最高温度等级，有 A、E、B、F、H、C 六级。目前，一般电机采用较多的是 E 级和 B 级。允许温升的高低与电机所采用的绝缘材料的绝缘等级有关。常见的绝缘等级和最高允许温度之间的关系见表 1-1-9。

表 1-1-9　绝缘等级和最高允许温度之间的关系

绝缘等级	A	E	B	F	H	C
最高允许温度/℃	105	120	130	155	180	>180

9. 功率因数 cos ψ

三相异步电机的功率因数较低，在额定运行时为 0.7~0.9，空载时只有 0.2~0.3。因此，必须正确选择电机的容量，防止“大马拉小车”，并力求缩短空载运行时间。

10. 工作方式

异步电机常用的工作方式有连续、短时和断续三种。

(1)连续工作方式。用代号 S1 表示，可按铭牌上规定的额定功率长期连续工作，而温升不会超过允许值。

(2)短时工作方式。用代号 S2 表示，每次只允许在规定时间以内按额定功率运行，如果运行时间超过规定时间，则会使电机过热而受到损坏。

(3)断续工作方式。用代号 S3 表示，电机以间歇方式运行。如起重机械的拖动多为此种方式。

1.1.3.4　电机电气符号

三相异步电机的电气符号如图 1-1-23 所示。

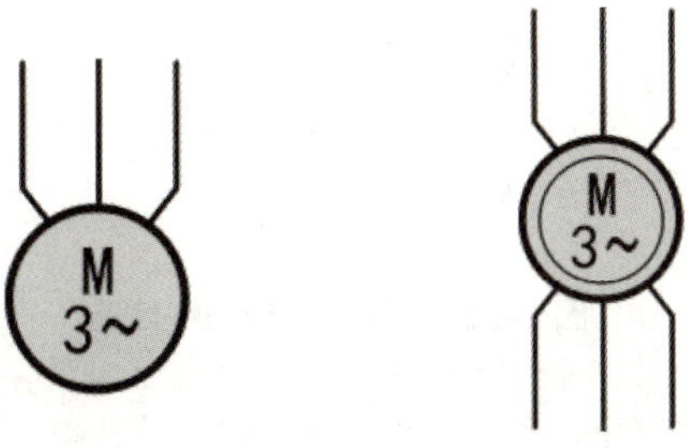

图 1-1-23　三相异步电机的电气符号

(a)笼型异步电机；(b)绕线转子异步电机

1.1.4　三相异步电机手动单向控制线路

在实际应用中，对于负载功率不大的控制线路，电机的启动常采用刀开关或低压断路器直接控制。比如灌溉用水泵、粮食加工机械等，都能够通过刀开关、低压断路器实现电机的单向运行控制。然而，这种控制线路仅适用于不频繁启动的小容量电机，并且不容易实现远距离控制。

微课　单向手动控制线路的搭接

1.1.4.1　典型单向手动控制线路

图 1-1-24 为典型单向手动控制线路，从图 1-1-24(a)可以看出砂轮机控制线路是由三相电源 L1、L2、L3，熔断器 FU，低压断路器 QF 和三相交流异步电机 M 构成的。低压断路器集控制、保护于一身，电流从三相电源经熔断器、低压断路器流入电机，电机带动砂轮机运转。图(b)、(c)、(d)分别是不带熔断器 QS、带熔断器 QS、转换开关 QS 设计的单向手动控制线路。

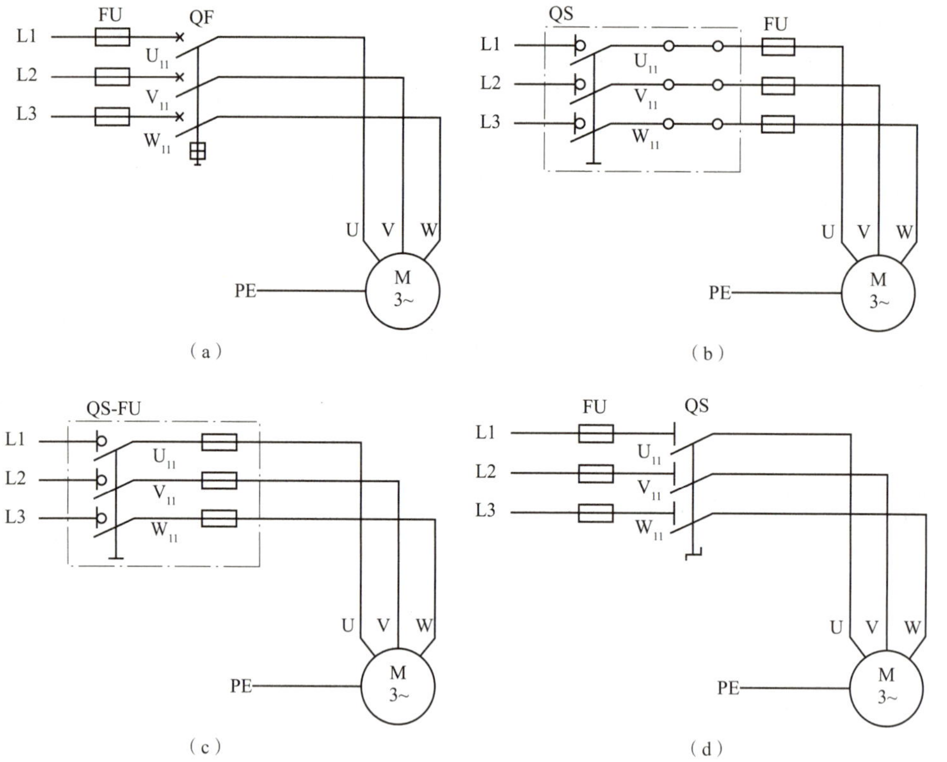

图 1-1-24　单向手动控制线路

(a)单向手动控制线路—低压断路器 QF；(b)单向手动控制线路—不带熔断器 QS；
(c)单向手动控制线路—带熔断器 QS；(d)单向手动控制线路—转换开关 QS

下面以图 1-1-24(a)分析线路动作原理：

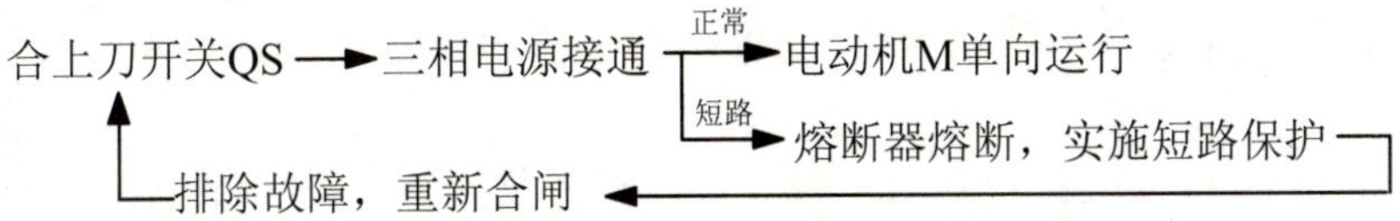

1.1.4.2　任务实施

1. 准备材料

常用电工工具、万用表、电气安装板、导线、刀开关、开启式负荷开关、低压断路器、螺旋式熔断器及三相异步电机。

2. 实施步骤

（1）根据电机容量选择低压断路器和熔断器的规格（电压、电流）。

（2）用万用表检测所选电气元件的好坏。

（3）在电气安装板上安装电气元件，安装接线应牢固，并符合工艺要求。

（4）将三相电源接入低压断路器。

（5）经教师检验合格后通电试验。

1.1.4.3　注意事项

（1）电机使用的电源电压和绕组的接法必须与铭牌规定的相符。

（2）通电试验时，观察是否有异常情况，若发现异常情况，应立即断电检查。

（3）请按照实训手册的具体要求完成本任务的实操练习。

思考与练习

一、选择题

1. 下列各型号熔断器中，分断能力最强的型号是（　　）。

A. RL6　　B. RC1A　　C. RM10　　D. RT14

2. 对于电机负载，熔断器熔体的额定电流应选电机额定电流的（　　）倍。

A. 1~1.5　　B. 1.5~2.5　　C. 2.0~3.0　　D. 2.5~3.5

3. 螺旋式熔断器与金属螺纹壳相连的接线端应与（　　）相连。

A. 负载　　B. 电源　　C. 负载或电源　　D. 不确定

4. 对于工作环境恶劣、启动频繁的异步电机，所用热继电器热元件的额定电流可选为电机额定电流的（　　）。

A. 0.95~1.05　　B. 0.85~0.95　　C. 1.05~1.15　　D. 1.15~1.50

5. 同一电器的各个部件在图中可以不画在一起的是（　　）。

A. 电气原理图　　B. 电器布置图

C. 安装接线图　　D. 电气原理图和安装接线图

6. 在异步电机直接启动控制线路中，熔断器额定电流一般应取电机额定电流的多少倍？（　　）

A. 4~7 倍　　B. 2.5~3 倍　　C. 1 倍　　D. 1.5~2.5 倍

二、判断题

1. 开启式负荷开关安装时，合闸状态手柄应向下。（　　）
2. 熔断器的额定电流应不小于熔体的额定电流。（　　）
3. 在螺旋式熔断器的熔管内要填充石英砂，起灭弧作用。（　　）
4. 熔断器用于三相异步电机的过载保护。（　　）
5. 低压断路器类型的选择依据是使用场合和保护要求。（　　）
6. 刀开关可以用于分断堵转的电机电源。（　　）
7. 异步电机直接启动时的启动电流为额定电流的 4~7 倍，所以电路中配置的熔断器的额定电流也应按电机额定电流的 4~7 倍来选择。

三、简答题

1. 有一台三相异步电机，额定功率为 14 kW，额定电压为 380 V，功率因数为 0.85，效率为 0.9，若采用螺旋式熔断器，试选择熔断器的型号。

2. 某电机的型号为 Y112M-4，功率为 4 kW，采用△形接法，额定电压为 380 V，额定电流为 8.8 A，试选择开启式负荷开关、组合开关、断路器、熔断器的型号规格。

3. 上网搜索手动电路的检测方法。

4. 请将本节的知识点以思维导图的形式呈现。

任务 1.2　切割机即点动控制线路工作原理的认知及强化

任务描述

切割机可用于切割各种材料,如钢板、石材、瓷砖、塑料等,根据应用场合不同,切割机可分为不同的类型,其工作原理也不相同。砂轮切割机可对金属方扁管、方扁钢、工字钢、槽型钢、碳元钢、元管等材料进行切割,适用于建筑、五金、石油化工、机械冶金及水电安装等行业。本任务以砂轮切割机电气控制线路为例,学习按钮、交流接触器的工作原理、选用原则及简单的三相异步电机点动控制线路工作原理。

任务目标

知识目标

- 学习按钮、交流接触器的基本结构、分类及选用方法。
- 学习按钮、交流接触器的检修方法。
- 学习电机点动控制线路分析方法。

技能目标

- 能完成按钮、交流接触器的安装及检修。
- 能正确分析点动控制线路。

知识准备

微课　按钮的基本知识

1.2.1　按钮

按钮是一种结构简单、应用广泛的主令电器,在控制回路中用于远距离手动控制各种电磁机构,也可以用来转换各种信号线路与电气连锁线路等。常用按钮的外形如图 1-2-1(a)所示。

由于按钮的触点允许通过的电流较小,一般不超过 5A,因此按钮不能用来直接控制主电路的通断,而是用在控制线路中发出“命令”去控制接触器、继电器等,再由它们来控制主电路。

1.2.1.1　按钮的结构和工作原理

1. 按钮的结构

按钮由按钮帽、复位弹簧、桥式动触点、静触点和外壳等组成，通常做成复合式，即具有常闭触点和常开触点。控制按钮的种类很多，在结构上有揿钮式、紧急式、钥匙式、旋钮式、带灯式和破玻式按钮。按钮的结构示意图如图 1-2-1（b）所示。

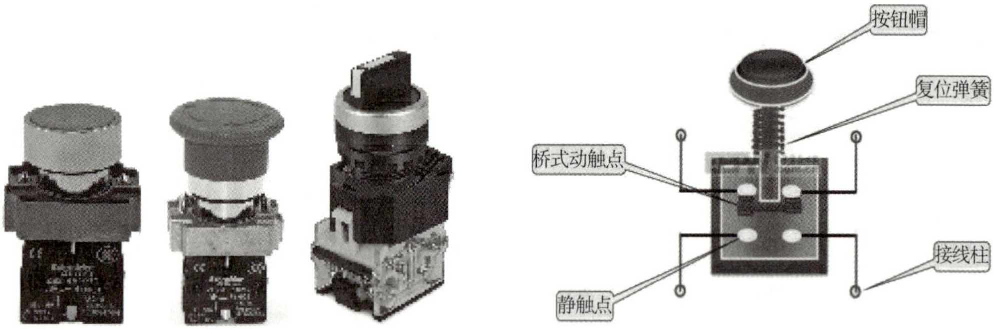

（a）　　　　　　（b）

图 1-2-1　按钮外形、结构原理

（a）按钮外形；（b）按钮结构原理

2. 按钮的工作原理

按下按钮时，先断开常闭触点，然后接通常开触点。当释放按钮时，在复位弹簧的作用下按钮自动复位，常开触点断开，常闭触点闭合。这种按钮通常称为自复式按钮。也有带自保持机构的按钮，第一次按下后，由机械结构锁定，手放开后不复原；第二次按下后，锁定机构脱扣，手放开后自动复原，这种按钮通常称为自锁按钮。

3. 按钮的型号和电气符号

1）型号及其含义

按钮的型号及其含义如图 1-2-2 所示。

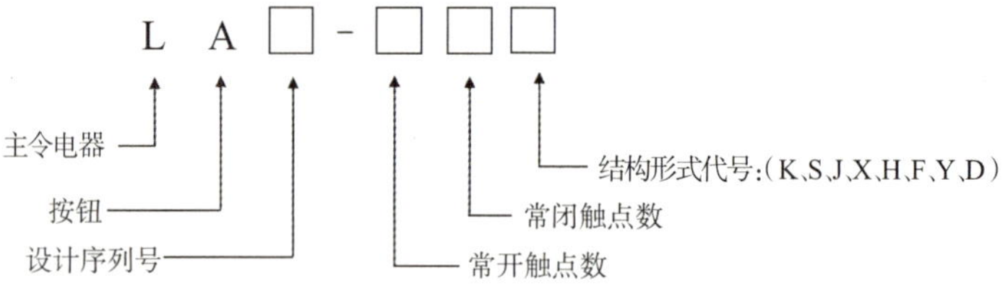

图 1-2-2　按钮型号含义

LA38-11X/21
按钮型号含义

其中，结构形式代号的含义如下：K 为开启式，S 为防水式，J 为紧急式，X 为旋钮式，H 为保护式，F 为防腐式，Y 为钥匙式，D 为带灯式。

理论联系实际：

根据图 1-2-2 分析 LA38-11X/21 按钮的型号含义。

2)电气符号

按钮的图形符号及文字符号如图 1-2-3 所示。

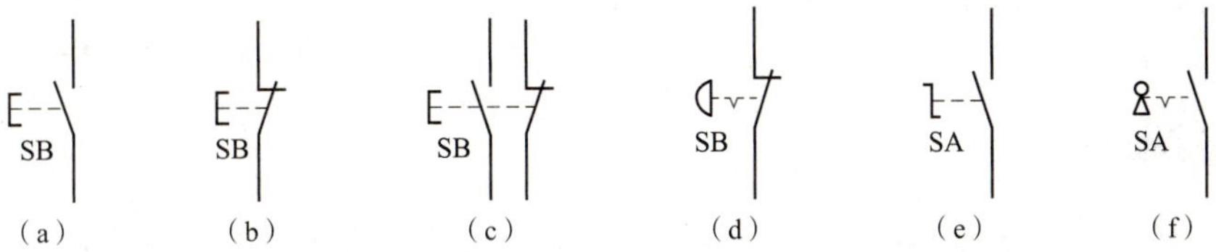

图 1-2-3　按钮的图形符号及文字符号

(a)常开触点;(b)常闭触点;(c)复合触点;(d)急停式;(e)旋钮式;(f)钥匙式

按钮按使用场合、作用不同需选择不同颜色,选用原则见表 1-2-1。

表 1-2-1　按钮的功能及作用

颜色	含义	说明	应用
红	紧急	危险或紧急操作	急停
黄	异常	异常情况时操作	干预、制止异常情况
绿	安全	安全情况或为正常情况准备时操作	启动、接通
蓝	强制性的	要求强制动作情况下的操作	复位功能
白	未赋予特定含义	除急停以外的一般功能的启动	启动/接通(优先) 停止/断开
灰			启动/接通 停止/断开
黑			启动/接通 停止/断开(优先)

1.2.1.2　按钮的主要技术参数

LA4 系列按钮的主要技术参数见表 1-2-2。

表 1-2-2　LA4 系列按钮的主要技术参数

额定电压/V	额定电流/A	额定绝缘电压/V	额定发热电流/A	机械寿命
380	2.5	380	5	100 万次以上

1.2.1.3　按钮的选用原则

(1)根据使用场合和用途选择按钮的种类。安装在操作面板上的按钮一般选用开启式;需要进行工作状态指示时,一般选用带灯式;在防止误操作的重要场所,一般选用钥匙式等。

按钮的常见故障及处理方法

(2)根据工作状态指示和工作情况要求选择按钮的颜色。急停按钮选用红色蘑菇头；停止/断开按钮选用黑色或白色，优先选用黑色；启动/接通按钮选用绿色；应急/干预按钮选用黄色。

（3）根据控制回路的需要选择按钮的数量。

1.2.2 接触器

接触器是一种自动的电磁式开关，适用于远距离频繁地接通或断开交、直流电路及大容量控制线路。主要控制对象是电机，也可用于控制其他负载，如电热设备、电焊机以及电容器组等。接触器按主触点通过的电流种类，分为交流接触器和直流接触器两种。

交流接触器是电力拖动和自动控制系统中应用最普遍的一种低压控制电器。作为执行元件，用于接通分断线路或频繁地控制电机等设备运行。它由动、静主触点，灭弧罩，动、静铁心，辅助触点和支架外壳等组成。电磁线圈通电后，使动铁心在电磁力作用下吸合，直接或通过杠杆传动使动触点与静触点接触，接通电路。电磁线圈断电后，动铁心在复位弹簧作用下自动返回，俗称释放，触点分开，电路分断。交流接触器在电力拖动控制线路中得到了广泛应用。交流接触器的外形、符号、结构原理和安装使用介绍如下。

1.2.2.1 交流接触器的结构及工作原理

1. 外形和符号

交流接触器的外形和符号如图 1-2-4 所示。

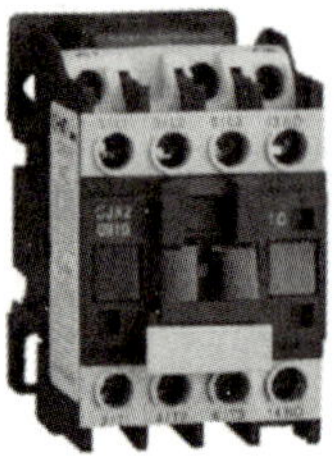

（a）

（b）

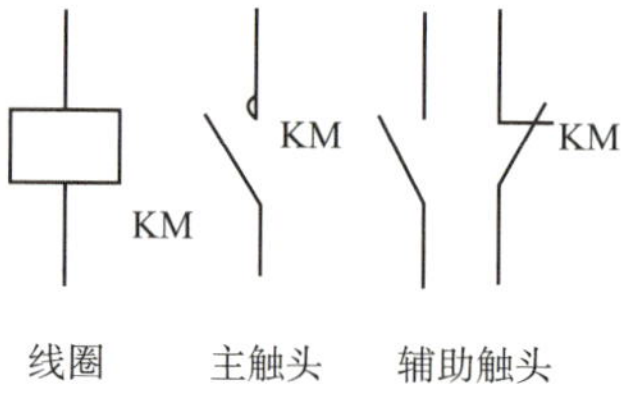

（c）

图 1-2-4 交流接触器的外形与符号

（a）CJX 系列；（b）CJ20 系列；（c）符号

2. 工作原理

当线圈通电时，静铁心产生电磁吸力，将动铁心吸合，由于触点系统是与动铁心联动的，因此动铁心带动三个动触片同时动作，主触点闭合，和主触点机械相连的辅助常闭触点断开，辅助常开触点闭合，从而接通电源。当线圈断电时，吸力消失，动铁心联动部分依靠弹簧的反作用力而分离，使主触点断开，和主触点机械相连的辅助常闭触点闭合，辅助常开触点断开，从而切断电源。电磁式交流接触器由电磁系统、触点系统、灭弧装置和其他部件组成。其结构示意如图 1-2-5 所示。

1—动触点；2—静触点；
3—衔铁；4—缓冲弹簧；
5—电磁线圈；6—铁心；
7—垫毡；8—触点弹簧；
9—灭弧罩；
10—触点压力簧片

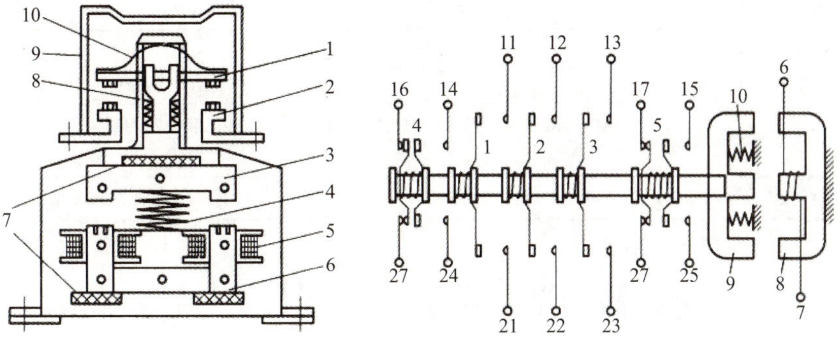

图 1-2-5　交流接触器的工作原理及结构示意图

（1）电磁系统。电磁系统主要用于产生电磁吸力，它由电磁线圈（吸力线圈）、动铁心（衔铁）和静铁心等组成。交流接触器的电磁线圈是将绝缘铜导线绕制在铁心上制成的。交流接触器的铁心由硅钢片叠压而成，以减少铁心中的涡流损耗，避免铁心过热。在铁心上装有一个短路铜环，其作用是减少交流接触器吸合时产生的振动和噪声，故又称减振环，其材料为铜或镍铬合金等。

（2）触点系统。触点系统主要用于通断电路或传递信号，分为主触点和辅助触点。主触点用于通断电流较大的主电路，一般由三对动合触点组成；辅助触点用于通断电流较小的控制线路，一般有动合和动断各两对触点，常在控制线路中起电气自锁或互锁作用。

（3）灭弧装置。灭弧装置用来熄灭触点在切断电路时所产生的电弧，保护触点不受电弧灼伤。在交流接触器中常采用的灭弧方法有电动力灭弧和栅片灭弧。

（4）其他部件，包括反作用弹簧、缓冲弹簧、传动机构、接线柱和外壳等。

交流接触器动作原理：线圈得电以后，产生的磁场将铁心磁化，吸引动铁心，克服反作用弹簧的弹力，使它向着静铁心运动，拖动触点系统运动，使得动合触点闭合、动断触点断开。一旦电源电压消失或者显著降低，以致电磁线圈没有激磁或激磁不足，动铁心就会因电磁吸力消失或过小而在反作用弹簧的弹力作用下释放，使得动触点与静触点脱离，触点恢复线圈未通电时的状态。

1.2.2.2　接触器的主要技术参数

表 1-2-3 为接触器的主要技术参数。

表 1-2-3　接触器的主要技术参数

参数 \ 类型	直流接触器	交流接触器
额定电压	110 V，220 V，440 V，660 V	127 V，220 V，380 V，500 V
额定电流	25 A，40 A，60 A，100 A，250 A，400 A，600 A	5 A，10 A，20 A，40 A，60 A，100 A，150 A，250 A，400 A，600 A
线圈的额定电压	24 V，48 V，220 V，440 V	36 V，127 V，220 V，380 V
动作值	指接触器的吸合电压与释放电压。原部颁标准规定接触器在额定电压 85%以上时，应可靠吸合，释放电压不高于额定电压的 70%	

续表

类型 参数	直流接触器	交流接触器
接通与分断能力	指接触器的主触点在规定的条件下能可靠接通和分断的电流值，而不应该发生熔焊、飞弧和过分磨损等现象。	
额定操作频率	最高为 1 200 次/h	最高为 600 次/h

1.2.2.3　接触器的型号说明

接触器型号说明如图 1-2-6 所示。

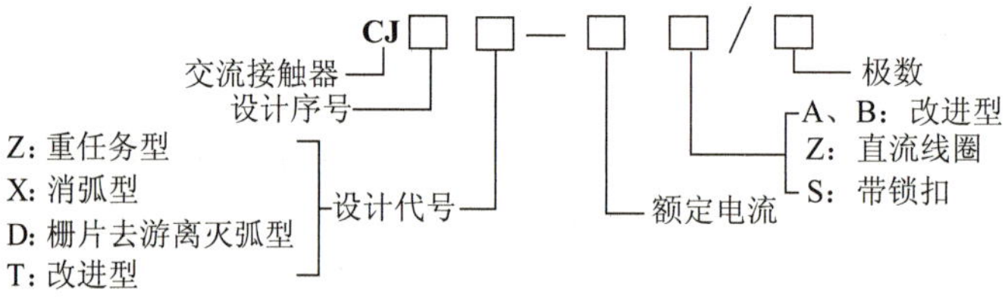

图 1-2-6　接触器型号含义

以 CJ12T-250 为例，该型号的意义为 CJ12T 系列接触器，额定电流为 250 A，主触点为三级。CZ0-100/20 表示 CZ0 系列直流接触器，额定电流为 100 A，双极常开主触点。

1.2.2.4　接触器的选用

（1）根据控制对象所用电源类型选择接触器类型，一般交流负载用交流接触器，直流负载用直流接触器，当直流负载容量较小时，也可选用交流接触器，但交流接触器的额定电流应适当选大一些。

（2）所选接触器主触点的额定电压应大于或等于被控负载的额定电压。

（3）应根据控制对象类型和使用场合，合理选择接触器主触点的额定电流。控制电阻性负载时，主触点的额定电流应等于负载的额定电流。控制电机时，主触点的额定电流应大于电机的额定电流。当接触器使用在频繁启动、制动及正反转的场合时，应将主触点的额定电流降低一个等级使用。

（4）选择接触器线圈的电压。线圈额定电压应等于控制线路的额定电压，当控制线路简单，使用电器较少时，控制线路一般选用 380 V 或 220 V 的电压，当线路复杂，从人身和设备安全角度考虑，可选择 36 V 或 110 V 电压，此时需增加相应变压器设备。

（5）根据控制线路的要求，合理选择接触器的触点数量及类型。

微课　交流接触器的检测

1.2.2.5　接触器的安装与使用

接触器一般应安装在垂直面上，倾斜度不得超过 5 度，若有散热孔，则应将有孔的一面放在垂直方向上，以利于散热。安装和接线时，注意不要将零件失落或掉入接触器内部，安装孔的螺钉应装有弹簧垫圈和平垫圈，并拧紧螺钉以防振动松脱。

1.2.2.6　接触器的使用与选择

接触器的常见故障及处理方法

（1）根据负载性质选择接触器的类型。

（2）额定电压应高于或等于主电路工作电压。

（3）额定电流应大于或等于被控电路的额定电流。对于电机负载，还应根据其运行方式适当增大或减小。

（4）吸引线圈的额定电压与频率要与所在控制线路的选用电压和频率一致。

1.2.3　三相异步电机点动控制线路的工作原理

三相异步电机点动控制线路如图 1-2-7 所示。它由主电路和控制线路两部分组成。主电路在电源开关 QF 的出线端按顺序编号为 U_{11}、V_{11}、W_{11}，然后按从上至下、从左至右的顺序递增；控制线路的编号按“等电位”原则从上至下、从左至右依次从 1 开始递增编号。

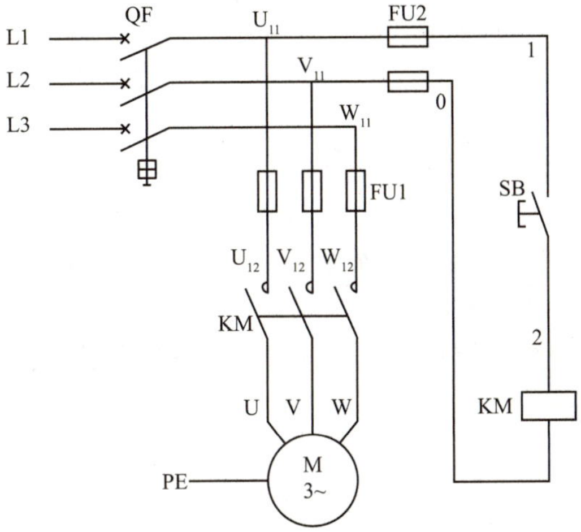

图 1-2-7　点动控制线路

1.2.3.1　识读电路图

点动控制线路的识读过程见表 1-2-4。

表 1-2-4　点动控制线路的识读过程

序号	识读任务	电路组成	元件名称	功能
1	读主电路	QF	空气断路器	引入三相电源
		FU1	熔断器	主电路的短路保护
		KM 主触点	接触器主触点	控制电机的运转与停止
		M	三相异步电机	被控对象

续表

序号	识读任务	电路组成	元件名称	功能
2	读控制线路	FU2	熔断器	控制线路的短路保护
		SB	按钮	发布启动与停止信号
		KM 线圈	接触器线圈	控制接触器触点的动作

1.2.3.2 点动电路工作过程

识读电路的工作过程，就是描述电路中各电器的动作过程，可以采用叙述法或流程法。流程法就是电路正常工作时各电器的动作顺序，用电器动作及触点的通断表示。应用流程法便于理解和分析电路，在实际中比较常用。

微课 点动控制电路的插线验证

1. 叙述法

启动时，闭合电源开关 QF。按下按钮 SB，接触器 KM 的线圈通电，接触器的三对主触点闭合，电机接通三相交流电源直接启动运转。松开按钮 SB，接触器 KM 的线圈断电，接触器的主触点断开，电机断开三相交流电源而停止运转。

2. 流程法

闭合电源开关 QF。

启动过程：按下 SB → KM 线圈得电→ KM 主触点闭合→电机得电运转。

停止过程：松开 SB → KM 线圈失电→ KM 主触点断开→电机断电停转。

由上述可见，当按下按钮 SB（应按到底且不要放开）时，电机转动；松开按钮 SB 时，电机 M 停止。

熔断器 FU1 为主电路的短路保护，熔断器 FU2 为控制线路的短路保护。

1.2.3.3 任务实施

请按照实训手册的具体要求完成本任务的实操练习。

1. 准备材料

常用电工工具、万用表、各类按钮、交流接触器、绘图工具。

2. 实施步骤

（1）根据按钮颜色判断其功能含义。

（2）用万用表检测按钮的好坏。

（3）拆装交流接触器，了解其结构组成及工作原理。

（4）在图纸上完成点动控制线路的实物连接。

（5）利用流程法分析点动控制线路的工作原理

3. 注意事项

（1）测量元件时注意万用表的使用挡位及量程。

（2）绘制实物连接图时注意接触器主触点和辅助触点的位置。

思考与练习

一、选择题

1. 切割机点动控制线路中，控制线路的电源通常取自（　　）。

A. 三相电源的任意一相　　B. 三相电源的线电压

C. 单相交流电源　　D. 直流电源

2. 在切割机点动控制线路中，按下点动按钮时，接触器线圈（　　）。

A. 直接与三相电源接通

B. 通过点动按钮的常开触点与控制电源接通

C. 通过接触器的辅助常开触点与控制电源接通

D. 通过热继电器的常闭触点与控制电源接通

二、简答题

1. 简述切割机点动控制线路中熔断器的作用及保护原理。

2. 说明切割机点动控制线路中接触器的主要作用及工作过程。

任务 1.3　切割机即点动控制线路电气元件位置布局图及电气安装接线图的绘制

任务描述

电气控制系统图是电气领域的通用语言，用来表示电气控制系统信息。主要包括电气原理图、电气元件布置图、电气安装接线图、功能图、系统框图等。正确地识读电气控制系统图能够提升电气控制装置安装和接线的准确率，缩短故障诊断和定位的时间，有效提升工作效率。本任务以切割机即点动控制线路为导引，介绍典型电气系统图的组成及识读方法，培养学生依据电气系统图分析电路工作原理、进行正确电气线路装调、快速定位故障的实践能力，并为电气控制系统设计奠定基础。

任务目标

知识目标

- 学习电气控制系统图的分类。
- 学习电气控制系统图的识读方法。

技能目标

- 了解电气系统图的主要分类。
- 认识电气元件图形符号、文字符号。
- 能看懂简单继电接触式电气控制线路的常用电气图纸。

知识准备

1.3.1 电气控制系统图的分类

电气控制系统是由多个电气元件按照机电设备的特定控制要求通过导线连接形成的系统。电气控制系统图使用国家标准规定的统一符号，将各个电气元件及其相互关系表示出来。

电气制图应该根据国家标准，采用规定的图形符号、文字符号和规范的画法进行绘制。这样可以清晰地表达机电设备电气控制系统的组成、原理，并方便进行控制系统的设计、分析研究、安装调试、使用维护和技术交流。

电气控制系统图包括电气原理图、电气元件布置图和电气安装接线图。

1.3.1.1 电气原理图

电气原理图用特定的符号和字符表达机电设备电气控制系统的工作原理、参数、功能、逻辑关系等信息，又称为“电路图”。电气原理图采用国家标准规定的电气符号和文字符号，统一含义和解释，以方便读者快速理解和比较不同图的差异。按照工作顺序绘制，展示元件连接、信号传输路径和控制逻辑。通过电气原理图可以清晰了解设计和实现方式，方便调试、维护和升级。图 1-3-1 所示为机电设备电气控制系统，展示了元件符号、名称、连接方式、信号传输路径和控制逻辑。这些信息对机电设备的电气控制系统非常重要。

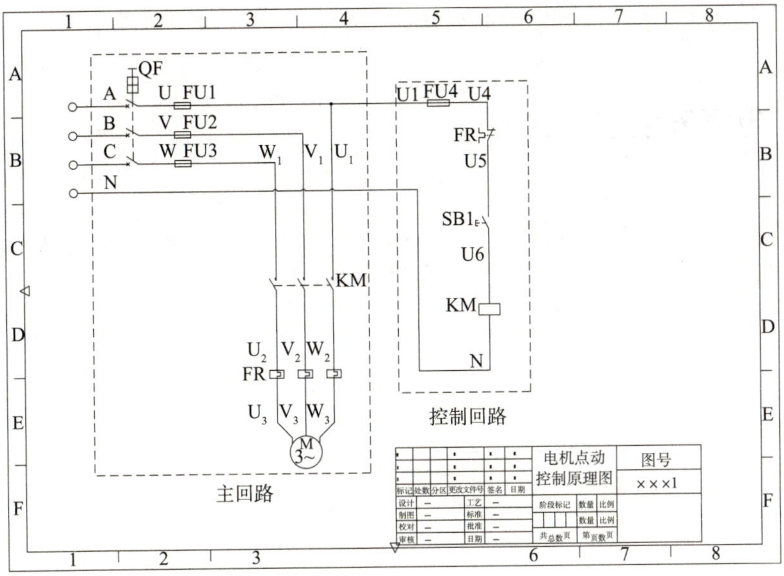

图 1-3-1　电气原理图

1.3.1.2　电气元件布置图

电气元件布置图简称布置图，是根据电气元件在控制板上的实际位置，采用简化的外形符号（如正方形、矩形、圆形）绘制的一种简图，它不代表各电气元件的具体结构、作用、接线情况以及工作原理，主要用于电气元件的布置和安装，图中各电气元件的文字符号必须与控制线路图和电气安装接线图的标注一致，如图 1-3-2 所示。

微课　电器位置布局图的基本原则

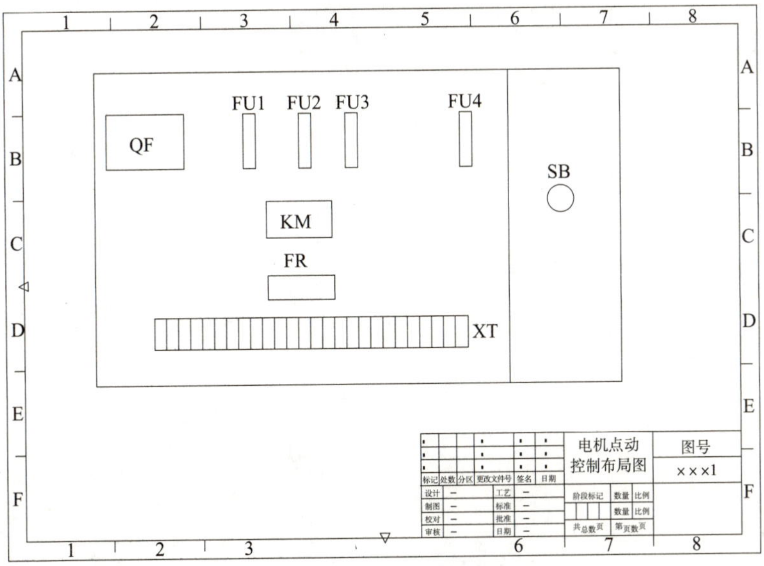

图 1-3-2　电气布局图

图 1-3-2 是图 1-3-1 的物理安装布局图，它展示了图 1-3-1 三相异步电机点动控制原理图中所有元件的实际安装位置，指导工厂装配工人进行实际安装。

1.3.1.3 电气安装接线图

微课 安装接线图的识读注意事项

电气安装接线图简称接线图，是根据电气设备和电气元件的实际安装位置和安装情况绘制的，用来表示电气设备和电气元件的位置、配线方式和接线方式的图，主要用于表达各电气元件在设备中的具体位置、分布情况以及连接导线的走向，如图 1-3-3 所示。

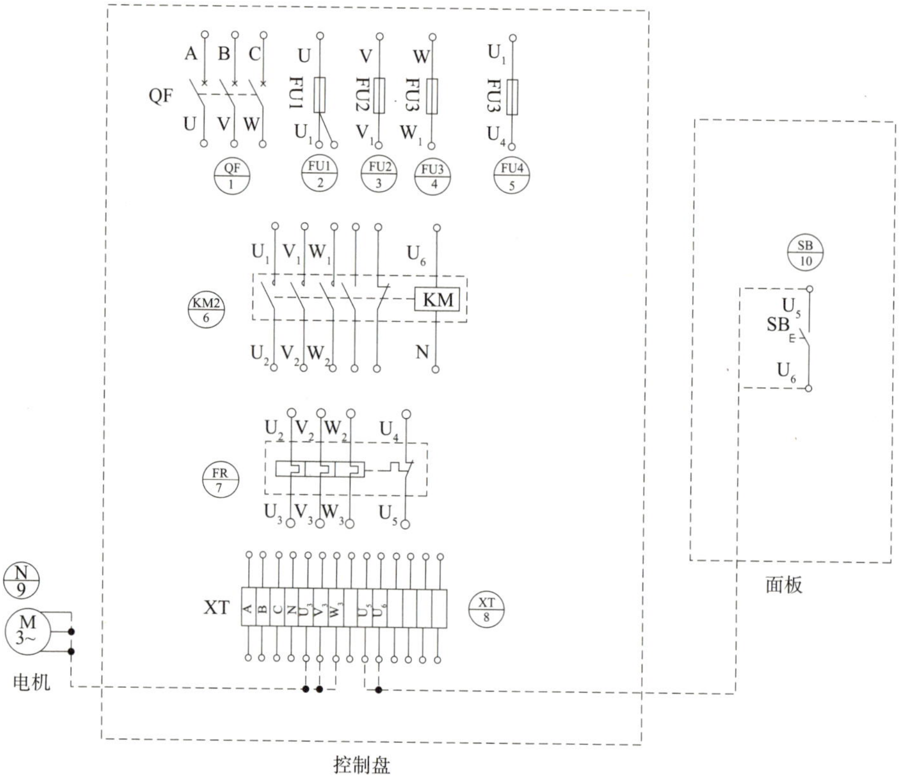

图 1-3-3 接线图

图 1-3-3 是图 1-3-1 电气原理图的实际接线图，它按照图 1-3-2 布局图的元件装配位置和图 1-3-1 电气原理图的连接逻辑，展示了实际元件的接线方法，器件说明以交流接触器为例，如图 1-3-4 所示。

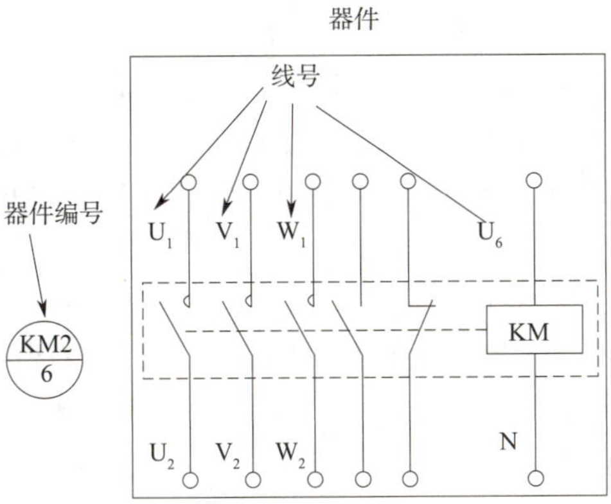

图 1-3-4　接线图元件实例

图 1-3-4 说明了图 1-3-3 接线图中元件的具体情况，每个器件旁边带圆圈的图标是该器件在接线图中的编号，器件每个引脚的文字符号是接线号，标注相同线号的引脚表示在实际电路中是连接在一起的，工厂的接线工人在进行接线之前，用线号机（如图 1-3-5 所示）把线号打印在线号管上，在接线时分别套在准备好的连接导线的两端，再分别接在接线图具有相同线号的器件引脚上，如图 1-3-6 所示。

图 1-3-5　线号机

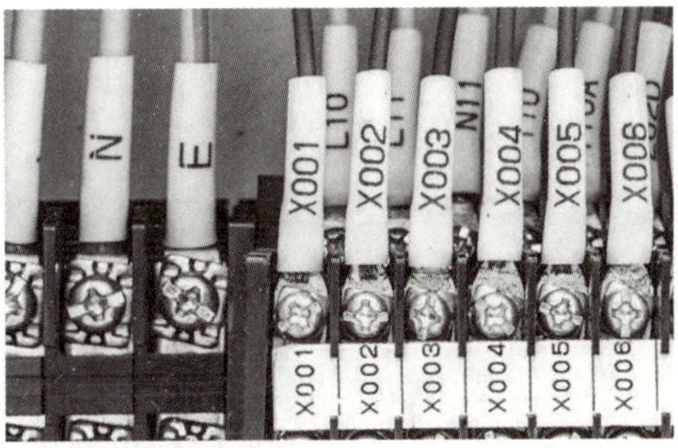

图 1-3-6　套了线号的导线

通常接线图与布置图组合使用，既可清晰表示出电气元件的实际安装位置，又能指导安装接线。

1.3.2　电气控制系统图的识读

1.3.2.1　电气图中的图形符号

图形符号通常指用于图样或其他文件的表示一个设备或概念的图形、标记或字符。图形符号由符号要素、一般符号及限定符号构成。

1. 符号要素

符号要素是一种具有确定意义的简单图形，必须同其他图形组合才能构成一个设备或概念的完整符号。例如，三相异步电机是由定子、转子及各自的引线等几个符号要素构成的，这些符号要求有确切的含义，但一般不能单独使用，其布置也不一定与符号所表示设备的实际结构一致。

2. 一般符号

一般符号是用于表示同一类产品和此类产品特性的一种很简单的符号，是各类元件的基本符号。例如，一般电阻器、电容器和具有一般单向导电性的二极管的符号。一般符号不但广义上代表各类元件，也可以表示没有附加信息或功能的具体元件。

3. 限定符号

限定符号是用以提供附加信息的一种加在其他符号上的符号。例如，在电阻器一般符号的基础上，加上不同的限定符号就可组成可变电阻器、光敏电阻器、热敏电阻器等具有不同功能的电阻器。也就是说，使用限定符号可以使图形符号具有多样性。

限定符号一般不能单独使用。一般符号有时也可以作为限定符号。例如，电容器的一般符号加到二极管的一般符号上就构成变容二极管的符号。

4. 图形符号的几点注意事项

所有符号均应按无电压、无外力作用的正常状态绘制。例如，按钮未按下、闸刀未合闸等。

在图形符号中，某些设备元件有多个图形符号，在选用时，应尽可能选用优选型。在能够表达其含义的情况下，尽可能采用最简单形式，在同一图中使用时，应采用同一形式。图形符号的大小和线条的粗细应基本一致。

为适应不同需求，可将图形符号根据需要放大或缩小，但各符号相互间的比例应该保持不变。图形符号绘制时方位不是强制的，在不改变符号本身含义的前提下，可将图形符号根据需要旋转或镜像放置。

图形符号中的导线符号可以用不同宽度的线条表示，以突出和区分某些电路或连接线。一般常将电源或主信号导线用加粗的实线表示。

1.3.2.2 电气图中的文字符号

电气图中的文字符号是用于标明电气设备、装置和元件的名称、功能、状态和特征，可在电气设备、装置和元件上或其近旁使用，以表明电气设备、装置和元件种类的字母代码和功能字母代码。电气技术中的文字符号分为基本文字符号和辅助文字符号。

1. 基本文字符号

基本文字符号分为单字母符号和双字母符号两种。

单字母符号是用拉丁字母将各种电气设备、装置和元件划分为 23 大类，每一类用一个字母表示。例如，“R”代表电阻器，“M”代表电机等。

双字母符号是由一个表示种类的单字母符号与另一个字母组成的，单字母符号在前，另一个字母在后。双字母中在后的字母通常选用该类设备、装置和元件的英文名词的首字母，这样，双字母符号可以较详细和具体地表述电气设备、装置和元件的名称。例如，“RP”代表电位器，“RT”代表热敏电阻，“MD”代表直流电机，“MC”代表笼型异步电机。

2. 辅助文字符号

辅助文字符号是用来表示电气设备、装置和元件以及线路的功能、状态和特征的，通常由英文单词的前一两个字母构成。例如，“DC”代表直流(DirectCurrent)，“IN”代表输入(Input)，“S”代表信号(Signal)。

辅助文字符号一般放在单字母文字符号后面，构成组合双字母符号。例如，“Y”是电气操作机械装置的单字母符号，“B”是代表制动的辅助文字符号，“YB”代表制动电磁铁的组合符号。辅助文字符号也可单独使用，例如“ON”代表闭合，“N”代表中性线。

1.3.2.3　电气图中图线的使用

电气图中常用的图线有实线、虚线、点划线等。实线是绘制图中主要内容的基本线，用来画符号的轮廓线和导线；虚线是辅助线，用来画机械联动线、屏蔽线、不可见线等；点划线常用作分界线和围框线。

1.3.2.4　图幅分区和触点位置索引

为了便于确定图上的内容、补充、更改和组成部分等的位置，可以在各种幅面的图纸上分区，图幅分区后，相当于在图上建立了一个坐标。具体使用时，对水平布置的电路，一般只需标明行的标记；对垂直布置的电路，一般只需标明列的标记；复杂的电路需标明组合标记。元件的相关触点位置的索引用图号、页次和区号组合表示，如图 1-3-7 所示。

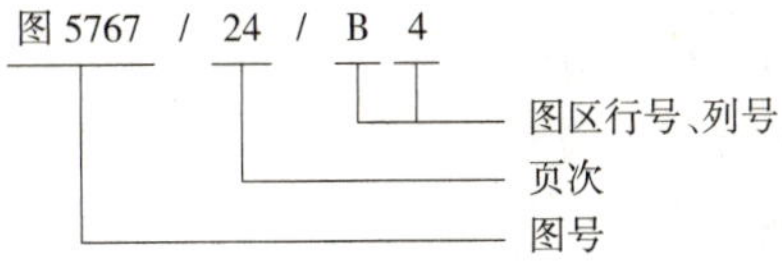

图 1-3-7　元件相关触点位置的索引

继电器和接触器的触点位置采用附图的方式表示，附图可画在电路图中相应线圈的下方，此时，可只标出触点的位置索引。若画在电路图的其他地方，则必须注明是哪个线圈的附图。附图上的触点表示方法如图 1-3-8 所示，其中触点图形符号可省略不画。

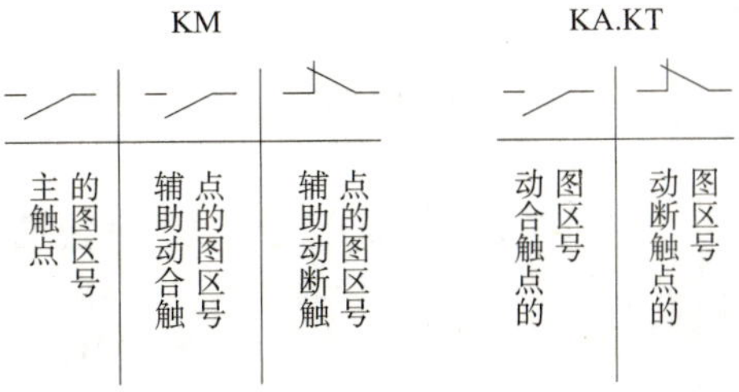

图 1-3-8　触点位置索引图

1.3.2.5 技术数据的标注

电气元件的数据和型号，一般用小号字体标注在电器代号的下面，如图 1-3-9 所示。

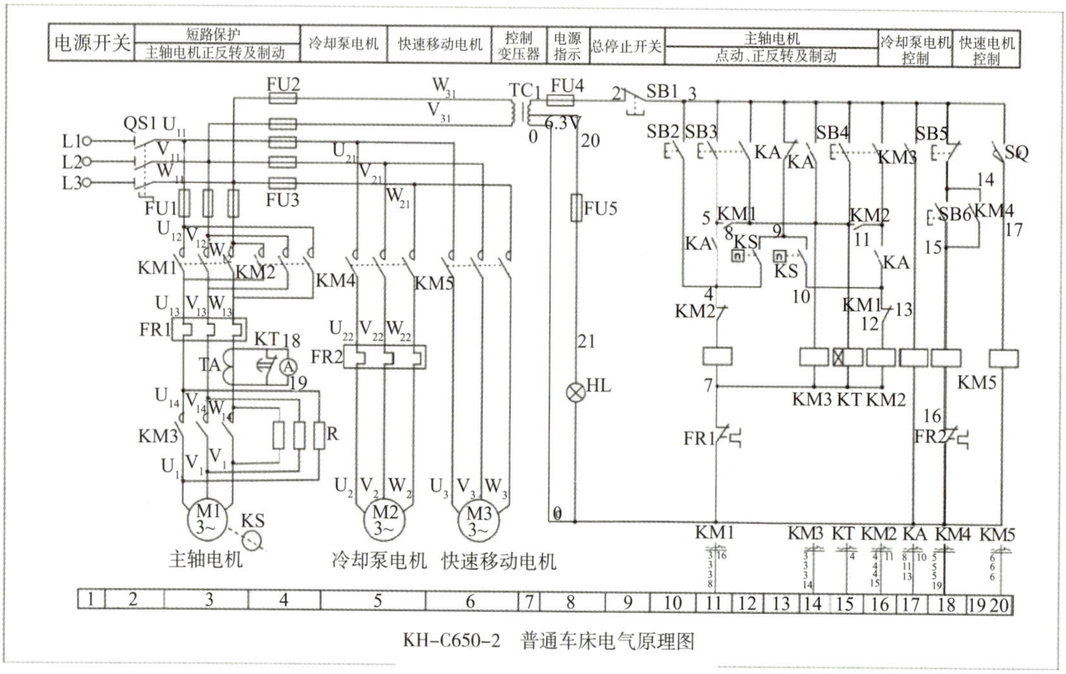

图 1-3-9 C650 普通车床的电气控制原理图

在阅读和绘制电气原理图时应注意以下几点。

（1）电气原理图中各元件的文字符号和图形符号必须按标准绘制和标注。同一电器的所有元件必须用同一文字符号标注。

（2）电气原理图应按功能来组合，同一功能的电气相关元件应画在一起，不同组件可按工作原理需要分开绘制，但应标注相同的文字符号。电路应按动作顺序和信号流程自上而下或自左向右排列。

（3）电气原理图分为主电路和控制线路，一般主电路在左侧，控制线路在右侧。

（4）电气原理图中各电器应该是未通电或未动作的状态，二进制逻辑元件应是置零的状态，机械开关应是循环开始的状态，即按电路“常态”画出。

（5）接触器或继电器线圈的下方应标明其对应的文字符号，并列出触点表。

（6）主电路各接点标记要按规定原则标注。

（7）控制线路的接点标记（线号）采用三位及三位以下阿拉伯数字按等电位原则标注。

理论联系实际：

根据图 1-3-8 说明 C650-2 普通车床电气原理图中 KM3 常开、常闭点在图中的具体位置。

1.3.2.6　识图的一般方法

1. 结合电工基础理论知识识图

通过电工基础中低压电器的电气符号、电机工作原理、电机启动停止控制线路原理及基本工厂供配电、电力拖动、照明等电工基础理论知识来识读电气控制系统图。

2. 看设计文件识图

设计文件包括图样目录、技术说明、元件明细表、图样、施工说明、使用说明书，识图时先看设计文件，了解设计内容和施工要求。

3. 结合电器的结构和工作原理看图

了解系统电路中各种元件，如接触器、断路器等的结构、工作原理、功能及其在电路中的作用等。

4. 结合典型电路看图

典型电路就是常见的基本电路，如电机的启动和正反转控制线路、继电保护电路、互锁电路、自锁电路、时间和行程控制线路等，复杂的电路均由基本的典型电路组成。

5. 读图顺序

先分清主电路和控制线路，然后按先看主电路、再看控制线路的顺序读图。识读主电路的顺序为从上到下，从电源到元件再到负载，理解元件的作用；识读控制线路的顺序为从上到下，从左到右，从电源开始按顺序看各条回路，分析各条回路元件的工作情况及其对主电路的作用，以及各元件之间的联系（如顺序、互锁等）和控制关系。

学有所悟：

电气控制图犹如一座精密运转的城市规划图。图中的各类符号与线路相互协作且遵循严格秩序，恰似城市中不同岗位的人们各司其职、和谐共生。准确识读电气控制图，需要严谨的态度与耐心，正如构建和谐社会需要每个人用心对待规则与责任。每一条线路的连接，每一个符号的意义，都不容许丝毫差错，这提醒着我们在生活里，无论是大事还是小节，都应以精准和负责的态度去对待，方能保障整体系统稳定运行，收获有序且美好的成果。

1.3.3　切割机即点动控制电气控制系统图的绘制

1.3.3.1　电气控制系统图绘制的基本步骤

（1）了解生产工艺要求：在绘制电气控制系统图之前，需要了解生产机械的工作性能、结构特点和实际加工情况，以及对电气控制的要求，包括启动、反向、制动及调速的要求，设置各种联锁及保护装置等。

（2）确定控制方案：根据生产工艺要求，确定电气控制系统的控制方案，包括控制方式、控制逻辑、控制元件等。

（3）绘制原理图：根据控制方案，绘制电气控制系统的原理图。原理图应包括主电路、控制线路、辅助电路等部分，各部分应清晰明了，易于理解。

（4）标注元件符号：在原理图中，应标注各电气元件的符号，包括图形符号和文字符号。符号应符合国家标准，且应与实际元件一致。

（5）标注连接线路：在原理图中，应标注各电气元件之间的连接线路，包括导线的型号、规格、颜色等。连接线路应清晰明了，易于理解。

（6）检查与修改：绘制完成后，应仔细检查原理图，确保各部分的正确性和完整性。如有错误或遗漏，应及时修改。

（7）绘制安装图：根据原理图，绘制电气控制系统的安装图。安装图应包括电气元件的布置图、接线图等，各部分应清晰明了，易于安装和调试。

（8）标注安装要求：在安装图中，应标注各电气元件的安装要求，包括安装位置、安装方式、安装高度等。安装要求应符合国家标准，且应与实际情况相符。

（9）检查与修改：绘制完成后，应仔细检查安装图，确保各部分的正确性和完整性。如有错误或遗漏，应及时修改。

（10）编写技术文件：绘制完成后，应编写电气控制系统的技术文件，包括原理图、安装图、使用说明书等。技术文件应清晰明了，易于理解和使用。

注：不同的电气控制系统可能会有所不同，具体步骤应根据实际情况进行调整。

下面以切割机即点动控制线路为例，学习电气控制系统的位置布局图、接线图及元件明细表的绘制。

1.3.3.2 任务实施

请按照实训手册的具体要求完成本任务的实操练习。

1. 准备材料

绘图软件、电脑、绘图工具（在不具备软件绘图条件时可利用绘图工具在纸上绘图）。

2. 实施步骤

（1）选择绘图软件，确定合适的图纸模板并填写图签名称。

（2）绘制控制系统主电路。

（3）绘制控制系统的控制线路。

3. 注意事项

绘制电气原理图时注意主电路和控制线路的位置及线号的标注。

思考与练习

1. 绘制 C650 普通车床的电气控制原理图。

任务 1.4　切割机即点动控制线路的安装与调试

任务描述

电气控制线路安装及接线工艺是电气线路安全运行的有效保障,规范的接线可减少接触电阻,防止因过热加速老化,避免因绝缘破损、接线混乱导致的短路,降低电磁干扰,保障设备稳定运行,避免漏电伤人,减少维修时间并降低改造难度,提升视觉效果。具体要求应按照 GB50171—2012:《电气装置安装工程　盘、柜及二次回路接线施工及验收规范》等国家电气接线工艺标准实施。

本任务要求学习电气控制系统安装与调试的基本步骤及工艺要求,掌握电气控制系统安装与调试方法,强化电气控制线路安装与调试实践技能。

任务目标

知识目标

- 学习电气控制线路安装的基本步骤和注意事项。
- 学习电气控制线路调试步骤注意事项。
- 电机基本控制线路故障检修方法。

技能目标

- 能按照工艺要求安装电气控制线路。
- 能正确进行电气控制线路调试。
- 能对电气控制线路进行检修和故障排除。

知识准备

1.4.1　电气控制线路的安装与调试

电气控制线路安装与调试的基本步骤为:识别电气原理图→采集电气元件→安装电气元件→连接导线→线路检测→通电试车。在任务 1.3 中已经学习了电气原理图、元件明细表的绘制方法,本任务主要学习元件安装、导线连接、线路检测、通电试车的一般方法和步骤。

1.4.1.1　元件安装固定

电气元件安装前要先准备好电气安装图,并按照元件明细表领取元件,再一一检查元件型号和规格是否正确、外观是否良好、触点及零部件是否齐全、电压等级是否符合要求等,具体安装步骤见图 1-4-1。

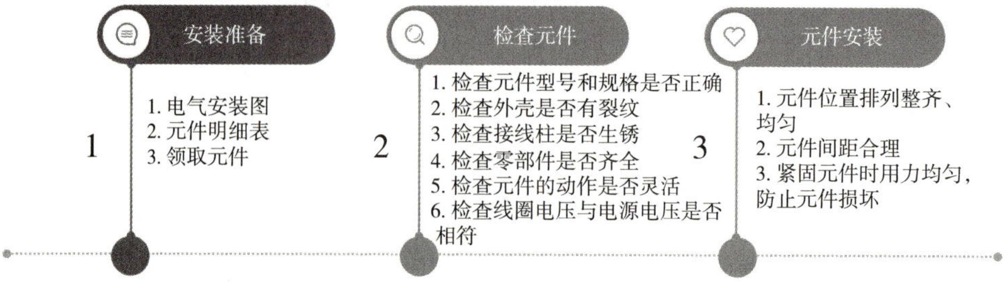

图 1-4-1　元件安装基本步骤

1.4.1.2　导线连接

微课　电气线路接线的注意事项

三相异步电机控制线路布线的工艺要求如下。

（1）导线颜色规定为主回路用黄色线（U 相）、绿色线（V 相）、红色线（W 相）、蓝色线（N 线）、黄绿色线（PE 线）；控制回路全部用黑线。

（2）布线的通道要尽可能少，同路并行导线按主、控电路分类集中，单层密排，紧贴安装板。

（3）布线应横平竖直，分布均匀，变换走向时应垂直。

（4）同一平面的导线应高低一致和前后一致，不能交叉，必须交叉的导线，应水平架空跨越。

（5）导线与接线端子连接时，不压绝缘层、不反圈及不漏铜过长。

（6）二次回路电气元件应套线号，线号正确、清晰。

（7）每个接线端子接线最多 2 根，不同截面的导线不能接在同一端子上。

（8）布线时严禁损伤线芯和导线绝缘。

（9）要在每根剥去绝缘层的导线上套号码管，且同一个接线端子只套一个号码管。编号应顺着号码管的方向自下而上编写，文字方向由左向右。

（10）安装连接按钮，将导线号与接线端子 XT 的下端对接。

三相异步电机点动控制实际电路装配接线完成后，需要调试后，才能正式运行。调试分为断电检查、通电检查、空载调试和负载调试四个部分。

1.4.1.3　线路调试

1. 断电检查

（1）检查布线。对照接线图检查是否存在掉线、错线、漏编或错编，接线是否牢固等问题。

（2）使用万用表检测电路的通断情况。一般选用万用表的“Rx100Ω”挡位检测，断开 QF。

（3）检测主电路：取下主电路熔断器的熔体，切断控制线路，检测电源每相是否为通路，每相电源之间是否绝缘。将万用表的两支表笔分别搭接在 W_1-V_1、W_1-U_1 和 V_1-U_1 端子上，测量三相电源之间的阻值。未操作接触器之前，测得电阻值为无穷大，即每相电路为断路，绝缘良好；操作接触器 KM，按下支架，应测得电机一相绕组的直流电阻值，即每相电路为通路。

（4）检测控制线路：装好主电路的熔体，将万用表两支表笔搭接在 U_1-N 端子的两端，测得电阻值为无穷大，即电路为断路。按住 SB，应测得 KM 线圈的直流电阻值；松开 SB，电路应为断路。

（5）安装完成的电路必须经过静态测试无误后才能通电动态调试，以避免错接、漏接导致不能正常运行或短路事故。

2. 通电检查

（1）在以上步骤都检查无误的情况下，从工厂配电室给配电盘引入零线和 380 V 三相交流电源线至接线端子 XT 的 A、B、C、N 接线端，锁紧螺栓，检查无误后，合上配电室电闸给设备通电。

（2）合上接线盘断路器 QF，给控制回路和主回路接触器前级通电。

（3）把万用表打到交流电压挡，测量范围打到 0~750 V，分别测量 W_1-U_1、W_1-V_1、U_1-V_1 两端的电压分别为 380 V ± 10%，U_1-N 的电压是 220 V ± 10%。

（4）以上检查无误，断开断路器 QF，通电检查完毕。

3. 空载调试

用螺丝刀断开电机电源接线 U_3、V_3、W_3，并用绝缘胶带把裸露的线头包好，防止漏电。合上电源开关 QF，按住按钮 SB，KM 线圈得电吸合，松开按钮 SB，KM 线圈失电释放。重复多次，检查线路动作情况是否正常，是否符合电路功能要求，检查电气元件动作是否灵活，有无卡阻或噪声，有无异味，空载调试完毕。

4. 负载调试

断开电源开关 QF，恢复电机电源接线，合上 QF，按下按钮 SB，KM 线圈得电吸合，电机运转；松开按钮 SB，KM 线圈失电释放，电机停转，从而实现了电机点动运转控制。检查线路是否正常工作。若在调试过程中发现异常现象，应及时断电，并记录故障现象，在排除故障之后再次通电调试，直到成功为止。

经过以上步骤，三相异步电机点动控制线路调试成功，我们合上断路器 QF，按下按钮 SB，可以看到电机运转，松开按钮 SB，电机停止运转。

1.4.1.4　通电调试注意事项

（1）未经教师允许，严禁私自通电调试。

（2）通电前先整理现场，清理无用的导线，保持现场干净、整洁。

（3）通电状态下，学生应当双脚站在绝缘垫上，用单手操作。

（4）通电调试完毕后，必须在切断电源后方可离开现场。

1.4.2 电气控制线路故障检查与维修方法

慕课 电气线路常见的故障排查方法

1.4.2.1 故障检查步骤

（1）通电试验，观察故障现象，初步判定故障范围。

（2）运用逻辑分析法缩小故障范围。根据电气控制线路的工作原理、控制环节的动作顺序及元件之间的联系，结合故障现象具体分析，进而缩小故障范围，判断故障点。

（3）采用仪表测量法确定故障点。利用电工工具和仪表（验电器、万用表、钳形电流表、兆欧表等）对电路进行带电或断电测量。

1.4.2.2 电压分阶测量法

电压分阶测量法示意图如图 1-4-2 所示，测量方法如下。

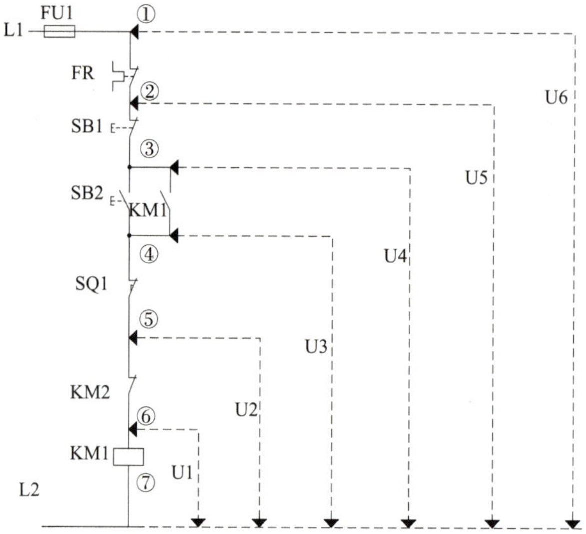

图 1-4-2 电压分阶测量法示意图

（1）测量 L1 与 L2 间的电压。先用万用表检测 L1 与 L2 之间的电压 U，若 L1、L2 为相线，则 U 应为 380 V（若 L1、L2 通过控制变压器供电，则控制电压常见的有以下几种：220 V、127 V、110 V 和 36 V 等）。

（2）测量电压。测量①与⑦点之间的电压 U6，正常值应为电源电压 U，若无电压应检查熔断器 FU1 是否熔断。若熔断，应检查交流接触器线圈是否短路，其铁心机械运动是否受阻；检查熔断器熔体接触是否良好，其额定值是否偏小。

（3）检测 U5~U1。按住 SB2 不放，用一表笔（如黑表笔）接在⑦点上，另一表笔（红表笔）分别去检测电压 U5~U1。正常电压均应为电源电压 U。

（4）若测到某一点（如⑥点）电压为 0 V，则说明出现断路故障，将红表笔向上移，当移至某点（如④点）有正常的电压 U 时，说明该点之前（上）的（如③、②、①点）触点、线路是完好的，该点之后（下）的触点或线路有断路。一般来说，该点之后的第一个触点（图 1-4-2 中限位开关 SQ1 动断触点）断路或连线断线。根据测量结果找出故障点，见表 1-4-1。

表 1-4-1　电压分阶测量法查找故障点

故障现象	测试状态	①-⑦	②-⑦	③-⑦	④-⑦	⑤-⑦	⑥-⑦	故障点
按下 SB2 时 KM 不吸合	按住 SB2 不放	0	0	0	0	0	0	FR 动断触点接触不良
		380 V	0	0	0	0	0	SB1 动断触点接触不良
		380 V	380 V	0	0	0	0	SB2 接触不良
		380 V	380 V	380 V	0	0	0	SQ1 接触不良
		380 V	380 V	380 V	380 V	0	0	KM2 动断触点接触不良
		380 V	380 V	380 V	380 V	380 V	0	KM1 线圈断路

为了确认上述诊断的正确性，可进一步用电阻分阶测量法确认。对于接点较多的线路，有经验的维修人员往往不会逐点去测量，而是用红表笔跳跃性地前移和后移来测量接点电压，以提高查找故障的效率。

1.4.2.3　电阻分阶测量法

电阻分阶测量法示意图如图 1-4-3 所示，测量方法如下。

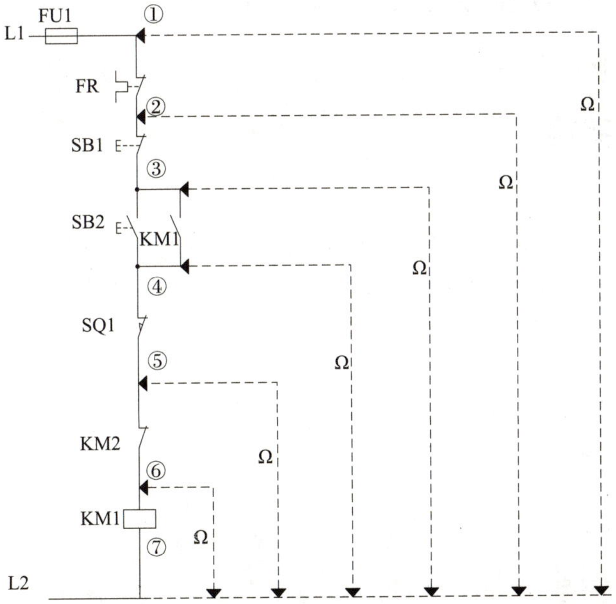

图 1-4-3　电阻分阶测量法示意图

将万用表置于适当量程的电阻挡位，断开电路电源，按住 SB2 按钮不放，用万用表测出①-⑦、②-⑦、③-⑦、④-⑦、⑤-⑦、⑥-⑦之间的电阻值，根据测量结果找出故障点，见

表 1-4-2。

表 1-4-2　电阻分阶测量法查找故障点

故障现象	测试状态	①-⑦	②-⑦	③-⑦	④-⑦	⑤-⑦	⑥-⑦	故障点
按下 SB2 时 KM 不吸合	按下 SB2 不放	R	R	R	R	R	R	FR 动断触点接触不良
		∞	R	R	R	R	R	SB1 动断触点接触不良
		∞	∞	R	R	R	R	SB2 接触不良
		∞	∞	∞	R	R	R	SQ1 接触不良
		∞	∞	∞	∞	R	R	KM2 动断触点接触不良
		∞	∞	∞	∞	∞	∞	KM1 线圈断路

在电机控制线路发生故障后，总体上应该按以下流程进行处理。

（1）根据故障点的故障现象，采取正确的方法维修和排除故障。

（2）维修和排除故障后，通电空载校验。

（3）校验合格，通电运行。

在实际维修中，电机控制线路的故障多种多样，有元件本身的故障，也有接线原因，甚至有线路设计问题，因此，应灵活运用检测方法，力求迅速、准确地找出故障点，查明故障原因，及时、正确地排除故障。

1.4.3　切割机点动控制线路的安装与调试

请按照实训手册的具体要求完成切割机点动控制线路安装与调试实操练习。

1.4.3.1　任务实施

1. 准备材料

点动控制线路电气系统图（电气原理图、安装图、接线图、元件明细表）、交流接触器、空气开关、按钮、熔断器、三相异步电机、导线若干、电工工具、万用表。

2. 实施步骤

（1）准备电气原理图、元件明细表、接线图、安装图。

（2）按元件明细表选取电气元件。

（3）用万用表检测元件质量。

（4）按照安装图进行元件安装。

（5）依据接线图编写线号并完成点动控制线路实物连接。

（6）检查并进行线路调试。

3. 注意事项

（1）测量元件时注意万用表的使用挡位及量程。

（2）严格按照电气控制线路安装及接线工艺进行线路装配。

(3)严格按照电气线路调试基本步骤进行调试,未经老师检查不得上电。

思考与练习

一、选择题

1. 在点动控制线路中,用于控制接触器线圈通断电的是(　　)。

A. 热继电器　　B. 按钮　　C. 熔断器　　D. 断路器

2. 点动控制线路安装时,下列关于接触器安装的说法正确的是(　　)。

A. 接触器可以随意安装,没有方向要求

B. 接触器安装应垂直于安装平面,倾斜角度不应超过 5°

C. 接触器安装应保证其主触点和辅助触点方向便于接线

D. 接触器安装只要能固定好就行,不用考虑散热

3. 在点动控制线路调试过程中,按下按钮后电机不转,首先应该检查(　　)。

A. 电机是否损坏　　B. 接触器主触点是否闭合

C. 熔断器是否熔断　　D. 热继电器是否动作

二、简答题

1. 简述点动控制线路的工作原理。

2. 点动控制线路安装过程中有哪些注意事项?

三、分析题

某点动控制线路在安装完成后,调试时出现电机只能点动一下,然后就无法再次启动的情况,试分析可能的故障原因并提出解决方法。

任务 1.5　砂轮机即单方向连续控制线路的安装与调试

任务描述

在现实工业生产过程中，我们会经常见到三相异步电机的连续运行控制方式，即按下启动按钮，电机启动，松开启动按钮，电机依旧运行，需要电机停止运行时，按下停止按钮，电机停止运行。我们把这种电机连续运行的控制方式称为三相异步电机的自锁控制。砂轮机的控制就是典型的单方向连续运行控制线路。本任务学习砂轮机控制线路原理，掌握自锁控制原理，了解信号灯、热继电器的特点及选用，强化电气控制线路的安装与调试实践技能。

任务目标

知识目标

- 学习信号灯、热继电器的基本结构、分类及选用方法。
- 学习信号灯、热继电器的检修方法。
- 学习电机连续运行控制线路分析方法。

技能目标

- 能完成信号灯、热继电器的安装及检查。
- 能正确分析连续运行控制线路的工作原理。
- 能进行电机连续运行控制线路的安装与调试。

知识准备

1.5.1　信号灯

1.5.1.1　信号灯的规格型号

信号灯的规格型号会因不同的制造商和应用需求而有所差异。常见的信号灯规格型号示例如图 1-5-1 所示。

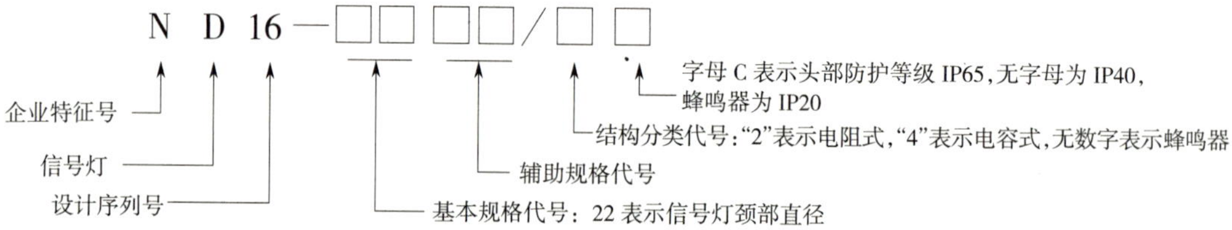

图 1-5-1　信号灯型号含义

1.5.1.2　信号灯的分类

1. 状态指示灯

状态指示灯用于显示设备或系统的工作状态，如电源状态、运行状态、故障状态等。常见颜色有红、绿、黄。红色表示故障或停机，绿色表示正常工作，黄色表示待机或警告。状态指示灯是监测设备或系统状态的重要工具，有助于及时发现并解决故障，提高设备和系统的稳定性和可靠性。

2. 报警指示灯

报警指示灯指设备或系统发生故障、警报或其他异常情况时的警示信号。常见颜色有红、黄。红色表示严重故障或危险，黄色表示警告或注意。报警指示灯起到及时提醒和警示的作用，帮助操作者快速采取必要的措施以防止进一步损害或危险发生。它在保障设备安全和人员安全方面起到至关重要的作用。

3. 操作指示灯

操作指示灯用于显示设备或系统正在进行操作或被激活的状态，如启动、停止、复位等。常见颜色有绿色和蓝色。这些指示灯帮助用户了解设备当前的工作状态，使其能够及时采取相应的操作或措施。它们在设备操作和控制方面起到重要的辅助作用。

4. 通信指示灯

通信指示灯用于显示设备或系统的通信状态，如通信正常、通信中断等。常见颜色有绿色、黄色。这些指示灯帮助用户了解设备的通信状况，及时发现通信问题并采取必要的措施。它们在设备通信和数据传输方面起到重要的提示作用。

5. 告警指示灯

告警指示灯用于显示设备或系统当前存在风险或需要特别注意的状态。常见颜色有红色、黄色。它们起到及时提醒和警示的作用，帮助用户快速采取措施以防止进一步的损害或危险发生。这些指示灯在设备安全和人员安全方面发挥着重要的作用。

1.5.1.3　主要参数及技术性能

信号灯的主要性能参数见表 1-5-1。

表 1-5-1　信号灯主要性能及参数

额定工作电压 *Ue*(V)	AC/DC6	AC/DC12	AC/DC24	AC/DC36	AC/DC48	AC/DC110	AC/C220	AC/DC380
额定工作电流 *Ie*(mA)	≤20							
基色	绿、黄、红、蓝、白							
工作寿命(h)	≥30 000							
光亮度(cd/m²)	≥60							
蜂鸣器技术参数								
额定工作电压 *Ue*(V)	AC/DC24	AC/DC36	AC/DC48	AC/DC110	AC220	AC380		
额定工作电流 *Ie*(mA)	≤20							

续表

响度(dB/10 cm)	70
光亮度(cd/m^2)	≥20

1.5.1.4 安装说明

(1)信号灯在安装使用前应先检查一下额定工作电压是否符合使用要求。

(2)使用前,先拆下信号灯上的塑料锁定螺母,把信号灯从面板前方装入,再从面板后拧紧塑料锁定螺母使信号灯紧固在面板上,最后把电源线接上,如果供电电源为直流电源请注意接线端的极性。

1.5.2 热继电器

1.5.2.1 热继电器的规格型号

热继电器用于电机或其他设备的过载保护和断相保护。电机长期过载、频繁启动、欠电压、断相运行均会引起过载,发生过载后,轻则损伤电机绝缘,重则烧毁电机,因此必须对电机进行过载保护。

热继电器的种类很多,按极数分为单极的、两极的和三极的,其中三极的又分为带断相保护装置的和不带断相保护装置的;按复位方式分为自动复位式和手动复位式。它由热元件、触点、动作机构、复位按钮和整定电流装置等部分组成。图 1-5-2 所示为 JR16 系列热继电器的结构原理及图形符号。

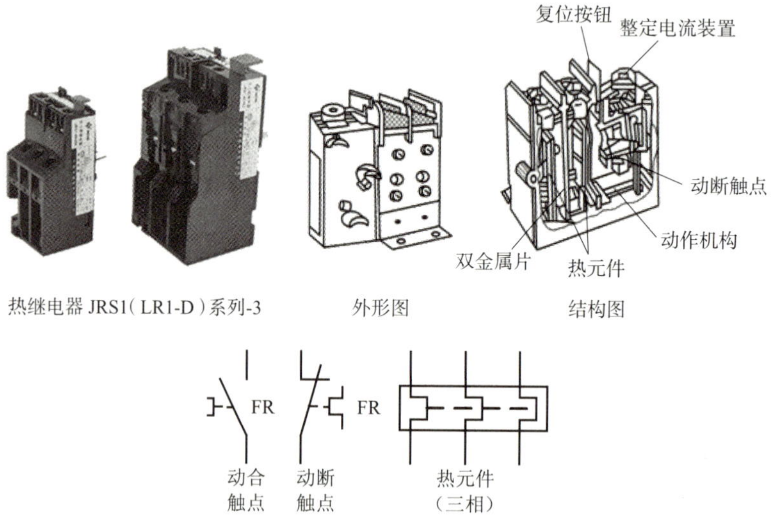

图 1-5-2　热继电器外形结构及符号

1.5.2.2　热继电器的工作原理

当电机过载时，串联在电机主电路中的电阻丝（热元件）的电流增大，电阻丝产生的热量使金属片弯曲，经过一定时间后，弯曲位移增大，因而脱扣，使其动断触点断开，动合触点闭合。

热继电器触点动作切断电路后，电流为零，则电阻丝不再发热，双金属片冷却到一定温度时恢复原状，但其触点在动作后不自动复位，而必须按动复位按钮才能使触点复位。这适用于要求故障未排除前禁止电机再启动的场合。不能自动复位对检修时确定故障范围也是十分有利的。热继电器的动作原理示意图如图 1-5-3 所示。

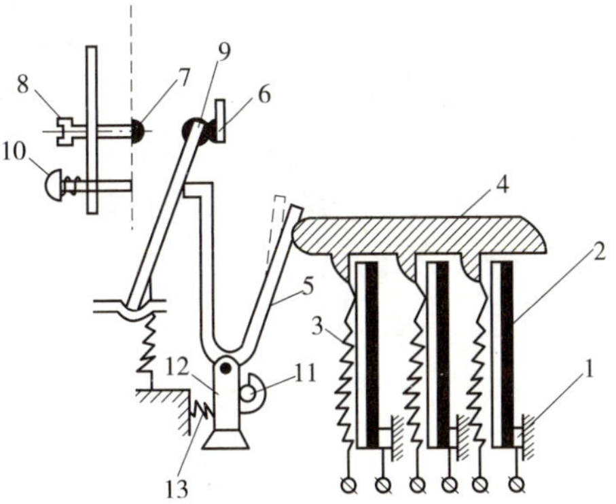

热继电器的安装

1—推杆；2—主双金属片；3—加热元件；4—导板；5—补偿双金属片；6—常闭静触点；7—常开静触点；8—复位螺钉；9—动触点；10—按钮；11—调节旋钮；12—支撑件；13—压簧

图 1-5-3　热继电器动作原理示意图

1.5.2.3　热继电器型号含义

热继电器的型号含义如图 1-5-4 所示。

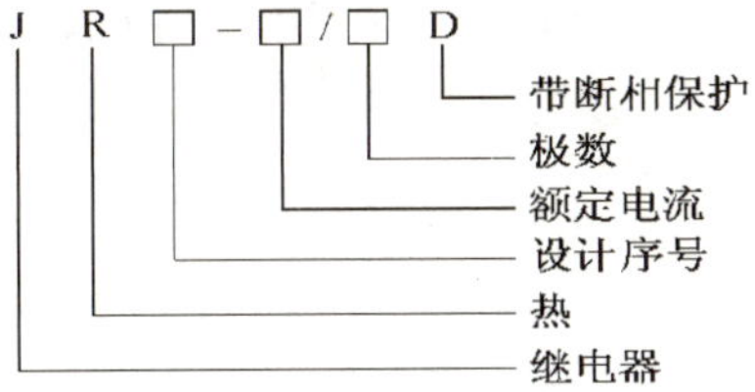

图 1-5-4　热继电器型号含义

1.5.2.4　热继电器的选用

选择热继电器时，主要根据所保护的电机的额定电流来确定热继电器的规格和热元件的电流等级。一般情况下，应使热继电器的额定电流稍大于电机的额定电流，热元件电流应整定为电机额定电流的 0.95~1.05 倍。如果电机拖动的负载是冲击性负载或启动时间较长及拖动的设备不允许停电的场合，热继电器的整定值可取电机额定电流的 1.1~1.5 倍。如果电机的过载能力较差，热继电器的整定值可取电机额定电流的 60%~80%。同时，整定电流应留有一定的上下限调整范围。

根据电机定子绕组的连接方式选择热继电器的结构形式，即 Y 形连接的电机应选用普通三相结构的热继电器，△接法的电机应选用三相带断相保护装置的热继电器。对于频繁正反转和频繁起制动工作的电机，不宜采用热继电器来保护。

1.5.2.5 热继电器的使用与维护

检查热继电器热元件的额定电流值或调整旋钮的刻度值是否与电机的额定电流值相当，如不相当，则要更换热元件，重新进行调整试验，或转动调整旋钮的刻度使之符合要求。检查动作机构是否正确可靠，可用手拨 4~5 次进行观察，在设备发生事故而引起巨大短路电流后，应检查热元件和双金属片有无显著变形，若已变形，则需通电试验。因双金属片变形或其他原因致使动作不准确时，只能调整其可调部件，而绝不能弯曲双金属片。在检视热元件是否良好时，只可打开盖子从旁观察，不得将热元件卸下。热继电器在使用中需定期用布擦净尘埃和污垢，双金属片要保持原有光泽，如果上面有锈迹，可用布蘸汽油轻轻擦除，但不得用砂纸磨光。

讨论：

热继电器如果过载了，如何复位？

1.5.3 砂轮机即单方向连续控制线路的工作原理

三相异步电机的连续运行控制通常采用接触器自锁电路实现，因此该电路也称自锁控制线路。图 1-5-5 所示的是三相异步电机自锁控制线路的电气原理图，在其主电路中串联了热继电器的热元件，用于防止电机在长时间连续运行时发生过载；在控制线路中串联了停止按钮 SB2，用于停止电路，串联了热继电器常闭触点 FR，用于在电机发生过载时断开控制线路，切断主电路以保护电机；在启动按钮 SB1 的两端并联了接触器的常开辅助触点，用于实现控制线路的自锁功能。

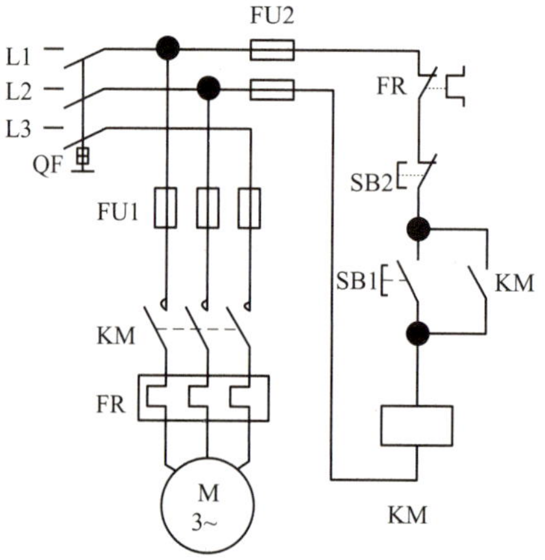

图 1-5-5 三相异步电机自锁控制线路电气原理图

微课 单方向连续线路的插线验证

1.5.3.1　连续运行控制线路工作原理分析

（1）启动。

按下 SB1 按钮 → KM 线圈得电 → KM 辅助常开触点闭合，实现自锁
　　　　　　　　　　　　　　　→ KM 主触点闭合 → 电机正向启动运行

松开 SB2，KM 线圈得电，电动机继续运行

（2）停止。

按下 SB2 → KM 线圈失电 → KM 主触点断开 → 电机停止转动
　　　　　　　　　　　　→ KM 辅助触点断开，解除自锁

（3）过载保护。

当电机发生过载时，串联在主电路中的热继电器的热元件发生弯曲变形，驱动热继电器内部机构，使控制线路中热继电器的常闭触点 FR 断开，KM 线圈失电，KM 主触点与自锁触点复位断开，电机 M 停转，从而起到保护电路中设备的作用。

FR 动作 → KM 线圈失电 → KM 主触点断开 → 电机停止转动
　　　　　　　　　　　→ KM 辅助触点断开，解除自锁

在这个电路中，起到连续运行控制作用的是与启动按钮 SB1 并联的交流接触器的常开辅助触点，在该电路中被称为自锁触点，它在电路中起到保持作用。这种连续运行控制线路又被称为“起保停”电路，复杂的控制线路都以这个电路为基础。

1.5.4　砂轮机即单方向连续控制线路的安装与调试

1.5.4.1　任务实施

请按照实训手册的具体要求完成本任务的实操练习。

1. 准备材料

单方向连续运行控制线路电气系统图（电气原理图、安装图、接线图、元件明细表）、交流接触器、空气开关、按钮、熔断器、热继电器、三相异步电机、导线若干，电工工具、万用表。

2. 实施步骤

（1）准备电气原理图、元件明细表、接线图、安装图。

（2）按元件明细表选取电气元件。

（3）用万用表检测元件质量。

（4）按照安装图进行元件安装。

（5）依据接线图编写线号并完成单方向连续运行控制线路硬件连接。

（6）检查并进行线路调试。

3. 注意事项

(1)测量元件时注意万用表的使用挡位及量程。

(2)严格按照电气控制线路安装及接线工艺进行线路装配。

(3)严格按照电气线路调试基本步骤进行调试,未经老师检查不得上电。

思考与练习

一、填空题

1. 在实际工业生产过程中,常常需要三相异步电机以__________的方式工作。

2. 三相异步电机自锁控制的实现通常通过__________来完成。

3. 自锁控制线路由__________和__________组成。

4. 当电机发生过载时,_______的常闭触点 FR 会断开,导致_______失去电力激活。

5. 三相异步电机自锁控制的电气原理图中,各个器件的功能是__________。

6. 在电路装配之前,技术员会根据__________内容绘制装配布局图。

7. 进行电机安装时,需要确保电机绕组按__________连接。

8. 通电调试前,需要进行__________检查。

9. 电机基本控制线路故障检查与维修方法主要包括_________、接线端子、控制元件和保护装置的正常工作状态,以及验证控制信号传递的准确性。

10. 电机故障可能是由于_______引起的,比如断路器 QF 出现故障或电源连接导线出现问题。

二、选择题

1. 以下关于三相异步电机自锁控制的描述,正确的是(　　)。

A. 按下启动按钮后,电机将持续运行,直到按下停止按钮

B. 自锁控制适用于需要改变电机运行方向的生产机械

C. 自锁控制与点动控制的实现方式相同

2. 以下(　　)用于防止电机在长时间连续运行时发生过载。

A. 接触器　　B. 热继电器常闭触点

C. 启动按钮

3. 在三相异步电机自锁电路中,负载是指(　　)。

A. 电机　　B. 接触器　　C. 电源开关　　D. 熔断器

4. 在该电路中,扮演连续运行控制角色的是(　　)。

A. 启动按钮 SB1　　B. 交流接触器的常开辅助触点

C. 热继电器的常闭触点

5. 下列(　　)不是三相异步电机自锁控制线路调试的步骤。

A. 断电检查　　B. 通电检查　　C. 空载调试　　D. 负载调试

6. 以下(　　)是通电调试的注意事项。

A. 可以用双手操作　　B. 无需清理现场

C. 通电时可以离开现场　　D. 必须切断电源后方可离开现场

7. 进行通电调试时，需要保证(　　)。

A. 电机外壳接地　　B. 电机绕组三角形连接

C. 电机绕组星形连接　　D. 电机绕组不接地

8. 以下(　　)可以提高查找故障的效率。

A. 逐点测量　　B. 跳跃性地前移和后移测量

C. 随机测量　　D. 以上都不是

9. 以下(　　)可以提高查找故障的效率。

A. 逐点测量　　B. 跳跃性地前移和后移测量

C. 随机测量　　D. 以上都不是

三、判断题

1. 在实际生产应用中，点动控制方式可以满足井下运煤皮带的连续运行要求。(　　)

2. 在三相异步电机自锁控制中，启动按钮 SB1 的两端并联了接触器的常开辅助触点，用于实现控制线路的自锁。(　　)

3. 这种连续运行控制线路通常被称为“起保停”电路，它是复杂控制线路的基础。(　　)

4. 在进行通电调试前，需要先进行断电检查。(　　)

5. 通电调试时，学生可以用双手操作。(　　)

6. 通电调试后，必须切断电源后方可离开现场。(　　)

7. 进行电机安装时，需要确保电机绕组按星形连接。(　　)

8. 在电机控制线路发生故障后，应先采取正确的方法维修和排除故障，然后通电空载校验，最后通电运行。(　　)

9. 若发现某个点的电路不通，则故障点很可能在该点与上一个点之间。(　　)

四、思考题

1. 三相异步电机点动控制与三相异步电机控制线路有什么区别?

2. 描述三相异步电机自锁控制线路的工作过程。

3. 简述交流接触器在控制线路中是如何实现自锁控制的。

拓展任务　既点动又连续控制线路的安装与调试

任务描述

当机械设备要求既能正常持续工作，又能点动控制时，电路必须同时具有自锁和点动控制功能。如一般机床在正常加工时，电机连续转动需自锁控制，而在试车调整时，往往需要点动控制。本任务学习既点动又连续控制线路的安装与调试，强化点动及自锁控制线路工作原理的理解和电气控制线路的安装与调试实践技能。

任务目标

知识目标

- 学习点动和自锁控制线路的复合应用。
- 学习电机点动及连续运行控制线路的分析方法。

技能目标

- 能正确分析点动及连续运行控制线路的工作原理。
- 能进行电机连续运行控制线路的安装与调试。

知识准备

1.6.1　三相异步电机既点动又连续控制线路工作原理

1.6.1.1　利用复合按钮控制的长动和点动控制线路

利用复合按钮控制的既能长动又能点动的控制线路如图 1-6-1(a)所示。图中 SB2 为长动按钮，SB3 为点动按钮，但需注意它是一个复合按钮，使用了一对动合触点和一对动断触点。点动控制中，按下点动按钮 SB3，它的动断触点先断开接触器的自锁电路，动合触点后闭合，接通接触器线圈。松开 SB3 按钮时，它的动合触点先恢复断开，切断了接触器线圈电源，使其断电，而 SB3 的动断触点后闭合。

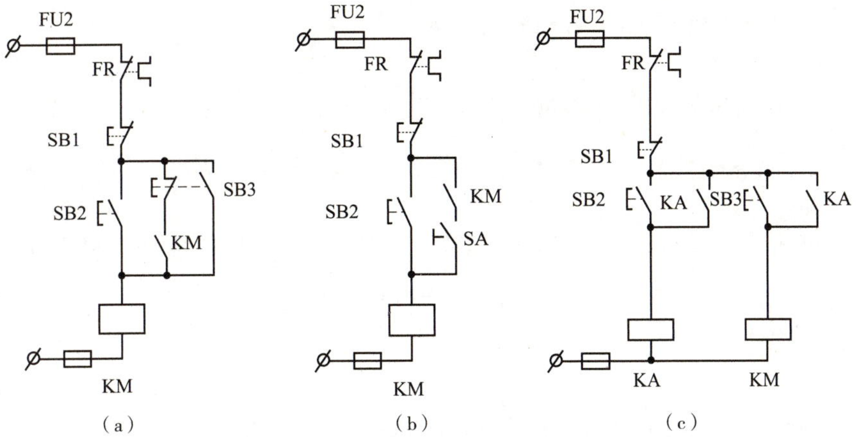

图 1-6-1 既点动又连续控制线路

(a)点动控制一;(b)点动控制二;(c)点动控制三

线路动作原理如下:

点动:
- 按下 SB2 按钮 ⟶ KM得电 ⟶ 电机 M 运转
- 松开 SB2 按钮 ⟶ KM失电 ⟶ 电机 M 停止

长动:
- 按下 SB3 按钮 ⟶ KM得电(自锁)⟶ 电机 M 运转
- 按下 SB1 按钮 ⟶ KM失电(解除自锁)⟶ 电机 M 停止

1.6.1.2 利用开关控制的长动和点动控制线路

利用开关控制的既能长动又能点动的控制线路如图 1-6-1(b)所示。图中 SA 为选择开关,当 SA 断开时,按 SB2 为点动操作;当 SA 闭合时,按 SB2 为长动操作。线路动作原理如下:

点动(SA 断开)::
- 按下 SB2 按钮 ⟶ KM得电 ⟶ 电机 M 运转
- 松开 SB2 按钮 ⟶ KM失电 ⟶ 电机 M 停止

长动(SA 闭合)::
- 按下 SB2 按钮 ⟶ KM得电(自锁)⟶ 电机 M 运转
- 按下 SB1 按钮 ⟶ KM失电(解除自锁)⟶ 电机 M 停止

1.6.1.3 利用中间继电器控制的长动和点动控制线路

利用中间继电器控制的既能长动又能点动的控制线路如图 1-6-1(c)所示。图中的 KA 为中间继电器。线路动作原理如下:

点动：

按下 SB3 按钮 → KM 得电 → 电机 M 运转

松开 SB3 按钮 → KM 失电 → 电机 M 停止

长动：

按下 SB2 按钮 → KM 得电（自锁）→ 按下 SB3 按钮 → KM 得电 → 电机 M 运转

按下 SB1 按钮 → KM 失电（解除自锁）→ KM 失电 → 电机 M 停止

综上所述，上述线路能够实现长动和点动控制的根本原因，在于能否保证 KM 线圈得电后，自锁支路被接通。能够接通自锁支路就可以实现长动，否则只能实现点动。

1.6.2 三相异步电机既点动又连续控制线路的安装与调试

三相异步电机既点动又连续控制线路的安装与调试基本步骤可根据前文所述步骤完成，电路的检测、调试、故障排除的一般方法可扫描对应二维码进行学习。

三相异步电机单方向连续运行控制线路的检测

三相异步电机单方向连续运行控制线路常见故障排除

三相异步电机单方向连续运行控制线路的调试

1.6.2.1 任务实施

请按照实训手册的具体要求完成本任务的实操练习。

1. 准备材料

既点动又连续控制线路电气系统图（电气原理图、安装图、接线图、元件明细表）、交流接触器、空气开关、按钮、熔断器、热继电器、三相异步电机、导线若干，电工工具、万用表。

2. 实施步骤

（1）准备电气原理图、元件明细表、接线图、安装图。

（2）按元件明细表选取电气元件。

（3）用万用表检测元件质量。

（4）按照安装图进行元件安装。

（5）依据接线图编写线号并完成既点动又连续控制线路硬件连接。

（6）检查并进行线路调试。

慕课 即点动又连续电路的插线验证

3. 注意事项

（1）测量元件时注意万用表的使用挡位及量程。

（2）严格按照电气控制线路安装及接线工艺进行线路装配。

（3）严格按照电气线路调试基本步骤进行调试，未经老师检查不得上电。

思考与练习

一、选择题

1. 在三相异步电机既点动又连续控制线路中，用于实现连续运行自锁功能的是接触器的(　　)。

A. 主触点　　B. 辅助常开触点　　C. 辅助常闭触点　　D. 线圈

2. 点动控制按钮在三相异步电机既点动又连续控制线路中的连接方式是，其常开触点与接触器线圈(　　)，常闭触点用于(　　)。

A. 串联，切断自锁回路　　B. 并联，切断自锁回路

C. 串联，接通自锁回路　　D. 并联，接通自锁回路

二、简答题

1. 简述三相异步电机既点动又连续控制线路中热继电器的作用及工作原理。

2. 说明复合按钮在三相异步电机既点动又连续控制线路中的具体作用。

三、分析题

1. 某三相异步电机既点动又连续控制线路在运行过程中，出现按下连续运行按钮后电机只能点动一下的故障，请分析可能的原因并提出解决方法。

2. 请分析若在三相异步电机既点动又连续控制线路中去掉热继电器，会对电机运行产生哪些不利影响。

项目 2

电动葫芦电气控制线路的安装与调试

情境描述

电动葫芦是一种广泛应用于工业领域的机械设备,它通过电机驱动,能够实现货物的垂直起升和水平移动。因其具有结构简单、操作方便、效率高等优点,被广泛应用于工厂、仓库、码头等各种起重作业场合,实现货物的装卸、悬挂、搬运等工作,提高了工作效率,减轻了劳动强度。

起重机电动葫芦的操作装置,通过控制电机的启停、正反转等动作,实现对起重机电动葫芦的控制。控制形式具有操作简单、灵活性高等特点。

本项目以起重机电动葫芦电气控制线路的安装与调试为项目载体,学习三相异步电机正反转典型控制线路的工作原理,掌握时间继电器的工作原理、选型及使用方法,强化电气控制线路安装与调试技能。

任务分解

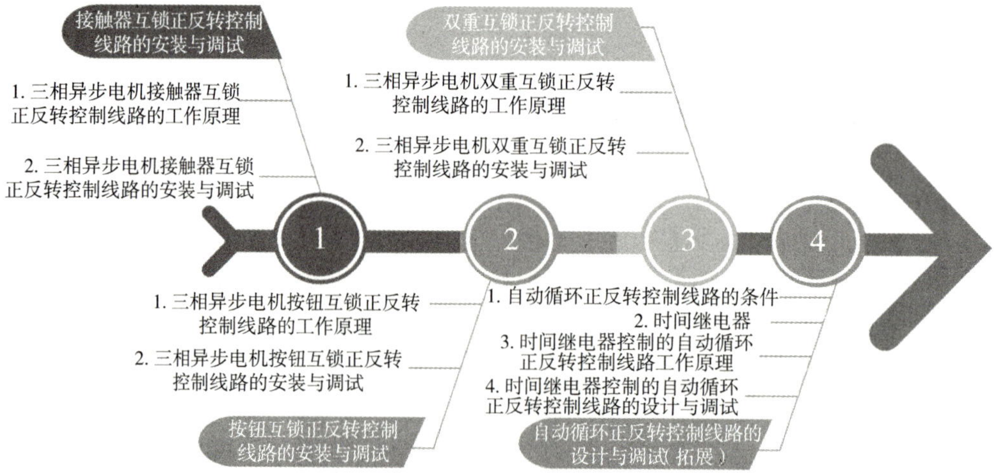

项目目标

知识目标

- 理解简单的三相异步电机正反转控制线路的基本组成及工作原理。
- 能阐述时间继电器的工作原理。
- 能解释电气互锁的意义及实施方法。
- 能分析典型正反转控制线路的工作过程。

技能目标

- 能根据系统控制要求正确选用时间继电器等电气元件。
- 能看懂电气控制系统图。
- 能正确绘制“电机正反转电气控制线路”电气原理图。
- 能完成典型“电机正反转电气控制线路”的安装与调试。

素质目标

- 培养学生的实践动手能力。
- 训练学生的工程思维。
- 培养学生安全与责任意识、规则与秩序意识。

电动葫芦的应用

任务 2.1　接触器互锁正反转控制线路的安装与调试

任务描述

生产机械的电气控制线路都是根据生产工艺过程的控制要求设计的。项目 1 我们学习了三相异步电机的点动控制和自锁控制，解决了现实生产过程中的单向点动控制和电机连续运行控制的需求。然而在实际生产过程中，有时候还需要一台机械设备在一个方向上运行一段时间后，再在反方向上运行一段时间，回到原来的位置，这种运动的动力来源往往由三相异步电机提供，我们把这种控制方式称为三相异步电机的正反转控制。本任务主要学习接触器互锁正反转控制线路的工作原理，掌握互锁电路的工作原理及接线方法，强化电气安全意识和操作规范。

任务目标

知识目标

- 能复述电机正反转控制原理，阐释电气元件作用与逻辑关系，剖析控制线路原理图。
- 领会装配接线工艺、安全规范与布局原则。
- 明晰三相异步电机正反转控制线路的装配与调试方法。

• 掌握三相异步电机正反转控制线路的控制思路。

技能目标

• 熟知三相异步电机接触器互锁正反转控制线路布局图与配线图。
• 领会正反转互锁逻辑。
• 能正确装配电路并完成电路调试。

知识准备

2.1.1 三相异步电机接触器互锁正反转控制线路的工作原理

由电机的工作原理可知，三相异步电机的运行方向取决于旋转磁场的方向，而旋转磁场的方向是由三相交流电源的相序决定的，因此在电机的运行过程中，改变电机三相电源中任意两相的相序，电机的运行方向就会改变，我们把电机运行过程中的这种控制方式称为三相异步电机的正反转控制。我们在项目 1 电机单向运行控制线路通电试车时，各组电机的旋转方向不相同的原因就是接入电机的电源相序不同。

三相异步电机正反转控制是电机控制方式中最常见的控制方式之一，它既能随意切换电机的运行方向，又能保证电机的运行，运行稳定可靠，控制灵活、易于实现自动控制和过载保护。

在实际生产中，常用按钮、接触器来控制电机的正反转。本任务主要学习接触器控制的电机正反转控制原理及其控制线路的安装与调试。

2.1.1.1 接触器控制的电机正反转控制线路图的组成

三相异步电机的正反转控制，可通过两个接触器切换接通改变电机定子绕组的电源相序来实现。电机正反转电路原理图如图 2-1-1 所示，主电路中当接触器 KM1 接通时，接入电机定子绕组的电源相序为 L1、L2、L3，控制电机 M 正方向运行；接触器 KM2 接通时，接入电机定子绕组的电源相序为 L3、L2、L1，控制电机 M 反方向运行。

微课 接触器互锁的工作原理

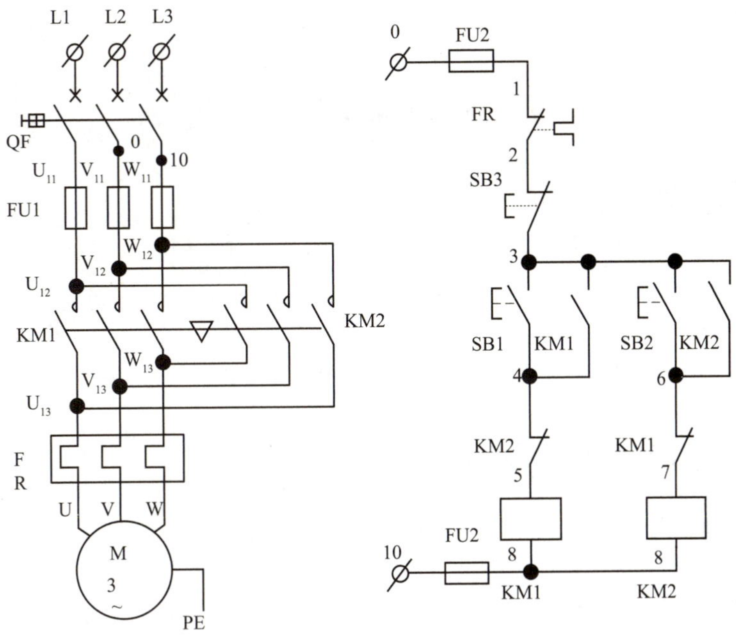

主电路　　　　控制电路

图 2-1-1　接触器联锁的正、反转控制线路电气原理图

慕课　接触器互锁正反转控制线路的插线验证

特别提示：

由主电路的连接形式可知，若接触器 KM1 和 KM2 的主触点同时闭合，将造成两相电源（L1 相和 L3 相）短路事故。为了避免两个接触器 KM1 和 KM2 同时得电动作，在设计控制线路时必须考虑采用“互锁”控制来避免该情况的发生。

2.1.1.2　互锁控制

互锁控制的实现方式详解

在继电控制线路中，互锁控制是一种重要的安全和逻辑控制机制。它是指通过电路中的联锁关系，使得两个或多个控制元件（如继电器、接触器等）不能同时动作，以避免出现电路故障或不符合逻辑的操作。

例如：在电机正反转控制线路中，正转接触器和反转接触器的控制线路分别串接对方接触器的一对常闭辅助触点。当一个接触器得电动作时，可通过其常闭辅助触点使另一个接触器不能得电动作，接触器间这种相互制约的作用称为接触器联锁（或互锁），用符号“▽”表示，实现联锁作用的常闭辅助触点称为联锁触点（或互锁触点）。

2.1.1.3　互锁控制的实现方式

如图 2-1-2 所示为互锁控制的实现方式及应用场景。

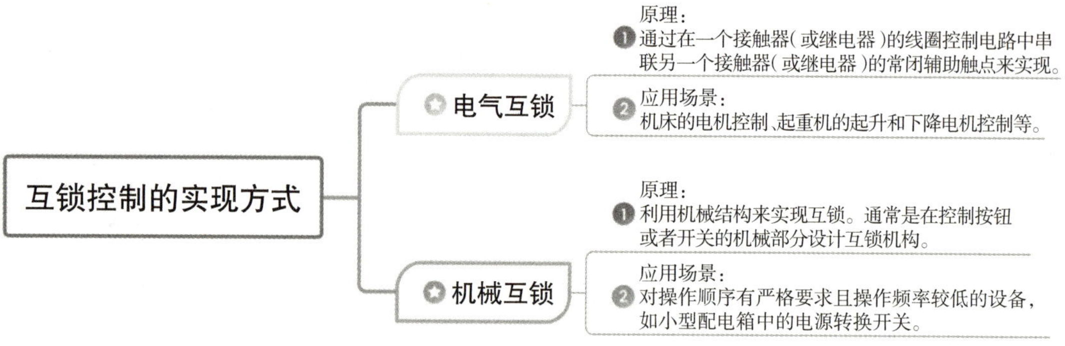

图 2-1-2　接触器联锁的正、反转控制线路电气原理图

2.1.1.4　互锁控制的作用和意义

（1）防止电路故障。互锁控制可以有效避免因误操作或者电气元件故障（如接触器主触点粘连）而导致的相间短路、过电流等故障，保护电气设备的安全，减少设备维修成本和停机时间。如前面提到的电机正反转控制中的短路保护。

（2）保证设备的正常运行逻辑。在一些具有多种运行模式的设备中，互锁控制能够确保设备按照正确的顺序和逻辑运行。例如，在自动生产线中，一个设备的进料电机和出料电机需要按照一定的顺序和逻辑工作，通过互锁控制可以防止它们的动作冲突，保证生产线的高效、稳定运行。

学有所悟：

电气互锁在电气系统中有着不可替代的重要意义。它犹如一位忠诚的卫士，时刻守护着电气设备，使其免受故障与损坏的威胁，同时也为操作人员筑起一道生命安全的坚固防线。不仅如此，其影响力更是延伸至整个社会层面，有力地保障着社会生产生活稳定有序运行。每一个看似简单的微观操作，实则都是构建安全可靠、可持续发展社会环境责任链上的关键节点。在专业领域里，始终秉持安全责任意识、严格遵循规范操作，是社会文明不断进步的根基与源泉。

2.1.1.5　三相异步电机接触器互锁正反转控制线路工作过程分析

图 2-1-1 所示电路的工作过程分析如下。

主电路的工作过程：合上 QF，当 KM1 主触点闭合时，电机正向运转，当 KM2 主触点闭合时，电机反向运转。

控制线路的工作过程：正向启动控制过程如下。

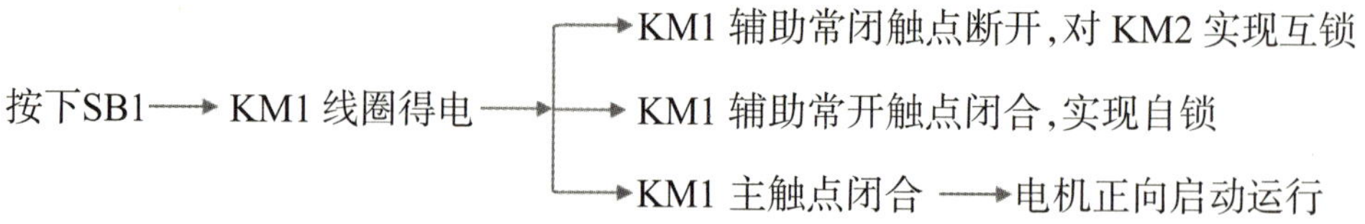

线路启动回路：L1 → QS → FU2 → FR → SB3 → SB1 → KM2 常闭→ KM1 线圈→ L2

反向启动控制过程：

按下 SB3 ⟶ KM1 线圈失电 ⟶ KM1 所有触点复位 ⟶ 电机断开三相电源，停止运行

按下 SB2 ⟶ KM2 线圈得电 ⟶

- ⟶ KM2 辅助常闭触点断开，对 KM1 实现互锁
- ⟶ KM2 辅助常开触点闭合，实现自锁
- ⟶ KM2 主触点闭合 ⟶ 电机反向启动运行

线路启动回路：L1 → QS → FU2 → FR → SB3 → SB2 → KM1 常闭→ KM2 线圈→ L2

停止过程：

按下 SB3 ⟶ KM1（KM2）线圈失电 ⟶ KM1（或 KM2）所有触点复位 ⟶ 电机断开三相电源，停止运行

叙述法分析三相异步电机接触器互锁正反转控制线路工作过程

理论联系实际：

根据图 2-1-1 完成下面电路原理分析。

合上电源断路器________。按下正转启动按钮________，此时接触器________线圈没有得电，其辅助________没有动作，因此________线圈得电吸合并自锁，其辅助常闭触点断开，使得________线圈无法得电，起到互锁作用。同时，________主触点接通，主电路输入电源的相序为________，电机正转。要使电机反转，则应先按下停止按钮________，使接触器________线圈断电，其主触点断开、电机停转，________辅助常闭触点复位；然后按下________按钮 SB2，此时 KM2 线圈得电，主触点和辅助触点动作，实现________、________和接通主电路的功能，输入电源的相序变为________，电机实现反转。

2.1.2　三相异步电机接触器互锁正反转控制线路的安装与调试

请按照实训手册的具体要求完成本任务的实操练习。

2.1.2.1　任务实施

1. 所需的工具、材料

图 2-1-1 接触器联锁正反转控制线路所需工具有常用电工工具、万用表等。

所需材料见表 2-1-1。

表 2-1-1　电气元件明细

序号	文字符号	元件名称	型号规格	数量	备注
1	M	三相交流异步电机	Y-112M-4/4 kW，△形接法，380 V，8.8A，1 440 r/min	1	
2	QF	空气断路器		1	
3	FU1	熔断器	RL1-60/25 A	3	
4	FU2	熔断器	RL1-15/2 A	2	
5	KM1，KM2	交流接触器	CJ10-10，380 V	1	
6	FR	热继电器	FR36-20/3，整定电流 8.8 A	1	
7	SB1	正转按钮	LA10-3H	1	绿色
8	SB2	反转按钮			黑色
9	SB3	停止按钮			红色
10	XT	接线端子	JX2-Y010	2	
11		导线	BV-1.5 mm²，1 mm²	若干	
12		冷压接头	1 mm²	若干	
13		记号笔	黑色	1	
14		网孔板	500 mm × 400 mm	1	

2. 电路安装

（1）根据表 2-1-1 配齐所用电气元件，并检查元件质量。

（2）根据图 2-1-3 画出元件布置图并完成安装接线图。

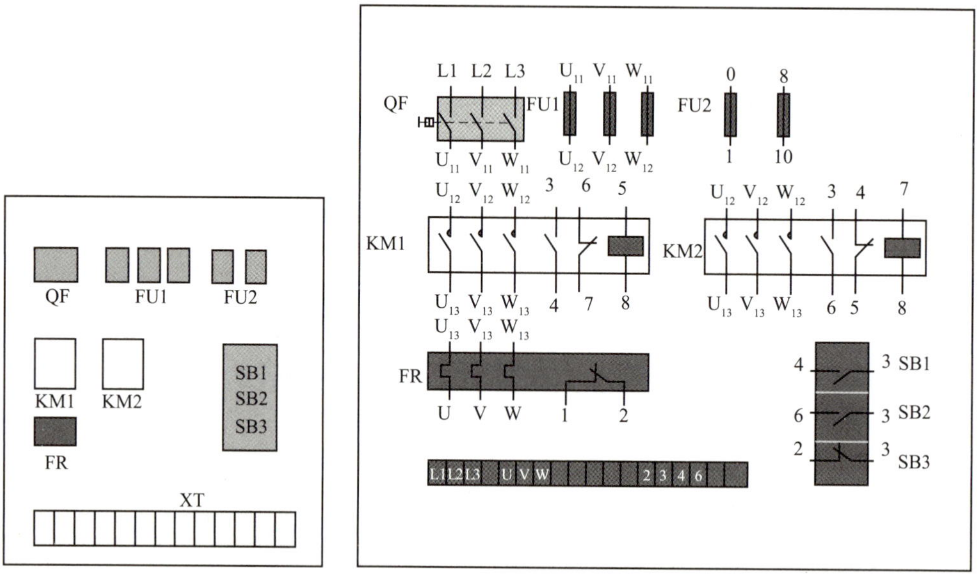

图 2-1-3　接触器联锁正反转控制线路安装接线图

（3）根据元件布置图安装元件，各元件的安装位置要整齐、匀称、间距合理，便于更换，元件紧固时用力均匀、紧固程度适当。

（4）布线时以接触器为中心，由里向外、由低至高，以先电源电路、再控制线路、后主电路进行，以不妨碍后续布线为原则。布线顺序为：电源电路→控制线路→主电路→连接按钮。

（5）整定热继电器。

（6）连接电机和按钮金属外壳的保护接地线。

（7）连接电机和电源。

（8）电路检查、通电测试及故障排除。

学有所悟：

在电气安装布线工作中，良好的工具使用习惯是成功的开端。正确握持螺丝刀，精心保养电钻，让工具成为可靠伙伴，正如对待学习与生活中的技能，用心呵护方能长久。合理布线如同规划人生路径，应条理清晰、疏密得当，避免混乱与冗余，提升效率。秉持不浪费的理念，精准计算线缆长度，珍惜每一份资源，恰似珍惜时光与机遇，不挥霍、不铺张。如此，在布线中展现的严谨、节约与规划意识，将为电气控制工程注入持久活力，也为未来发展奠定坚实基础。

3. 注意事项

（1）接触器联锁触点的接线必须正确，否则将会造成主电路中两相电源短路事故。

（2）通电试车时，应先合上 QF，再按下 SB1（或 SB2）及 SB3，看控制是否正常。

（3）电路进行方向切换时需要先按下 SB3 停止按钮，再按下 SB2（或 SB1），观察电机是否反向。

（4）安装完毕的电路板，必须经过认真检查后，才允许通电试车，以防止错接、漏接，造成不能正常运行或短路事故。

（5）带电检修故障时，必须有教师在现场监护，并确保用电安全。

思考与练习

一、填空题

1. 接触器互锁正反转控制线路中，正转接触器 KM1 的________串联在反转接触器 KM2 的线圈回路中，反转接触器 KM2 的________串联在正转接触器 KM1 的线圈回路中，防止两个接触器同时吸合。

2. 在接触器互锁正反转控制线路中，改变电机转向是通过________改变来实现的。

二、选择题

1. 接触器互锁正反转控制线路中，若正转接触器 KM1 的常闭辅助触点损坏（始终处于闭合状态），当按下反转按钮时，可能会出现（　　）。

A. 电机正常反转
B. 电机正转和反转同时进行
C. 电机停止不动
D. 电机先正转再反转

2. 以下关于接触器互锁正反转控制线路的说法,正确的是(　　)。

A. 互锁仅依靠按钮来实现
B. 改变电机转向是通过改变电流大小实现的
C. 接触器互锁能有效防止电源短路
D. 不需要热继电器进行过载保护

三、简答题

1. 简述接触器互锁正反转控制线路的工作原理。

2. 为什么在接触器互锁正反转控制线路中要设置互锁?

3. 在接触器互锁正反转控制线路中,若热继电器的常闭辅助触点损坏,会出现什么情况?

4. 接触器互锁正反转控制线路的优缺点有哪些?

任务 2.2　按钮互锁正反转控制线路的安装与调试

任务描述

任务 2.1 学习了利用接触器的常闭辅助触点实施互锁的控制线路，但在一些对控制精度要求不高，启动频繁、临时应急需要快速实现电机正反转控制的场合或者具有机械互锁保护需求的设备，可以使用简单易懂、操作方便的按钮互锁实现电机正反转控制。如一些小型的电动工具，试验设备，简易的物料搬运装置，小型通风设备等。本任务主要学习按钮互锁正反转控制线路的工作原理，加强对互锁电路工作原理的理解，强化电气安全意识和操作规范。

任务目标

知识目标

- 能复述按钮互锁控制原理，阐释电气元件作用与逻辑关系，剖析控制线路原理图。
- 领会装配接线工艺、安全规范与布局原则。
- 明晰三相异步电机按钮互锁正反转控制线路的装配与调试方法。
- 掌握三相异步电机按钮互锁正反转控制线路的控制思路。

技能目标

- 熟知三相异步电机按钮互锁正反转控制线路布局图与配线图。
- 领会按钮正反转互锁逻辑。
- 能正确装配电路并完成电路调试。

知识准备

2.2.1　三相异步电机按钮互锁正反转控制线路的工作原理

在实际生产中，按钮控制电机的正、反转主要用于小功率、频繁启动且对控制精度要求不高的应用场合。本任务主要学习按钮控制的电机正反转控制原理及其控制线路的安装与调试。

2.2.1.1　按钮控制的电机正反转控制线路图的组成

按钮控制的正反转控制，可通过两个按钮切换接通改变电机定子绕组的电源相序来实现。其电路原理图如图 2-2-1 所示，主电路工作过程已在任务 2.1 介绍，此处不再赘述。

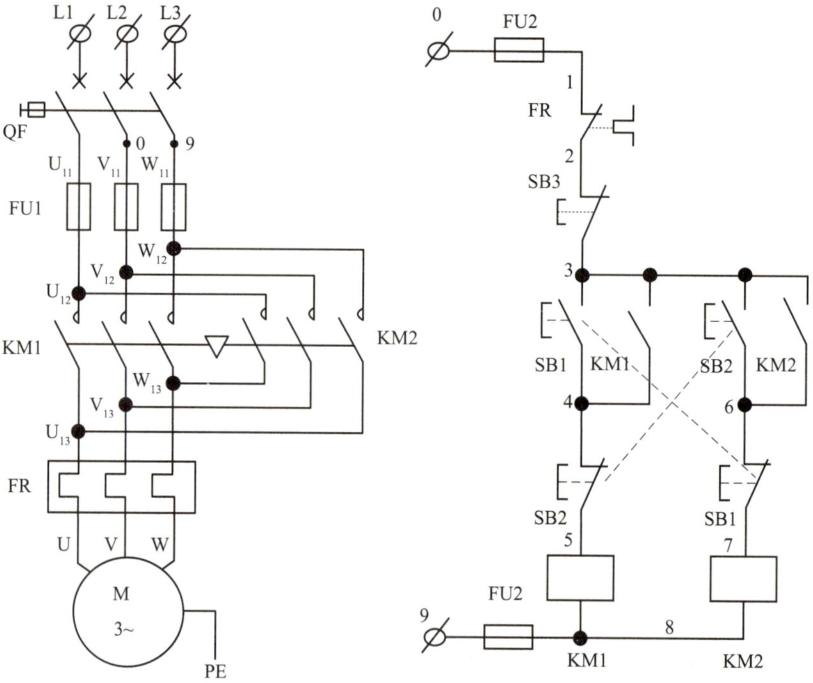

图 2-2-1　按钮互锁的正、反转控制线路电气原理图

2.2.1.2　三相异步电机按钮互锁正反转控制线路工作过程分析

微课　按钮互锁的工作原理

图 2-2-1 所示电路的工作过程分析如下：

主电路的工作过程：合上 QF，当 KM1 主触点闭合时，电机正向运转；当 KM2 主触点闭合时，电机反向运转。

控制线路的工作过程：正向启动控制过程如下。

按下 SB1 按钮 → KM1 线圈得电 →
- → SB1 常闭触点断开，对 KM2 实现互锁
- → KM1 辅助常开触点闭合，实现自锁
- → KM1 主触点闭合 → 电机正向启动运行

线路启动回路：L2 → QF → FU2 → FR → SB3 → SB1 → SB2 常闭→ KM1 线圈→ L3

反向启动控制过程：

按下 SB2 按钮 → KM2 线圈得电 →
- → SB2 常闭触点断开，对 KM1 实现互锁
- → KM2 辅助常开触点闭合，实现自锁
- → KM2 主触点闭合 → 电机反向启动运行

线路启动回路：L2 → QF → FU2 → FR → SB3 → SB2 → SB1 常闭→ KM2 线圈→ L3

停止过程：

按下 SB3 按钮 → KM1（KM2）线圈断电 → KM1（或 KM2）所有触点复位 → 电机断电停止

叙述法分析三相异步电机按钮互锁正反转控制线路工作过程

理论联系实际：

根据图 2-2-1 完成下面电路原理分析。

合上电源断路器________。按下正转启动按钮 SB1，其常开触点闭合，因此________线圈得电吸合并自锁；其常闭触点断开，使得________线圈无法得电，接触器________线圈无法得电，起到互锁作用。同时，________主触点接通，主电路输入电源的相序为________，电机正转。要使电机反转，则按下反向启动按钮________，此时 KM2 线圈得电，________主触点和辅助触点动作，实现________锁和接通反转主电路的功能，SB2 常闭触点断开，实现________锁和断开正转主电路功能。

特别提示：

1. 按钮互锁就是将对方的复合按钮常闭触点串联在自己的线圈回路中，由于其简单性和便捷性在一些小功率设备应用场合发挥了很大的优势，但其适用场合限于小功率设备、临时应用场合或作为大型自动化生产线或复杂的电气控制系统中的一个基本控制单元，与其他控制元件和控制线路相结合，实现更复杂的控制功能。

2. 如果按钮的触点出现粘连等故障，会使互锁功能失效，进而可能导致正反转接触器同时动作，发生短路危险。

2.2.2　三相异步电机按钮互锁正反转控制线路的安装与调试

请按照实训手册的具体要求完成本任务实操练习。

2.2.2.1　任务实施

1. 所需的工具、材料

图 2-2-1 三相异步电机双重互锁正反转控制线路所需工具有常用电工工具、万用表等。所需材料见表 2-2-1。

表 2-2-1　电气元件明细

序号	文字符号	元件名称	型号规格	数量	备注
1	M	三相交流异步电机	Y-112M-4/4kW，△形接法，380 V，8.8 A，1 440 r/min	1	
2	QF	空气断路器	C65ND10/3P	1	

续表

序号	文字符号	元件名称	型号规格	数量	备注
3	FU1	熔断器	RL1-60/25 A	3	
4	FU2	熔断器	RL1-15/2 A	2	
5	KM1,KM2	交流接触器	CJ10-10,380 V	2	
6	FR	热继电器	FR36-20/3,整定电流 8.8 A	1	
7	SB1	正转按钮	LA10-3H	1	绿色
8	SB2	反转按钮			黑色
9	SB3	停止按钮			红色
10	XT	接线端子	JX2-Y010	2	
11		导线	BV-1.5 mm^2,1 mm^2	若干	
12		冷压接头	1 mm^2	若干	
13		记号笔	黑色	1	
14		网孔板	500 mm × 400 mm	1	

2. 电路安装

(1)根据表 2-2-1 配齐所用电气元件,并检查元件质量。

(2)根据图 2-2-2 画出元件布置图并完成安装接线图。

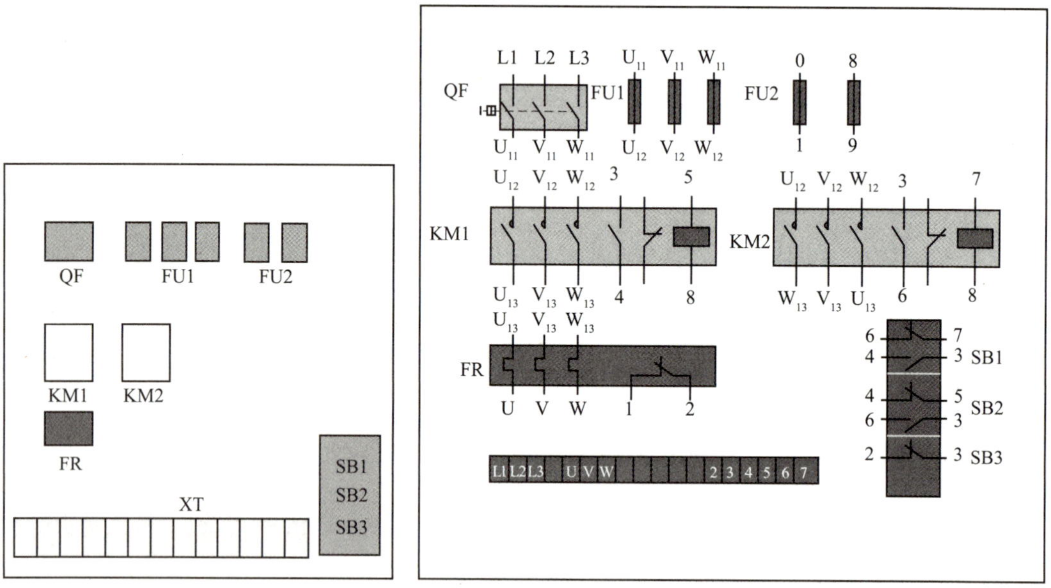

图 2-2-2　按钮互锁正反转控制线路安装接线图

(3)根据元件布置图安装元件,各元件的安装位置要整齐、匀称、间距合理,便于更换,元件紧固时用力均匀、紧固程度适当。

(4)布线时以接触器为中心,由里向外、由低至高,按先电源电路、再控制线路、后主电路进行布线,以不妨碍后续布线为原则。布线顺序为:电源电路→控制线路→主电路→连接按钮。

(5)整定热继电器。

(6)连接电机和按钮金属外壳的保护接地线。

(7)连接电机和电源。

(8)电路检查、通电测试及故障排除。

3. 注意事项

(1)按钮联锁触点的接线必须正确,否则将会造成主电路中两相电源短路事故。

(2)通电试车时,应先合上 QF,再按下 SB1(或 SB2)及 SB3,看控制是否正常,观察有无联锁作用。

(3)安装完毕的电路板,必须经过认真检查后,才允许通电试车,以防止错接、漏接,造成不能正常运行或短路事故。

(4)带电检修故障时,必须有教师在现场监护,并确保用电安全。

慕课　按钮互锁正反转控制线路的插线验证

思考与练习

一、选择题

1. 三相异步电机按钮互锁正反转控制线路与继电器互锁控制线路相比,按钮互锁的主要优点是(　　)。

A. 可靠性更高　　B. 成本更低

C. 可以实现直接正反转切换　　D. 过载保护能力更强

2. 继电器互锁控制线路中,继电器的常闭触点主要用于(　　)。

A. 自锁　　B. 互锁　　C. 过载保护　　D. 短路保护

3. 按钮互锁正反转控制线路中,按钮的触点状态是在(　　)进行切换的。

A. 电机运行过程中　　B. 电机停止后　　C. 按下按钮瞬间　　D. 松开按钮瞬间

4. 与按钮互锁相比,继电器互锁控制线路在响应速度上(　　)。

A. 更快　　B. 更慢

C. 一样快　　D. 取决于具体的继电器型号

5. 三相异步电机按钮互锁正反转控制线路中,实现互锁功能的是按钮的(　　)。

A. 常开触点　　B. 常闭触点　　C. 常开和常闭触点　　D. 以上都不对

二、简答题

1. 请简述三相异步电机按钮互锁正反转控制线路与继电器互锁控制线路在互锁原理上的区别。

2. 说明在实际应用中，三相异步电机按钮互锁正反转控制线路和继电器互锁控制线路分别适用于哪些场景，为什么？

任务 2.3　双重互锁正反转控制线路的安装与调试

任务描述

任务 2.1 介绍“接触器互锁正反转控制线路”在每次进行电机旋转方向切换时都要先按下停止按钮让接触器复位解除互锁，才能重新切换至反向运行，操作过程烦琐。任务 2.2 介绍“按钮互锁正反转控制线路”的适用范围有限且有诸多弊端。为克服接触器联锁和按钮互锁正反转控制线路的不足，为了操作方便，可将两种电路的优点结合起来，用两个复合按钮加交流接触器辅助常闭触点，构成双重互锁电路。本任务学习由按钮和交流接触器构成的双重互锁正反转控制线路的安装与调试。

任务目标

知识目标

- 理解双重互锁正反转控制线路元件的工作原理。
- 牢记双重互锁正反转控制线路各元件在原理图中的表示。
- 能阐释双重互锁防短路原理。
- 能剖析不同操作状态下的电路逻辑。

技能目标

- 能根据系统控制要求完成双重互锁正反转控制线路的安装与调试。

知识准备

2.3.1　三相异步电机双重互锁正反转控制线路的工作原理

如图 2-3-1 所示，该线路兼有两种联锁控制线路的优点，操作方便、工作安全可靠。

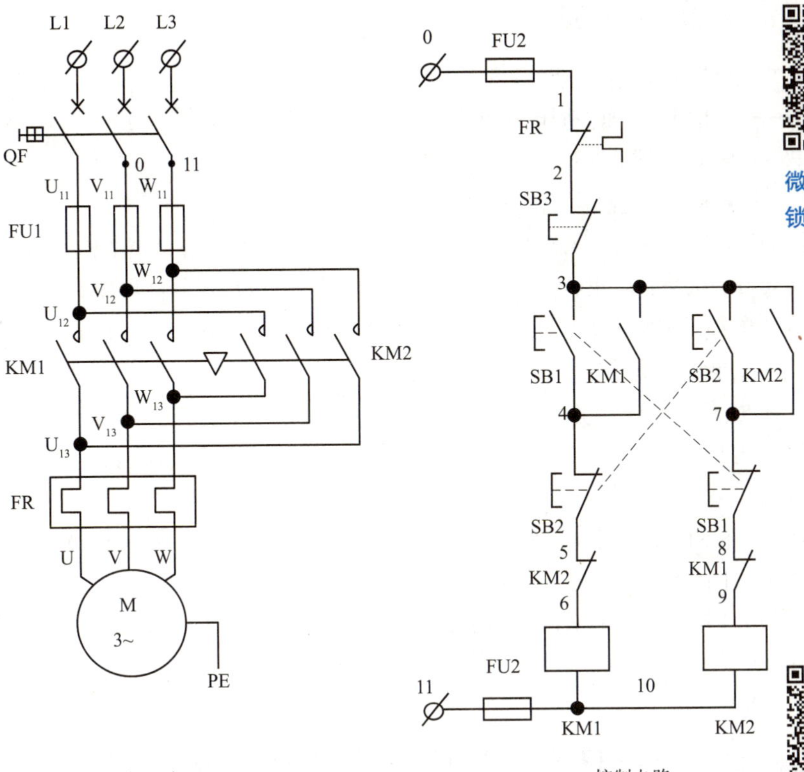

主电路　　　　控制电路

图 2-3-1　双重联锁的正、反转控制线路电气原理图

微课　双重互锁的工作原理

慕课　双重互锁正反转控制线路的插线验证

2.3.1.1　双重联锁正反转控制的工作原理

正向运行分析。

按下 SB1 按钮→KM1 线圈得电→
- → SB1 常闭触点断开 ┐→对 KM2 实现互锁
- → KM1 辅助常闭触点断开 ┘
- → KM2 主触点断开→电机反向运行停止
- → KM1 辅助常开触点闭合,实现自锁
- → KM1 主触点闭合→电机正向启动运行

合上电源断路器 QF。

按下正转启动按钮 SB1，KM1 线圈得电，KM1 主触点闭合,电机正转,同时 KM1 辅助触点自锁,继续线圈供电。联锁触点 KM1 常闭触点断开(禁止 KM2 线圈得电,对反转进行联锁),电机继续正转。

线路启动回路：L2 → QF → FU2 → FR → SB3 → SB1 → SB2 常闭→ KM2 常闭→ KM1 线圈→ L3

反转运行分析。

按下 SB2 按钮→KM2 线圈得电→

→ SB2 常闭触点断开 ┐
→ KM2 辅助常闭触点断开 ┘→对 KM1 实现互锁
→ KM1 主触点断开→电机正向运行停止
→ KM2 辅助常开触点闭合,实现自锁
→ KM2 主触点闭合→电机反向启动运行

按下反转启动按钮 SB2，KM1 线圈断电，KM1 主触点断开，同时 KM1 自锁触点也断开，电机正转停止。KM1 常闭触点复位，KM2 线圈得电，KM2 主触点闭合，电机反转，同时 KM2 辅助触点自锁，为线圈继续供电，同时 KM2 常闭触点断开（禁止 KM1 线圈得电，对正转进行联锁），电机继续反转。

线路启动回路：L2 → QF → FU2 → FR → SB3 → SB2 → SB1 常闭→ KM1 常闭→ KM2 线圈→ L3

停止过程：

按下停止按钮 SB3，KM1（或 KM2）线圈断电，KM1（或 KM2）主触点断开，同时自锁触点也断开，电机正向（或反向）停止转动。

按下 SB3 按钮→KM1（或 KM2）线圈断电→KM1（或 KM2）所有触点复位→电机断电停止

2.3.2　三相异步电机双重互锁正反转控制线路的安装与调试

请按照实训手册的具体要求完成本任务的实操练习。

2.3.2.1　任务实施

1. 所需的工具、材料

图 2-3-1 所示三相异步电机双重互锁正反转控制线路所需的工具有常用电工工具、万用表等。

所需材料见表 2-3-1。

表 2-3-1　电气元件明细

序号	文字符号	元件名称	型号规格	数量	备注
1	M	三相交流异步电机	Y-112M-4/4 kW，△形接法，380 V，8.8 A，1 440 r/min	1	
2	QF	空气断路器	C65ND10/3P	1	
3	FU1	熔断器	RL1-60/25 A	3	
4	FU2	熔断器	RL1-15/2 A	2	
5	KM1，KM2	交流接触器	CJ10-10，380 V	2	
6	FR	热继电器	FR36-20/3，整定电流 8.8 A	1	

续表

序号	文字符号	元件名称	型号规格	数量	备注
7	SB1	正转按钮			绿色
8	SB2	反转按钮	LA10-3H	1	黑色
9	SB3	停止按钮			红色
10	XT	接线端子	JX2-Y010	2	
11		导线	BV-1.5 mm^2, 1 mm^2	若干	
12		冷压接头	1 mm^2	若干	
13		记号笔	黑色	1	
14		网孔板	500 mm × 400 mm	1	

2. 电路安装

（1）根据表 2-3-1 配齐所用电气元件，并检查元件质量。

（2）根据图 2-3-2 画出元件布置图并完成安装接线图。

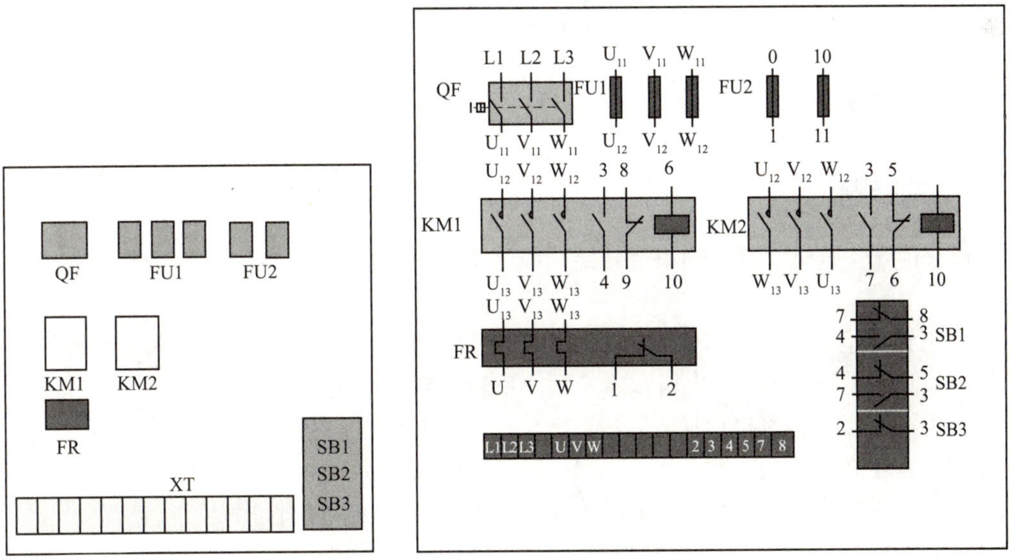

图 2-3-2　双重联锁正反转控制线路安装接线图

（3）根据元件布置图安装元件，各元件的安装位置要整齐、匀称、间距合理，便于更换，元件紧固时用力均匀、紧固程度适当。

（4）布线时以接触器为中心，由里向外、由低至高，按先电源电路、再控制线路、后主电路进行，以不妨碍后续布线为原则。布线顺序为：电源电路→控制线路→主电路→连接按钮。

电路检测基本步骤

（5）整定热继电器。

（6）连接电机和按钮金属外壳的保护接地线。

（7）连接电机和电源。

（8）电路检查、通电测试及故障排除。

3. 注意事项

(1)接触器联锁触点的接线必须正确,否则将会造成主电路中两相电源短路事故。

(2)通电试车时,应先合上 QF,再按下 SB1(或 SB2)及 SB3,看控制是否正常,并在按下 SB1 后再按下 SB2,观察有无联锁作用。

(3)安装完毕的电路板,必须经过认真检查后,才允许通电试车,以防止错接、漏接,造成不能正常运行或短路事故。

(4)带电检修故障时,必须有教师在现场监护,并确保用电安全。

思考与练习

一、填空题

1. 三相异步电机双重互锁正反转控制线路中,实现电气互锁的是接触器的________,实现机械互锁的是________。

2. 在三相异步电机双重互锁正反转控制线路中,当正转接触器通电吸合时,反转接触器的线圈回路被________,从而防止两个接触器同时吸合造成________。

3. 三相异步电机双重互锁正反转控制线路,既具备________的优点,又有较高的________。

二、选择题

1. 三相异步电机双重互锁正反转控制线路中,若同时按下正转按钮和反转按钮,电机将(　　)。

A. 正转　　B. 反转　　C. 停止　　D. 无法确定

2. 以下不属于三相异步电机双重互锁正反转控制线路优点的是(　　)。

A. 可实现正反转直接切换　　B. 控制逻辑简单

C. 安全性高　　D. 能有效防止相间短路

3. 在三相异步电机双重互锁正反转控制线路中,热继电器的作用是(　　)。

A. 短路保护　　B. 过载保护　　C. 欠压保护　　D. 失压保护

三、简答题

1. 与接触器互锁正反转控制线路相比,三相异步电机双重互锁正反转控制线路有哪些优势?

拓展任务 自动循环正反转控制线路的设计与调试

任务描述

在实际生产过程中，物料需要在一定的区域内来回移动，进行加工或筛选等操作。自动循环正反转控制线路广泛应用于需要物料往复传送的自动化生产线，如食品加工生产线中的物料输送带、矿石筛选设备中的振动筛等，有效提高了生产效率。而且通过调整时间继电器的设定时间，精确控制物料的移动时间和距离，灵活适应不同的生产工艺要求。本任务学习如何使用时间继电器实现自动循环正反转控制线路的设计与调试，强化对正反转控制线路工作原理的理解和电气控制线路的安装与调试实践技能。

任务目标

知识目标

- 掌握自动循环正反转控制线路的基本工作原理。
- 能解释时间继电器在电路中的计时功能与触点动作对电路状态改变的作用。
- 了解自动循环正反转控制线路中涉及的主要电气元件。
- 能解释时间继电器的延时类型（通电延时或断电延时）及其在电路中的应用区别。

技能目标

- 能正确选择合适的电气元件型号和规格，并合理规划电路布局。
- 能在设计过程中考虑设置合理的互锁和保护环节、接线技能。
- 掌握调试自动循环正反转控制线路的基本步骤和方法。
- 能通过观察故障现象来分析故障原因并采取有效解决措施。

知识准备

2.4.1 自动循环正反转控制线路的条件

自动循环正反转控制线路主要是利用时间继电器的延时控制功能实现电机自动正反转循环控制。通常使用接触器来控制电源相序，并结合时间继电器来设定正反转的时间间隔，从而达到自动循环的目的。

2.4.2 时间继电器

时间继电器是一种利用电磁原理或机械动作原理等来实现触点延时闭合或分断的自动控制器。常用的时间继电器主要有电磁式、电动式、空气阻尼式和晶体管式等。目前，电气控制线路中应用较多的是空气阻尼式时间继电器。随着电子技术的发展,近年来晶体管式时间继电器的应用研究日益广泛。时间继电器包括通电延时型和断电延时型,在自动循环正反转控制线路中,通电延时型时间继电器比较常用,它们的作用是设定电机正转和反转的持续时间。

2.4.2.1　时间继电器的分类及其符号

如图 2-4-1 所示为晶体管式和空气阻尼式时间继电器的外形。时间继电器的文字符号是 KT,图形符号如图 2-4-2 所示。

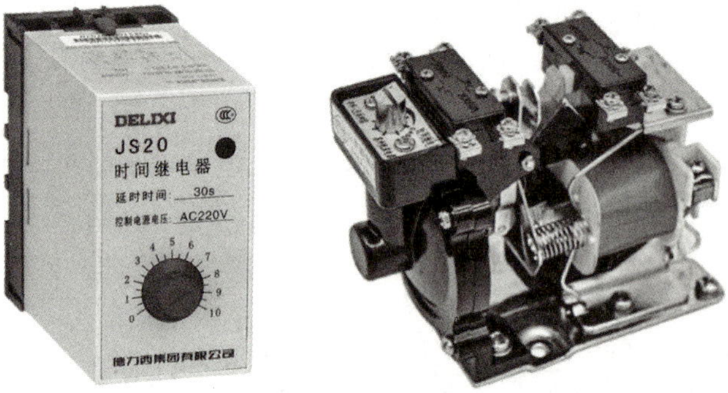

(a)　　　　(b)

图 2-4-1　时间继电器外形

(a)晶体管式;(b)空气阻尼式

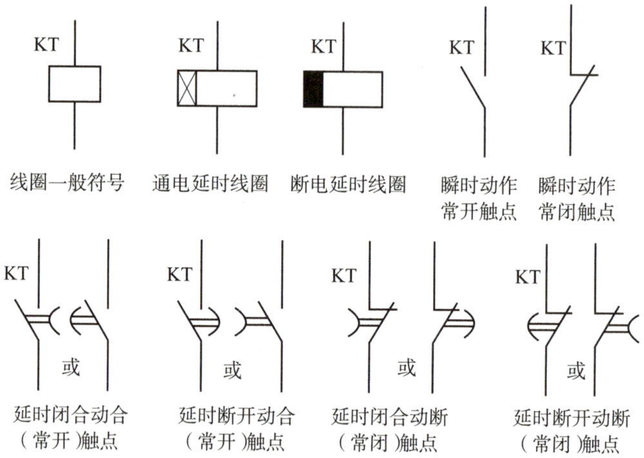

图 2-4-2　时间继电器的图形符号

2.4.2.2　JS20 系列晶体管式时间继电器

(1)晶体管式时间继电器结构。JS20 系列晶体管式时间继电器的外形如图 2-4-1(a)所示,它具有保护外壳,其内部结构采用印制电路组件。

(2)工作原理。JS20 系列晶体管式时间继电器由电源、电容充放电电路、电压鉴别电路、输出电路和指示电路五部分组成。电源接通后，经整流滤波和稳压后的直流电经过 RP1 和 RP2 向电容 C2 充电。当 C2 的充电电压满足 Ug 高于 UP 时，VF 导通，VT、VTH 也导通，继电器 KA 吸合，输出延时信号。调节 RP1 和 RP2 即可调整延时时间。

2.4.2.3 JS7-A 系列空气阻尼式时间继电器

（1）空气阻尼式时间继电器结构。空气阻尼式时间继电器又称为气囊式时间继电器。JS7-A 系列空气阻尼式时间继电器主要由电磁系统、延时机构和触点系统三部分组成，电磁系统为直动式双 E 型电磁铁，延时机构采用气囊式阻尼器，触点系统借用 LX5 型微动开关，包括两对瞬时触点（1 常开 1 常闭）和两对延时触点（1 常开 1 常闭），如图 2-4-3 所示。

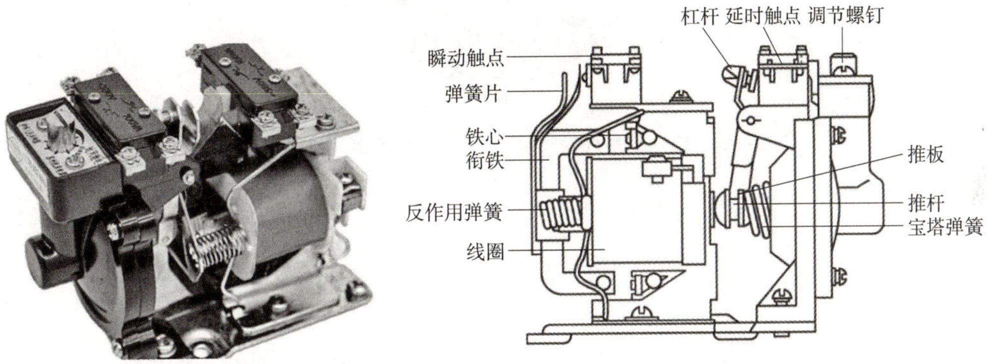

图 2-4-3　JS7-A 系列空气阻尼式时间继电器

（2）工作原理。JS7-A 系列空气阻尼式时间继电器是利用气囊中的空气通过小孔节流的原理来获得延时动作，分为通电延时型和断电延时型两种，其结构原理示意图如图 2-4-4 所示。

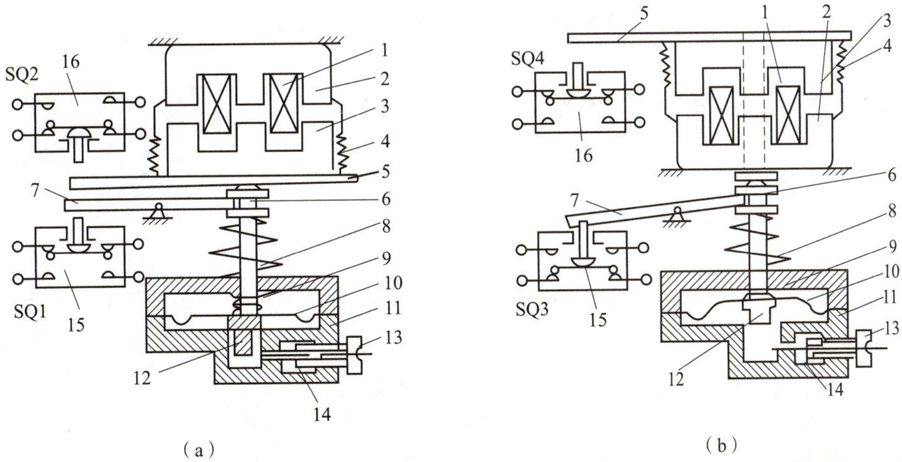

1—线圈；2—铁心；3—衔铁；4—反力弹簧；5—推板；6—活塞杆；7—杠杆；8—塔形弹簧；9—弱弹簧；10—橡胶膜；11—空气室；12—活塞；13—调节螺钉；14—进气孔；15、16—微动开关

图 2-4-4　JS7-A 型时间继电器的结构原理

（a）通电延时型；（b）断电延时型

其中图 2-4-4(a)是通电延时型时间继电器，当电磁系统的线圈通电时，微动开关 SQ2 的触点瞬时动作，而 SQ1 的触点由于气囊中空气阻尼的作用，在延时的时间达到时动作；当线圈断电时，微动开关 SQ1 和 SQ2 的触点均瞬时复位。

(3)延时时间的整定。JS7-A 系列空气阻尼式时间继电器延时时间的整定，可通过旋动调节螺钉进行调节，延时范围有 0.4~60 s 和 0.4~180 s 两种，调节位置如图 2-4-5 所示。

图 2-4-5　JS7-A 系列空气阻尼式时间继电器延时时间的整定

(4)时间继电器的型号及含义。时间继电器的型号及含义如图 2-4-6 所示。

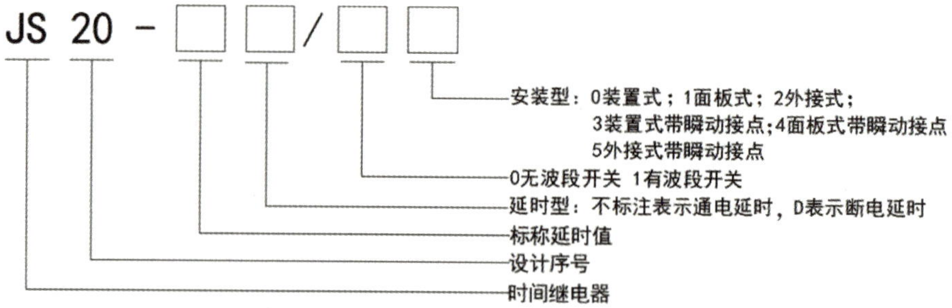

图 2-4-6　时间继电器的型号及含义

2.4.2.4　时间继电器的选用原则

时间继电器的选用一般遵循以下三个原则：

(1)根据系统的延时范围和精度选择时间继电器的类型和系列；

(2)根据控制线路的要求选择时间继电器的延时方式(通电延时或断电延时)；

(3)根据控制线路电压选择时间继电器吸引线圈的电压。

微课　时间继电器的选用原则

时间继电器在实际电路中的应用与接线方法

2.4.3　时间继电器控制的自动循环正反转控制线路工作原理

2.4.3.1　电路工作原理分析

如图 2-4-7 所示为两个时间继电器控制实现的自动循环正反转控制线路，其工作原理分析如下。

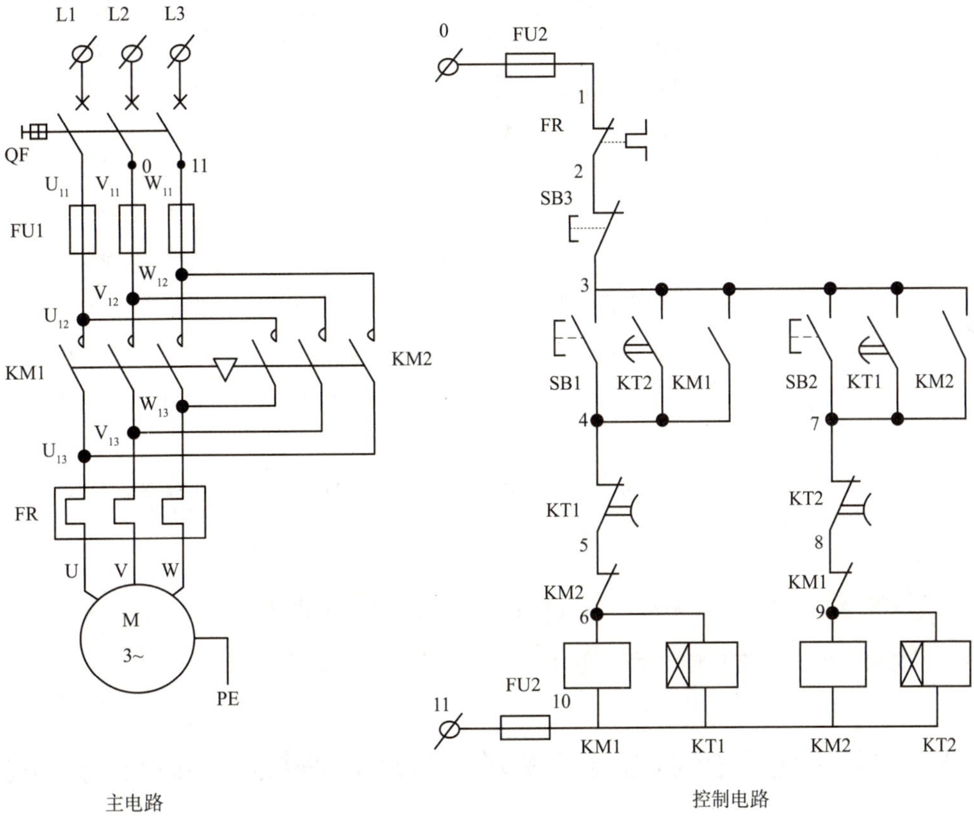

图 2-4-7　时间继电器控制的自动循环正反转控制线路

启动阶段：

按下 SB1 按钮 → KM1 线圈得电、KT1 线圈得电 →
- → KM1 辅助常闭触点断开，对 KM2 实现互锁
- → KM1 辅助常开触点闭合，实现互锁
- → KM1 主触点闭合 → 电机正向启动运行
- → KM1 开始计时

按下启动按钮，正转接触器 KM1 线圈得电，其主触点闭合使电动机正转，同时 KM1 的辅助常开触点闭合实现自锁。与此同时，通电延时时间继电器 KT1 线圈也得电开始计时。

正转—反转切换阶段：

KT1 延时时间到 → KM2 线圈得电、KT2 线圈得电 →
- → KT1 延时闭合的常开触点闭合,KM2 线圈得电
- → KM2 辅助常开触点闭合,实现自锁
- → KT1 延时断开的常闭触点断开,对 KM2 形成互锁
- → KM1 主触点断开 → 电机正向运行停止
- → KM2 主触点闭合 → 电机反向运行启动
- → KT2 开始计时

当 KT1 延时时间到达后,其延时闭合触点闭合,使反转接触器 KM2 线圈得电。KM2 主触点闭合,改变电机电源相序,电机开始反转。同时, KM2 的辅助常开触点闭合,实现自锁,并且 KT2 线圈得电开始计时。KM2 的另一个辅助常闭触点断开,使 KM1 线圈失电,其主触点断开,保证正反转接触器不会同时闭合。

反转—正转切换阶段:

KT2 延时时间到 → KM1 线圈得电、KT1 线圈得电 →
- → KT2 延时闭合的常开触点闭合,KM1 线圈得电
- → KM1 辅助常开触点闭合,实现自锁
- → KT2 延时断开的常闭触点断开,对 KM2 形成互锁
- → KM2 主触点断开 → 电机反向运行停止
- → KM1 主触点闭合 → 电机正向运行启动
- → KT1 开始计时

当 KT2 延时时间到达后,其延时闭合触点闭合,使 KM1 线圈重新得电,电机又开始正转,如此循环往复,实现自动循环正反转。

停止过程:

KT2 延时时间到→KM1、KT1(或 KM2\KT2)线圈断电→

KM1、KM2、KT1、KT2 所有触点复位→电机停止运行

2.4.4 时间继电器控制的自动循环正反转控制线路的设计与调试

请按照实训手册的具体要求完成本任务的实操练习。

2.4.4.1 任务实施

1. 所需的工具、材料

图 2-4-7 所示时间继电器控制的自动循环正反转控制线路所需工具有常用电工工具、万用表等。

所需材料见表 2-4-1。

表 2-4-1　电气元件明细

序号	文字符号	元件名称	型号规格	数量	备注
1	M	三相交流 异步电机	Y-112M-4/4 kW，△形接法 380 V 8.8 A 1 440 r/min	1	
2	QF	空气断路器	C65ND10/3P	1	
3	FU1	熔断器	RL1-60/25A	3	
4	FU2	熔断器	RL1-15/2A	2	
5	KM1，KM2	交流接触器	CJ10-10，380 V	2	
6	FR	热继电器	FR36-20/3，整定电流 8.8 A	1	
7	KT	时间继电器		2	
8	SB1	正转按钮	LA10-3H	1	绿色
9	SB2	反转按钮			黑色
10	SB3	停止按钮			红色
11	XT	接线端子	JX2-Y010	2	
12		导线	BV-1.5 mm^2，1 mm^2	若干	
13		冷压接头	1 mm^2	若干	
14		记号笔	黑色	1	
15		网孔板	500 mm × 400 mm	1	

2. 电路安装

（1）根据表 2-4-1 配齐所用电气元件，并检查元件质量。

（2）根据图 2-4-8 画出元件布置图并完成安装接线图。

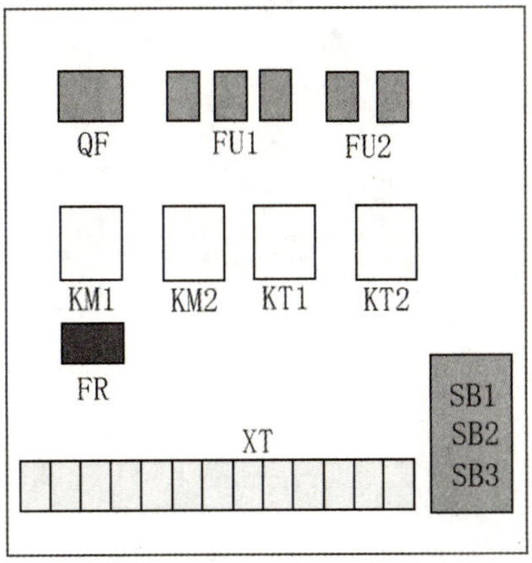

图 2-4-8　双重联锁正反转控制线路安装接线图

（3）根据元件布置图安装元件，各元件的安装位置要整齐、匀称、间距合理，便于更换，元件紧固时用力均匀、紧固程度适当。

（4）布线时以接触器为中心，由里向外、由低至高，按先电源电路、再控制线路、后主电路进行布线，以不妨碍后续布线为原则。布线顺序为：电源电路→控制线路→主电路→连接按钮。

（5）整定热继电器。

（6）整定时间继电器。

（7）连接电机和按钮金属外壳的保护接地线。

（8）连接电机和电源。

（9）电路检查、通电测试及故障排除。

3. 注意事项

（1）接触器联锁触点的接线必须正确，否则将会造成主电路中两相电源短路事故。

（2）仔细观察时间继电器底座并正确连接线圈及触点。

（3）安装完毕的电路，必须经过认真检查后，才允许通电试车，以防止错接、漏接，造成不能正常运行或短路事故。

（4）带电检修故障时，必须有教师在现场监护，并确保用电安全。

思考与练习

一、填空题

1. 在空气阻尼式时间继电器断电延时类型中，当线圈断电时，活塞杆在__________作用下开始移动，由于空气室的__________作用，实现延时功能。

2. 自动循环正反转控制线路中，用于电机过载保护的元件是__________。

3. 自动循环正反转控制线路中，时间继电器一般采用__________来控制正转和反转的持续时间。

二、选择题

1. 以下关于空气阻尼式时间继电器断电延时工作原理的描述，正确的是（　　）。

A. 线圈断电后，活塞杆立即快速复位，带动触点动作

B. 线圈断电后，活塞杆在空气阻尼作用下缓慢复位，实现延时触点动作

C. 线圈断电后，与空气室无关，仅靠弹簧力快速实现触点动作

D. 以上都不对

2. 在自动循环正反转控制线路中，正转接触器 KM1 线圈得电后，（　　）元件会同时得电开始计时。

A. 反转接触器 KM2　B. 时间继电器 KT2　C. 时间继电器 KT1　D. 热继电器 FR

3. 自动循环正反转控制线路应用于物料输送设备时，其主要优势不包括（　　）。

A. 提高人工操作强度　　B. 自动循环，无需持续人工干预

C. 可精确控制物料输送的时间和距离　　D. 提高生产效率

三、简答题

1. 简述自动循环正反转控制线路的工作过程（从启动开始）。

2. 说明空气阻尼式时间继电器断电延时是如何实现准确延时的。

项目 3

运料小车电气控制线路的安装与调试

情境描述

小车往复运动控制广泛应用于工业生产设备中，自动往复运料小车可以在预设的路线上持续不断地往复运输物料，无需人工搬运，能够长时间保持稳定的工作节奏，大大提高了物料运输的连续性和效率，从而保障生产流程的顺畅进行，减少因物料供应不及时导致的生产中断。下图是小车自动往复循环运料示意图，它是利用行程开关来实现往复运动控制的，通常叫作行程控制。本项目以运料小车电气控制线路的安装与调试为载体，学习典型三相异步电机往复运动控制线路的工作原理，掌握行程开关的选型及使用方法，强化典型行程控制线路的安装与调试技能。

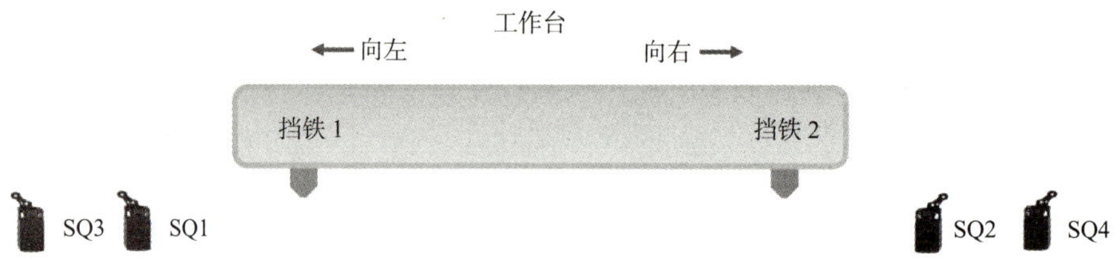

任务分解

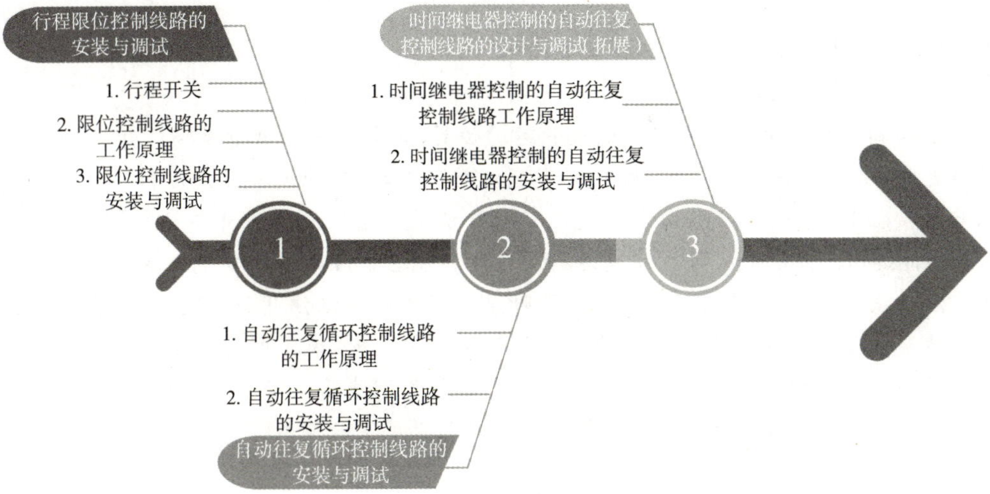

项目目标

知识目标

- 理解典型三相异步电机往复运动控制线路的基本组成及工作原理。
- 能阐述行程开关的工作原理。
- 能解释自动往复运动的意义及实施方法。
- 能分析运料小车典型电气控制线路的工作过程。

技能目标

- 能根据系统控制要求正确选用行程开关。
- 能看懂典型往复运动电气控制系统图。
- 能正确绘制“典型往复运动控制”电气原理图。
- 能完成“典型往复运动控制”的安装与调试。

素质目标

- 培养学生的实践动手能力。
- 训练学生的工程思维。
- 培养学生的安全与责任意识、规则与秩序意识。

任务 3.1　行程限位控制线路的安装与调试

任务描述

限位控制是利用限位开关监测电机的运转位置，当电机正向运行至限位开关 SQ1 所设定的位置时，限位开关 SQ1 即刻动作，触发交流接触器动作，使电机正向运行停止。当按下反向启动按钮时，电机开启反向运行模式。当电机反向运转到限位开关 SQ2 处时，限位开关 SQ2 相应动作，促使电机停止反向运行。这种控制方式在众多需要电机往复运动的场景中被广泛应用，其工作流程示意图 3-1-1 清晰呈现了电机与限位开关之间的交互逻辑，精准且高效地实现了电机在特定区间内的行程限位运行，充分体现了电气控制的精确性与稳定性。本任务将学习如何使用行程开关实现行程限位控制线路的安装与调试，强化对正反转控制线路工作原理的理解和电气控制线路的安装与调试实践技能。

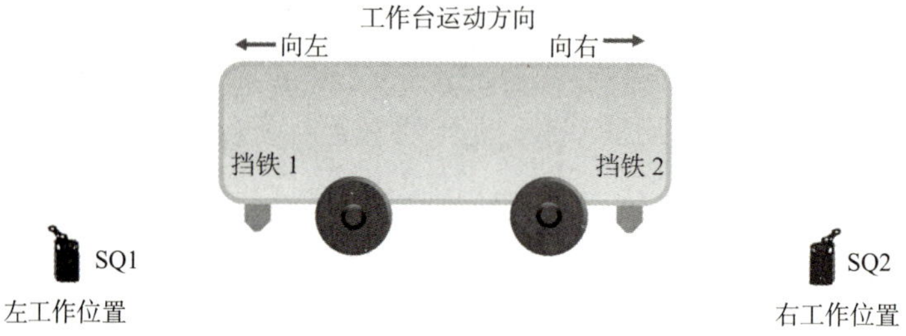

图 3-1-1　限位控制线路工作示意图

任务目标

知识目标

- 掌握行程开关的基本概念、结构、分类及其工作原理。
- 理解行程限位控制线路的工作原理，包括信号的传递、控制逻辑等。
- 熟悉行程限位控制线路中涉及的电气元件及其作用。

技能目标

- 能够正确识别不同类型的行程开关，并根据实际需求选择合适的行程开关。
- 能够熟练安装和调试行程限位控制线路，确保其正常工作。
- 能对行程限位控制线路出现的常见故障进行排查和简单维修，保证设备的正常运行。
- 可以根据不同的控制要求，对行程限位控制线路进行优化和改进。

知识准备

3.1.1 行程开关

行程开关,又称位置开关或限位开关,是一种常用的小电流主令电器。类似于按钮开关,通过推动行程开关上面的触点,实现电路的通和断。通常,这类开关被用来限制机械运动的位置或行程,使运动机械按一定位置或行程自动停止、反向运动、变速运动或自动往复运动等,从而避免事故的发生,实现对人员和设备的保护。

行程开关广泛用于各类机床和起重机械,用以控制其行程,进行终端限位保护。例如:电梯开关轿门的速度、自动开关门的限位、轿的上、下限位保护控制,机床工件运动或自动进刀的行程控制,洗衣机门误开启时的自动断电控制、录音机和录像机磁带到达端点时自动停止控制等。

3.1.1.1 结构及型号含义

常用行程开关的外观如图 3-1-2 所示,其结构如图 3-1-3 所示。

直动式　　滚轮式　　滚轮式　　微动式

图 3-1-2　常用行程开关

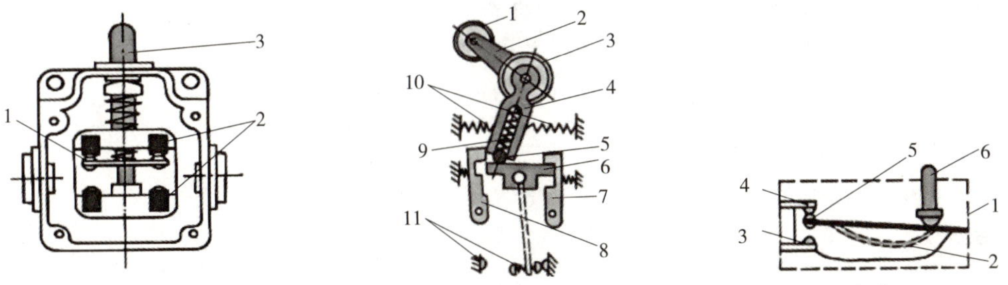

(a) 1—动触点;2—静触点;3—推杆

(b) 1—滚轮;2—上弯臂;3—推杆;4—套架;5—小滑轮;6—触点推杆;7、8—压板;9、10—弹簧;11—触点

(c) 1—壳体;2—弓簧片;3—常开触点;4—常闭触点;5—动触点;6—推杆

图 3-1-3 常用行程开关结构示意图

(a)直动式行程开关;(b)滚轮式行程开关;(c)微动式行程开关

行程开关型号:常用的行程开关有 JLXK1、LX19、LX32、LX33 和微动开关 LXW-11、

JLXK1-11、LXK3 等系列，行程开关的型号及其含义如图 3-1-4 所示。

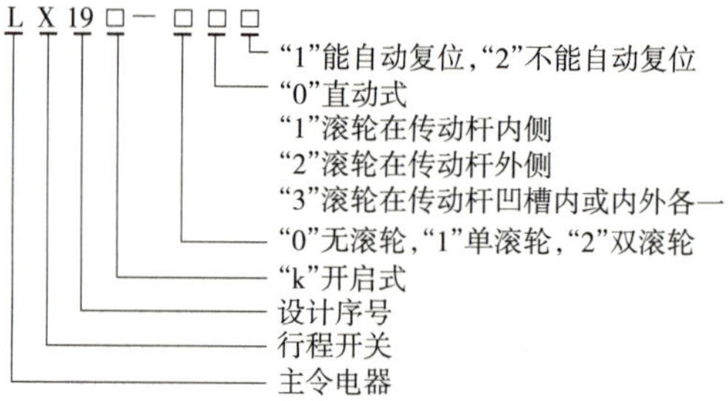

图 3-1-4　行程开关的型号及含义

行程开关的电气符号如图 3-1-5 所示。

图 3-1-5　行程开关图形符号

微课　常见行程开关的检测

3.1.1.2　行程开关选型原则

行程开关在功能和外观上有比较多的种类，在使用时要根据实际情况进行选择，选型方法遵循以下原则。

（1）根据使用场合和控制对象来确定行程开关的种类。当生产机械运动速度不是太快时，通常选用一般用途的行程开关；当生产机械行程通过的路径不宜装设直动式行程开关时，应选用凸轮轴转动式的行程开关；而在工作效率很高、对可靠性及精度要求也很高的场合，应选用接近开关。

（2）根据使用环境条件，选择开启式或保护式等防护形式。

（3）根据控制线路的电压和电流选择系列。

（4）根据生产机械的运动特征，选择行程开关的结构形式。

理论联系实际：

根据以上选型原则和行程开关型号含义为自动往复工作台的控制需求选择合适的行程开关。

3.1.2　限位控制线路的工作原理

限位控制线路原理图如图 3-1-6 所示，为了使电机的正、反转控制与工作台运动相配合，在控制线路中设置了位置开关 SQ1、SQ2，用来限位自动停止电机正、反转控制线路，实现工作台的往复行程控制。

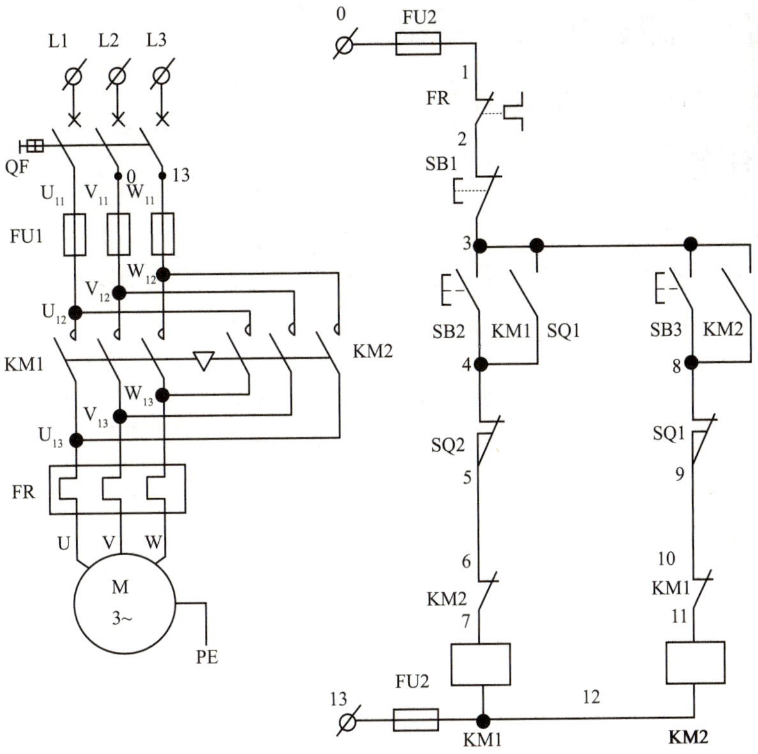

主电路　　控制电路

微课　限位控制线路的工作原理

图 3-1-6　限位控制线路工作原理图

电路的工作原理如下：

合上 QF。

正转控制：按下 SB2 ⟶ KM1 线圈得电 ⟶
- ⟶ KM1 常闭辅助触点断开，互锁
- ⟶ KM1 常开辅助触点闭合，自锁
- ⟶ KM1 主触点闭合 ⟶ 电机正向启动运行

运动部件移至限定位置，挡铁压下 SQ2 ⟶ SQ2 常闭断开 ⟶

KM1 线圈断电 ⟶
- ⟶ KM1 主触点断开 ⟶ 电机停止
- ⟶ KM1 常闭辅助触点闭合，互锁解除
- ⟶ KM1 常开辅助触点断开，自锁解除

反转控制：按下 SB3 ⟶ KM2 线圈得电 ⟶
- ⟶ KM2 常闭辅助触点断开，互锁
- ⟶ KM2 常开辅助触点闭合，自锁
- ⟶ KM2 主触点闭合 ⟶ 电机反向启动运行

运动部件移至限定位置，挡铁压下 SQ1 ⟶ SQ1 常闭断开 ⟶ KM2 线圈断电 ⟶ 电机停止

3.1.3 限位控制线路的安装与调试

请按照实训手册的具体要求完成本任务的实操练习。

3.1.3.1 任务实施

1. 所需的工具、材料

（1）三相异步电机限位控制线路所需工具有常用电工工具、万用表等。

（2）所需材料见表 3-1-1。

表 3-1-1 电气元件明细

<table>
<tr><td>1</td><td>M</td><td>三相交流
异步电机</td><td>Y-112M-4/4kW，△形接法，
380 V，8.8 A，1 440 r/min</td><td>1</td><td></td></tr>
<tr><td>2</td><td>QF</td><td>空气断路器</td><td>C65ND10/3P</td><td>1</td><td></td></tr>
<tr><td>3</td><td>FU1</td><td>熔断器</td><td>RL1-60/25 A</td><td>3</td><td></td></tr>
<tr><td>4</td><td>FU2</td><td>熔断器</td><td>RL1-15/2 A</td><td>2</td><td></td></tr>
<tr><td>5</td><td>KM1，KM2</td><td>交流接触器</td><td>CJ10-10，380 V</td><td>2</td><td></td></tr>
<tr><td>6</td><td>FR</td><td>热继电器</td><td>FR36-20/3，整定电流 8.8 A</td><td>1</td><td></td></tr>
<tr><td>7</td><td>SQ1、SQ2</td><td>行程开关</td><td></td><td>2</td><td></td></tr>
<tr><td>8</td><td>SB1</td><td>正转按钮</td><td rowspan="3">LA10-3H</td><td rowspan="3">1</td><td>绿色</td></tr>
<tr><td>9</td><td>SB2</td><td>反转按钮</td><td>黑色</td></tr>
<tr><td>10</td><td>SB3</td><td>停止按钮</td><td>红色</td></tr>
<tr><td>11</td><td>XT</td><td>接线端子</td><td>JX2-Y010</td><td>2</td><td></td></tr>
<tr><td>12</td><td></td><td>导线</td><td>BV-1.5 mm^2，1 mm^2</td><td>若干</td><td></td></tr>
<tr><td>13</td><td></td><td>冷压接头</td><td>1 mm^2</td><td>若干</td><td></td></tr>
<tr><td>14</td><td></td><td>记号笔</td><td>黑色</td><td>1</td><td></td></tr>
<tr><td>15</td><td></td><td>网孔板</td><td>500 mm × 400 mm</td><td>1</td><td></td></tr>
</table>

2. 电路安装

（1）根据表 3-1-1 配齐所用电气元件，并检查元件质量。

（2）根据图 3-1-7 元件布置图自行绘制接线图。

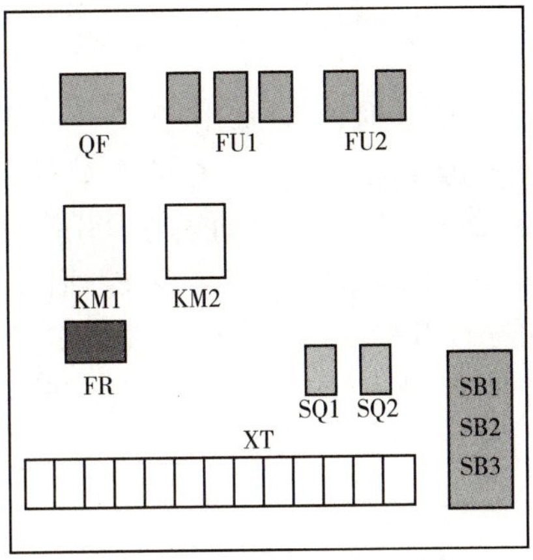

图 3-1-7　限位控制线路布局图

（3）根据元件布置图安装元件，各元件的安装位置要整齐、匀称、间距合理，便于更换，元件紧固时用力均匀、紧固程度适当。

（4）布线时以接触器为中心，由里向外、由低至高，按先电源电路、后控制线路，再主电路进行布线，以不妨碍后续布线为原则。布线顺序为：电源电路→控制线路→主电路→连接按钮。

（5）整定热继电器。

（6）连接电机和按钮金属外壳的保护接地线。

（7）连接电机和电源。

（8）电路检查、通电测试及故障排除。

3. 注意事项

（1）接触器联锁触点的接线必须正确，否则将会造成主电路中两相电源短路事故。

（2）安装完毕的电路，必须经过认真检查后，才允许通电试车，以防止错接、漏接，造成不能正常运行或短路事故。

（3）带电检修故障时，必须有教师在现场监护，并确保用电安全。

思考与练习

一、填空题

1. 行程开关又称__________，是一种常用的小电流主令电器。

2. 限位控制线路是利用__________检测电机的运转位置，当电机正向运行至限位开关所设定的位置时，电机正向运行停止。

3. 当按下__________，电机开启反向运行模式。

4. 在控制线路中设置了位置开关 SQ1、SQ2，并把它们安装在工作台__________。

二、选择题

1. 当生产机械运动速度不是太快时，通常选用(　　)行程开关。
A. 接近开关　　B. 一般用途　　C. 凸轮轴转动式
2. 当生产机械行程通过的路径不宜装设直动式行程开关时，应选用(　　)行程开关。
A. 接近开关　　B. 一般用途　　C. 凸轮轴转动式
3. 在工作效率很高、对可靠性及精度要求也很高时，应选用(　　)行程开关。
A. 接近开关　　B. 一般用途　　C. 凸轮轴转动式
4. 合上电源开关 QS，按下正向启动按钮 SB2，(　　)线圈得电。
A. KM2　　B. KM1　　C. SQ1

三、判断题

1. 行程开关主要用于控制大电流电路的通断。　(　　)
2. 限位控制线路中，电机正向运行到限位开关 SQ1 处会自动反向运行。　(　　)
3. 行程开关可根据使用环境条件选择防护形式。　(　　)
4. 按下正向启动按钮 SB3 可使电机正向启动。　(　　)

四、简答题

1. 简述行程开关的选型原则。

2. 简述限位控制线路的工作原理。

任务 3.2　自动往复循环控制线路的安装与调试

任务描述

自动往复循环控制是一种自动化控制技术，可以使设备或系统在预设的两个或多个端点之间自动进行往复运动，并持续循环执行这一过程。常用于一些简单的自动化设备控制场景，如自动往复电动窗帘控制系统、工厂生产线中不同工位之间自动往复运输物料小车的控制系统等。自动往复循环控制可通过搭建由传感器、控制器和执行器等组成的硬件电路来实现。其中由行程开关和继电器等搭建的控制线路应用广泛，本任务主要介绍由行程开关和交流接触器等搭建的自动往复循环控制线路，并进一步强化电气控制线路的安装与调试技能。

任务目标

知识目标

- 掌握自动往复循环控制线路的基本工作原理。
- 能解释行程开关触点动作对电路状态改变的作用。
- 了解自动往复循环控制线路中涉及的主要电气元件。

技能目标

- 能正确选择合适的电气元件型号和规格，并合理规划电路布局。
- 能在设计过程中考虑设置合理的互锁和保护环节，并具备接线技能。
- 掌握调试自动往复循环控制线路的基本步骤和方法。
- 能通过观察故障现象、分析故障原因来采取有效的解决措施。

知识准备

3.2.1　自动往复循环控制线路的工作原理

自动往复循环控制线路利用行程开关检测运动部件的位置，当运动部件到达设定位置时，行程开关动作改变电路状态，使电机反转，从而实现自动往复运动。工作台自动往复运动就是典型的应用自动往复循环控制线路的实例，其工作示意图如图 3-2-1 所示。

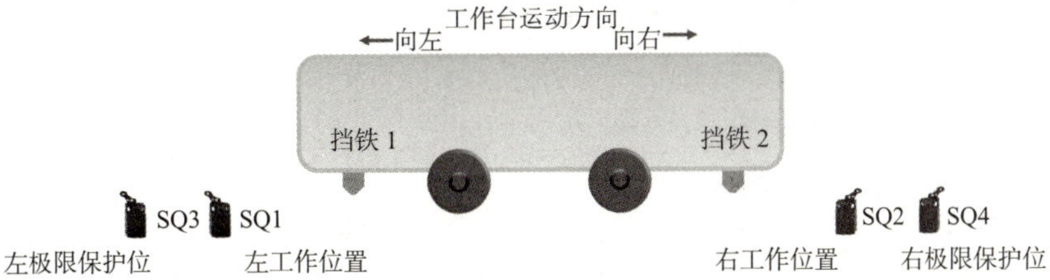

图 3-2-1　工作台自动往复工作示意图

为了使电机的正、反转控制与工作台运动相配合，在控制线路中设置了位置开关 SQ1、SQ2、SQ3、SQ4，并把它们安装在工作台需限位的地方（图 3-2-1）其中 SQ1 和 SQ2 被用来自动换接电机正、反转控制线路，实现工作台的自动往复行程控制；SQ3 和 SQ4 作为左右极限位置保护，以防止 SQ1 和 SQ2 失灵，工作台越过限定位置而造成事故，电路原理图如图 3-2-2 所示。

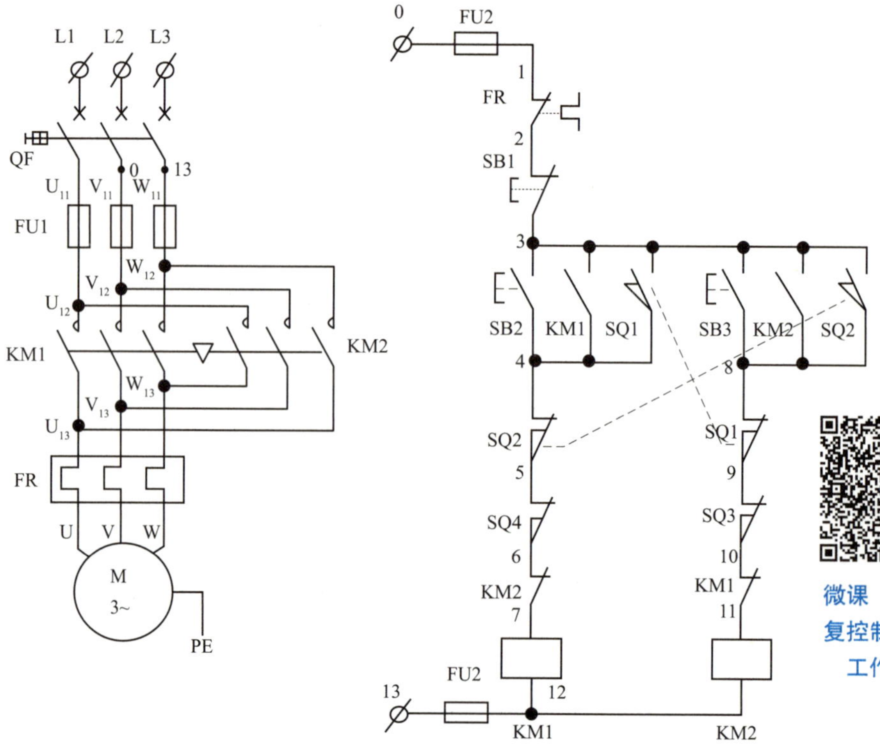

主电路　　控制电路

微课　自动往复控制线路的工作原理

图 3-2-2　工作台自动往复控制线路电气原理图

电路的工作原理如下。

合上 QF。

按下 SB2 按钮 ⟶ KM1 线圈得电 ⟶
- ⟶ KM1 常闭辅助触点断开,互锁
- ⟶ KM1 常开辅助触点闭合,自锁
- ⟶ KM1 主触点闭合 ⟶ 电机正向启动运行(右行)

运动部件移至限定位置,挡铁压下 SQ2 ⟶ SQ2 常闭先断开 ⟶ KM1 线圈失电
⟶
- ⟶ KM1 主触点断开 ⟶ 电机正向运行停止
- ⟶ KM1 自锁触点断开
- ⟶ KM1 常闭触点闭合 }
- SQ2 常开触点再闭合 } KM2 线圈得电 ⟶
  - ⟶ KM2 联锁触点断开,互锁
  - ⟶ KM2 主触点闭合 ⟶ 电机反向启动运行(左行)
  - ⟶ KM2 自锁触点闭合

运动部件移至限定位置,挡铁压下 SQ1 ⟶ SQ1 常闭先断开 ⟶ KM2 线圈失电
⟶
- ⟶ KM2 主触点断开 ⟶ 电机正向运行停止
- ⟶ KM2 自锁触点断开
- ⟶ KM2 常闭触点闭合 }
- SQ1 常开触点再闭合 } KM1 线圈得电 ⟶
  - ⟶ KM1 联锁触点断开,互锁
  - ⟶ KM1 主触点闭合 ⟶ 电机正向启动运行(右行)
  - ⟶ KM1 自锁触点闭合

停止时,按下停止按钮 SB1,整个控制线路失电,主电路断开,电机停止运行。

学有所悟：

在工作台自动往复控制线路中，SQ1、SQ2 是实施正反转自动切换的主要电气元件，但为了防止因元件损坏等导致的电机失控，造成人员和设备事故，该电路在设计时又添加了 SQ3、SQ4 两个备用的行程开关，增强了电路的安全防护，有效保护了人员和设备安全。同学们也应在生产生活中增强安全防护意识，养成严谨的习惯。电气操作时，应严格遵守规程，操作前详读手册，警惕隐患；进行电气系统设计时，秉持安全优先原则，考虑周全的防护措施，如为电路设过载保护、实施互锁保护等。为人民财产和生命安全筑牢根基。

3.2.2　自动往复循环控制线路的安装与调试

请按照实训手册的具体要求完成本任务的实操练习。

3.2.2.1　任务实施

1. 所需的工具、材料

图 3-2-2 所示三相异步电机自动循环正反转控制线路所需工具有常用电工工具、万用表等。

所需材料见表 3-2-1。

表 3-2-1　电气元件明细

序号	文字符号	元件名称	型号规格	数量	备注
1	M	三相交流异步电机	Y-112M-4/4kW，△形接法，380 V，8.8 A，1 440 r/min	1	
2	QF	空气断路器	C65ND10/3P	1	
3	FU1	熔断器	RL1-60/25 A	3	
4	FU2	熔断器	RL1-15/2 A	2	
5	KM1，KM2	交流接触器	CJ10-10，380 V	2	
6	FR	热继电器	FR36-20/3，整定电流 8.8 A	1	
7	SQ1-SQ4	行程开关		4	
8	SB1	正转按钮	LA10-3H	1	绿色
9	SB2	反转按钮			黑色
10	SB3	停止按钮			红色
11	XT	接线端子	JX2-Y010	2	
12		导线	BV-1.5 mm^2，1 mm^2	若干	
13		冷压接头	1 mm^2	若干	
14		记号笔	黑色	1	
15		网孔板	500 mm × 400 mm	1	

2. 电路安装

（1）根据表 3-2-1 配齐所用电气元件，并检查元件质量。

（2）根据元件布置图安装元件，如图 3-2-3 所示。各元件的安装位置整齐、匀称、间距合理，便于更换，元件紧固时用力均匀、紧固程度适当。

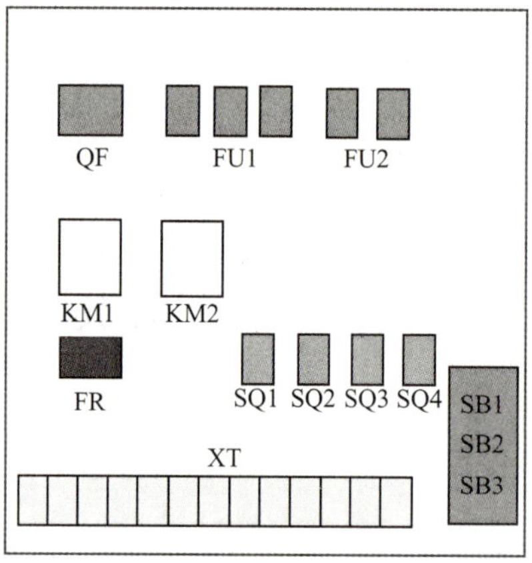

图 3-2-3　工作台自动往复控制线路安装图

（3）根据图 3-2-2 和图 3-2-3 画出电气接线图。

（4）布线时以接触器为中心，由里向外、由低至高，按先电源电路，后控制线路，再主电路进行布线，以不妨碍后续布线为原则。布线顺序为：电源电路→控制线路→主电路→连接按钮。

（5）整定热继电器。

（6）连接电机和按钮金属外壳的保护接地线。

（7）连接电机和电源。

（8）电路检查、通电测试及故障排除。

3. 注意事项

（1）接触器联锁触点的接线必须正确，否则将会造成主电路中两相电源短路事故。

（2）仔细观察时间继电器底座并正确连接线圈及触点。

（3）安装完毕的电路板，必须经过认真检查后，才允许通电试车，以防止错接、漏接，造成不能正常运行或短路事故。

（4）带电检修故障时，必须有教师在现场监护，并确保用电安全。

思考与练习

一、选择题

1. 自动往复循环控制线路主要是通过（　　）电气元件来控制电机正反转实现往复运动的。

A. 接触器　　B. 继电器　　C. 行程开关　　D. 按钮

2. 在自动往复控制线路中,为了防止电机过载,通常会使用(　　)。

A. 熔断器　　B. 热继电器　　C. 中间继电器　　D. 时间继电器

3. 自动往复循环控制线路中,如果发现电机只能单向运动,可能的原因是(　　)。

A. 两个接触器都损坏　　B. 行程开关损坏或者位置安装不当

C. 热继电器动作　　D. 熔断器熔断

4.(　　)在自动往复循环控制线路中用于手动控制电机的启动和停止。

A. 行程开关　　B. 按钮　　C. 接触器　　D. 热继电器

二、简答题

1. 简述自动往复循环控制线路的工作原理。

2. 行程开关在自动往复循环控制线路中的作用是什么?

拓展任务　时间继电器控制的自动往复控制线路的设计与调试

任务描述

时间继电器控制的自动往复控制线路广泛应用于工业生产、交通运输、建筑设施以及家居生活等方面,为日常生活带来便捷与高效,还兼具节能增效等诸多好处。例如,机床工作台、物料输送装置以及仓储物流的堆垛机等,借助时间继电器控制的自动往复控制线路,精准把控往复运动,显著提升工作效率与精度。电梯运行时的平稳上下、自动洗车机的有序洗刷以及停车场道闸的灵活起降,均依靠此线路保障了运行的安全、高效。本任务介绍由行程开关和时间继电器构建的自动往复循环控制线路的工作原理及安装调试方法。

任务目标

知识目标

- 掌握时间继电器控制的自动往复循环控制线路的基本工作原理。
- 能解释行程开关与时间继电器对电路状态改变的作用。
- 了解时间继电器控制的自动往复循环控制线路的主要电气元件。

技能目标

- 能正确选择合适的电气元件型号和规格,并合理规划电路布局。
- 能正确安装行程开关,整定时间继电器的定时时间。
- 掌握调试时间继电器控制的自动往复循环控制线路的基本步骤和方法。
- 能通过观察故障现象、分析故障原因来采取有效的解决措施。

知识准备

3.3.1 时间继电器控制的自动往复控制线路工作原理

如图 3-3-1 所示,小车在 A、B 两点之间装卸料,按下启动按钮 SB2 后,小车从 A 点向 B 点运行,到 B 点后停下,小车开始装料, 10 秒钟后装料结束,小车从 B 点向 A 点返回,到 A 点后停下,开始卸料, 10 秒钟后卸料结束,再次从 A 点向 B 点运行,如此循环往复;如果出现紧急情况按下停止按钮 SB3,小车可在 A、B 两点之间任一点停下,如果需要小车再次工作,可按下 SB2,使小车先向装料点运行,或按下 SB1,使小车先向卸料点运行。

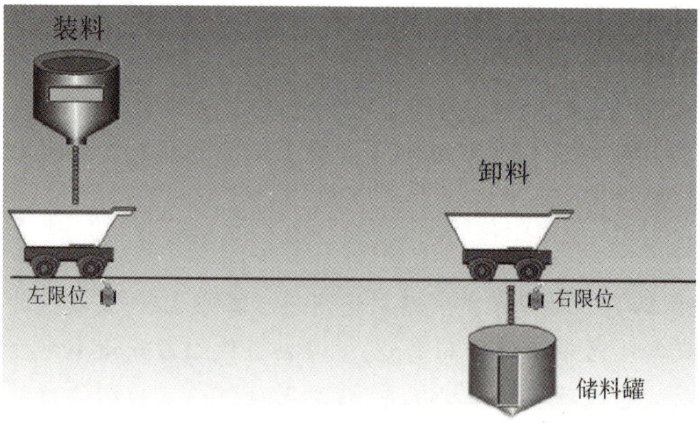

图 3-3-1　小车自动往复装卸料工作示意图

小车自动往复行程控制线路工作原理。根据对该任务的分析可知,小车在左右限位处自动往复进行装卸料的控制是典型的顺序控制,其电气控制原理图如图 3-3-2 所示。

图中行程开关 SQ1 为右限位检测, SQ2 为左限位检测,时间继电器 KT1 控制右限位处卸料时间, KT2 控制左限位处装料时间。SQ1 和 SQ2 既是位置信号的检测开关,也是启动时间继电器的开关，时间继电器在延时时间到时可自动切换电机正、反转控制线路，实现小车的自动往复行程控制，其电路工作原理分析如下：

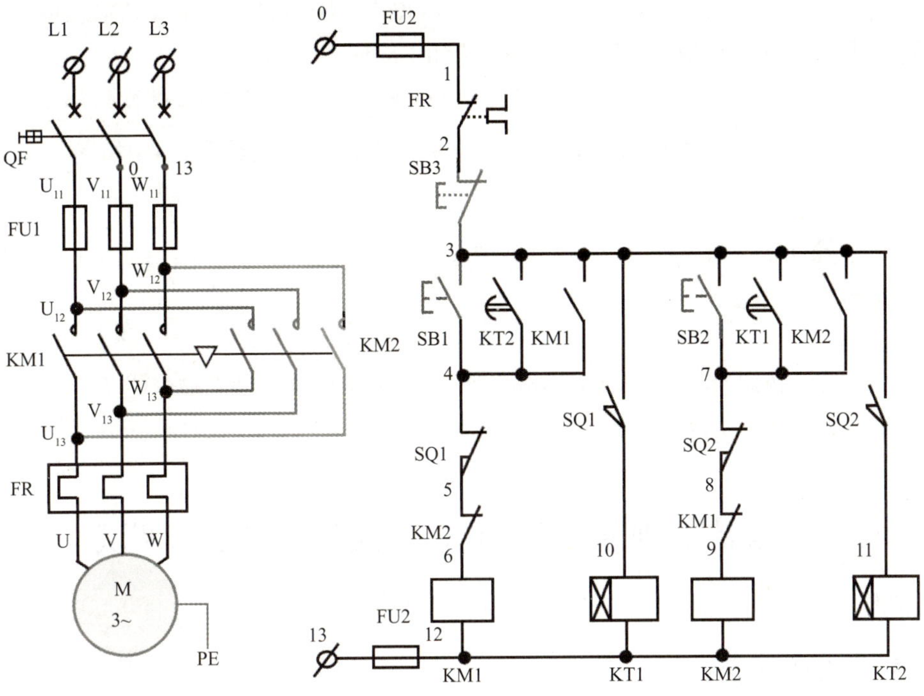

主电路　控制电路

图 3-3-2　小车自动往复装卸料电气原理图

启动阶段如下。

按下 SB1 按钮 ⟶ KM1 线圈得电 ⟶
- ⟶ KM1 常闭触点断开，对 KM2 实现互锁
- ⟶ KM1 辅助常开触点闭合，实现自锁
- ⟶ KM1 主触点闭合 ⟶ 电机正向启动运行（右行）

第一步，按下启动按钮 SB1，KM1 线圈得电正转，小车右行；

第二步，到达右限位 SQ1 处，行程开关 SQ1 常开触点闭合，时间继电器 KT1 得电开始计时，小车卸料。

碰到右限位 SQ1 ⟶ KT1 线圈得电 ⟶
- ⟶ SQ1 常闭触点断开，对 KM1 形成互锁
- ⟶ KM1 主触点断开 ⟶ 电机正向运行停止
- ⟶ KM1 开始计时（卸料）

第三步，KT1 延时时间到，KT1 常开触点闭合，KM2 线圈得电反转，小车左行；

KT1 延时时间到 → KM2 线圈得电 →
- → KT1 延时闭合的常开触点闭合，KM2 线圈得电
- → KM2 辅助常开触点闭合，实现自锁
- → KM2 主触点闭合 → 电机反向启动运行（左行）

到达左限位 SQ2 处，碰到行程开关，SQ2 停止（起保停电路）；

碰到左限位 SQ2 → KT2 线圈得电 →
- → SQ2 常闭触点断开，对 KM2 形成互锁
- → KM2 主触点断开 → 电机反向运行停止
- → KT2 开始计时（装料）

第四步，SQ2 常开触点闭合，时间继电器 KT2 得电开始计时，KT2 延时时间到，会重复第一步，如此循环往复。

停止过程：

按下停止按钮 SB3 → KM1（或 KM2）断电 → KM1、KM2 所有触点复位 → 电机停止运行

3.3.2 时间继电器控制的自动往复控制线路的安装与调试

请按照实训手册的具体要求完成本任务的实操练习。

3.3.2.1 任务实施

1. 所需的工具、材料

图 3-3-2 所示三相异步电机时间继电器控制的自动往复控制线路所需工具有常用电工工具、万用表等。

所需材料见表 3-3-1。

表 3-3-1 电气元件明细

序号	文字符号	元件名称	型号规格	数量	备注
1	M	三相交流异步电机	Y-112M-4/4 kW，△形接法，380 V，8.8 A，1 440 r/min	1	
2	QF	空气断路器	C65ND10/3P	1	
3	FU1	熔断器	RL1-60/25 A	3	
4	FU2	熔断器	RL1-15/2 A	2	
5	KM1，KM2	交流接触器	CJ10-10，380 V	2	
6	FR	热继电器	FR36-20/3，整定电流 8.8 A	1	
7	KT1、KT2	时间继电器		2	
8	SB1	正转按钮	LA10-3H	1	绿色
9	SB2	反转按钮			黑色
10	SB3	停止按钮			红色

续表

序号	文字符号	元件名称	型号规格	数量	备注
11	SQ1,SQ2	左右限位行程开关		2	
12	XT	接线端子	JX2-Y010	2	
13		导线	BV-1.5 mm^2,1 mm^2	若干	
14		冷压接头	1 mm^2	若干	
15		记号笔	黑色	1	
16		网孔板	500 mm × 400 mm	1	

2. 电路安装

(1)根据表 3-3-1 配齐所用电气元件,并检查元件质量。

(2)根据图 3-3-3 画出接线图。

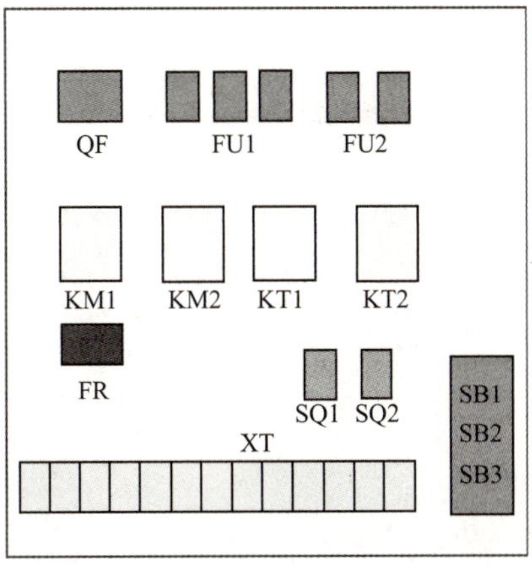

图 3-3-3 小车自动往复装卸料电气安装图

(3)根据元件布置图安装元件,各元件的安装位置要整齐、匀称,间距合理,便于更换,元件紧固时用力均匀,紧固程度适当。

(4)布线时以接触器为中心,由里向外、由低至高,按先电源电路,后控制线路,再主电路进行布线,以不妨碍后续布线为原则。布线顺序为:电源电路→控制线路→主电路→连接按钮。

(5)整定热继电器。

(6)整定时间继电器。

(7)连接电机和按钮金属外壳的保护接地线。

(8)连接电机和电源。

(9)电路检查、通电测试及故障排除。

3. 注意事项

(1)接触器联锁触点的接线必须正确,否则将会造成主电路中两相电源短路事故。

(2)仔细观察时间继电器底座并正确连接线圈及触点。

（3）安装完毕的电路，必须经过认真检查后，才允许通电试车，以防止错接、漏接，造成不能正常运行或短路事故。

（4）带电检修故障时，必须有教师在现场监护，并确保用电安全。

思考与练习

1. 请根据所学知识，考虑如何添加装料和卸料电磁阀控制功能。

项目 4

皮带传输机电气控制线路的安装与调试

情境描述

在工业物料输送中，皮带传输机极为关键。本项目围绕其电气控制线路展开，包含三个任务：任务 4.1 是顺序启动、单独停止控制线路的安装与调试，学生需依据电气原理精准选择元件并布线，掌握基本启动停止逻辑；任务 4.2 为顺序启动、逆序停止控制线路的安装与调试，学生要深入钻研运行流程，优化控制策略，体会控制策略对设备稳定性和安全性的影响，提升故障排查能力；拓展任务则要求学生自主设计顺序启动、顺序停止控制线路并调试，全面锻炼其综合应用与实践能力，为其在电气领域成为高素质人才奠定基础，使其能够应对复杂的工业电气控制需求。

任务分解

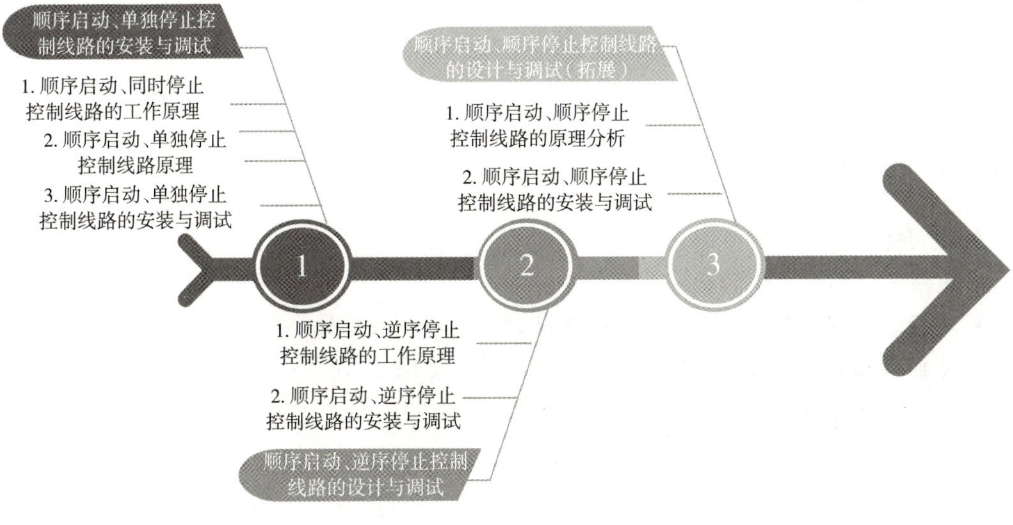

项目目标

知识目标

- 掌握皮带传输机电气控制线路的基本原理和构成方式。
- 熟悉顺序启动、停止控制中各电气元件的作用机制。
- 理解不同控制线路逻辑对设备运行状态的影响原理。
- 学会根据皮带传输机工况选择合适的控制策略。

技能目标

- 能独立设计顺序控制电气线路图,符合规范要求。
- 熟练安装、调试多种顺序控制线路,保障运行稳定。
- 精准排查解决电气线路故障,缩短停机时间。
- 依据需求优化控制线路参数,提高生产效率。

素质目标

- 培养学生的实践动手能力。
- 训练学生的工程思维。
- 培养学生的安全与责任意识、规则与秩序意识。

任务 4.1　顺序启动、单独停止控制线路的安装与调试

任务描述

本任务聚焦电机控制中的顺序启动、单独停止控制线路。要求学生理解并掌握该控制线路的工作原理与设计方法。首先,需明确两台电机顺序启动的逻辑关系,通过电气元件连接实现按设定顺序依次启动电机。同时,掌握每台电机可单独停止的操作设计,在保障整体控制功能的基础上,确保各电机能独立停止运转而不影响其他电机的运行状态。通过本任务的学习,学生能深入了解复杂电机的控制策略并具备实际电路设计与调试能力。

任务目标

知识目标

- 掌握三相异步电机的顺序控制方法。
- 掌握三相异步电机顺序控制实际电路的装配与接线方法。
- 掌握三相异步电机顺序控制实际电路的调试方法。
- 掌握三相异步电机顺序控制线路的故障排除方法。

技能目标

- 能够根据电机控制要求，独立设计单台电机顺序启动、单独停止控制线路的电气原理图。
- 能根据布局图和配线图对三相异步电机顺序控制实际电路进行装配接线。
- 具备调试控制线路与排除故障的能力。
- 能通过观察故障现象，分析故障原因并采取有效的解决措施。

知识准备

4.1.1　顺序启动、同时停止控制线路的工作原理

在电机顺序启动、同时停止控制线路中，启动时，利用接触器的联锁来实现顺序启动。先按下启动按钮 SB1，接触器 KM1 线圈得电，主触点闭合使电机 M1 启动，同时其辅助常开触点闭合，为接触器 KM2 线圈通电做准备。接着按下启动按钮 SB2，接触器 KM2 线圈得电，电机 M2 启动。停止时，停止按钮 SB3 与接触器 KM1 和 KM2 线圈串联。当按下停止按钮 SB3 时，接触器 KM1 和 KM2 线圈同时失电，它们的主触点同时断开，两台电机同时停止运转，从而实现顺序启动、同时停止的功能，如图 4-1-1 所示。

微课　顺序启动、同时停止控制线路的工作原理

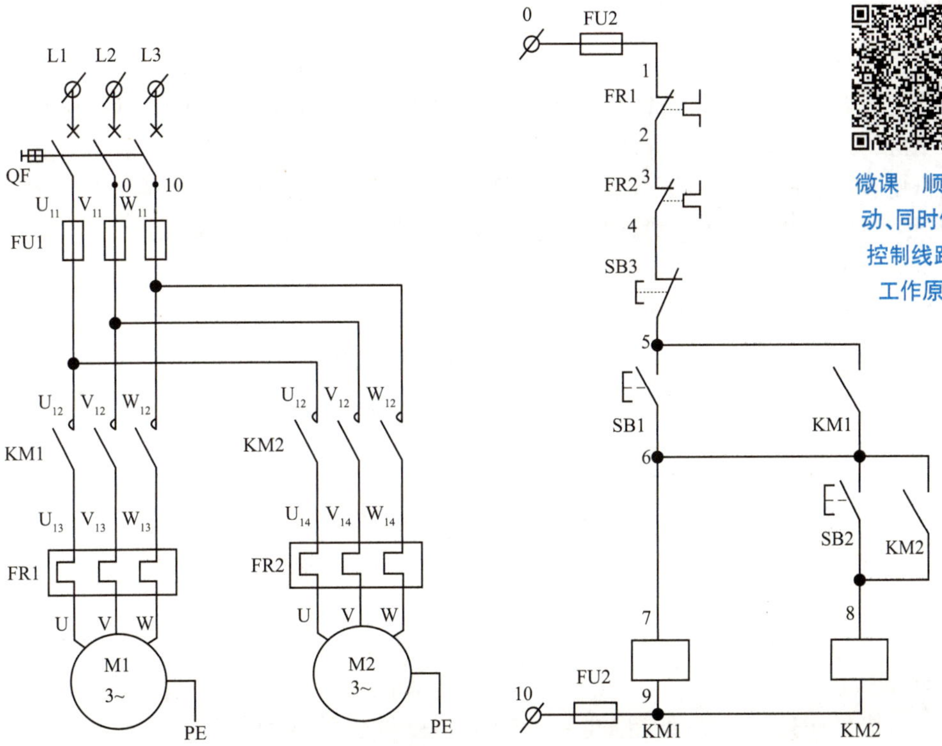

主电路　　控制电路

图 4-1-1　顺序启动、同时停止控制原理图

电路的工作原理如下。

电机 M1、M2 的顺序启动：

按下 SB1 → KM1 线圈得电 → { KM1 主触点闭合；KM1 辅助常开触点闭合，自锁 } → { 电机 M1 启动运行；按下 SB2 → KM2 线圈得电 → }

→ { KM2 主触点闭合；KM2 辅助常开触点闭合，自锁 } → 电机 M2 启动运行

同时停止：

按下 SB3 → { KM1 线圈失电；KM2 线圈失电 } → { KM1、KM2 主触点断开；KM1、KM2 自锁辅助常开触点断开 } → M1、M2 同时停止

慕课　顺序启动同时停止线路的插线验证

4.1.2　顺序启动、单独停止控制线路原理

电机顺序启动、单独停止控制线路的工作原理如下：按下启动按钮 SB1，接触器 KM1 线圈得电吸合并自锁，电机 M1 启动连续运行；KM1 的辅助常开触点闭合后，按下 SB2，接触器 KM2 线圈得电吸合并自锁，电机 M2 启动并连续运行，实现顺序启动。停止时，按下 SB3 可使 M1 单独停止，按下 SB4 则 M2 停止，两台接触器控制回路独立，保证了单独停止功能，热继电器 FR1、FR2 分别对 M1、M2 进行过载保护，如图 4-1-2 所示。

电路的工作原理如下。

电机 M1、M2 的顺序启动：

按下 SB1 → KM1 线圈得电 → { KM1 主触点闭合；KM1 辅助常开触点闭合，自锁 } →

→ { 电机 M1 启动运行；按下 SB2 → KM2 线圈得电 → { KM2 主触点闭合；KM2 辅助常开触点闭合，自锁 } → }

→ 电机 M2 启动运行

单独停止：

按下 SB3 → KM1 线圈失电 → KM1 主触点断开 → M1 停转

按下 SB4 → KM2 线圈失电 → KM2 主触点断开 → M2 停转

微课　顺序启动、单独停止的工作原理

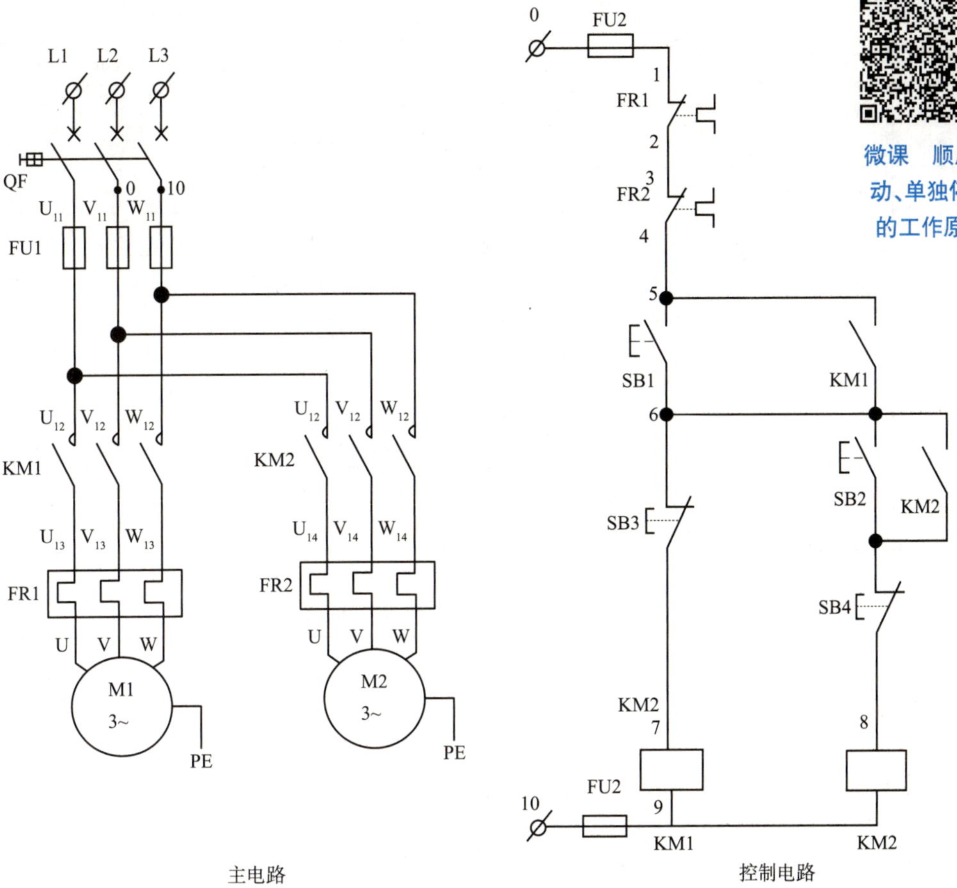

图 4-1-2　电机顺序启动、单独停止控制原理图

4.1.3　顺序启动、单独停止控制线路的安装与调试

请按照实训手册的具体要求完成本任务的实操练习。

4.1.3.1　任务实施

1. 所需的工具、材料

图 4-1-2 所示顺序启动、单独停止控制线路所需工具有常用电工工具、万用表等。所需材料见表 4-1-1。

表 4-1-1　电气元件明细

序号	文字符号	元件名称	型号规格	数量	备注
1	M1、M2	三相交流异步电机	Y-112M-4/4 kW，△形接法，380 V，8.8 A，1 440 r/min	2	
2	QF	空气断路器	C65ND10/3P	1	

续表

序号	文字符号	元件名称	型号规格	数量	备注
3	FU1	熔断器	RL1-60/25 A	3	
4	FU2	熔断器	RL1-15/2 A	2	
5	KM1、KM2	交流接触器	CJ10-10,380 V	2	
6	FR1、FR2	热继电器	FR36-20/3,整定电流 8.8 A	2	
7	SB1	M1 启动按钮	LA10-2H	2	绿色
8	SB3	M1 停止按钮			红色
9	SB2	M2 启动按钮			绿色
10	SB4	M2 停止按钮			红色
11	XT	接线端子	JX2-Y010	2	
12		导线	BV-1.5 mm^2,1 mm^2	若干	
13		冷压接头	1 mm^2	若干	
14		记号笔	黑色	1	
15		网孔板	500 mm × 400 mm	1	

2. 电路安装

(1)根据表 4-1-1 配齐所用电气元件,并检查元件质量。

(2)根据图 4-1-3 元件布置图自行绘制接线图。

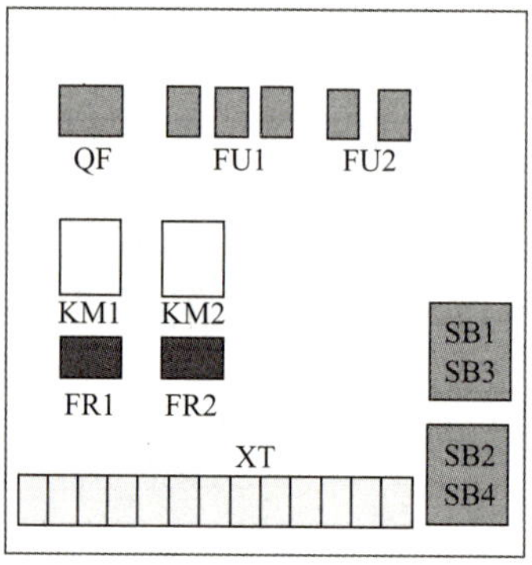

图 4-1-3 元件布局图

(3)根据元件布置图安装元件,各元件的安装位置要整齐、匀称、间距合理,便于更换,元件紧固时用力均匀、紧固程度适当。

(4)布线时以接触器为中心,由里向外、由低至高,按先电源电路,再控制线路,后主电路进行布线,以不妨碍后续布线为原则。布线顺序为:电源电路→控制线路→主电路→连接按钮。

(5)整定热继电器。

(6)连接电机和按钮金属外壳的保护接地线。

(7)连接电机和电源。

（8）电路检查、通电测试及故障排除。

3. 注意事项

（1）按钮联锁触点的接线必须正确，否则将会造成主电路中两相电源短路事故。

（2）通电试车时，应先合上 QF，再按下 SB1（或 SB2）及 SB3、SB4，看控制是否正常，观察有无顺序启动、单独停止功能。

（3）安装完毕的电路，必须经过认真检查后，才允许通电试车，以防止错接、漏接，造成不能正常运行或短路事故。

（4）带电检修故障时，必须有教师在现场监护，并确保用电安全。

思考与练习

一、填空题

1. 在顺序启动、同时停止控制线路中，启动时先按下启动按钮 SB1，使接触器______线圈得电，其主触点闭合使电机 M1 启动，同时其辅助常开触点闭合为接触器 KM2 线圈通电做准备。

2. 在电机顺序启动、单独停止控制线路中，热继电器 FR1 对电机进行__________。

3. 顺序启动、单独停止控制线路中，按下启动按钮 SB1 后，需在__________的辅助常开触点__________后，按下 SB2 才能使__________线圈得电，电机 M2 启动。

二、选择题

1. 顺序启动、单独停止控制线路中，以下关于停止按钮的说法正确的是（　　）。

A. 只有一个停止按钮，按下后两台电机同时停止

B. 有两个停止按钮，分别控制两台电机独立停止

C. 停止按钮与接触器并联，用于控制电机停止

D. 停止按钮与热继电器串联，实现过载停止

2. 在电机顺序启动、同时停止控制线路中，停止按钮 SB3 与（　　）线圈串联。

A. 接触器 KM1 或 KM2　　B. 接触器 KM1 和 KM2

C. 热继电器 FR1 和 FR2　　D. 启动按钮 SB1 和 SB2

3. 对于三相异步电机顺序控制实际电路的装配与接线方法，以下（　　）不是需要掌握的。

A. 了解电气元件的布局图　　B. 熟悉配线图

C. 随意连接电气元件即可　　D. 按照正确的顺序和连接方式进行接线

三、判断题

1. 顺序启动、单独停止控制线路中，电机 M1 启动后，不需要任何条件，只要按下 SB2

就能使电机 M2 启动。 (　　)

2. 在电机顺序启动、同时停止控制线路中，按下停止按钮 SB3，只有接触器 KM1 线圈失电，电机 M1 停止。 (　　)

3. 三相异步电机顺序控制线路中，热继电器只起到短路保护作用。 (　　)

四、问答题

1. 简述电机顺序启动、单独停止控制线路的工作原理。

2. 三相异步电机顺序控制实际电路的调试方法包括哪些步骤？

任务 4.2　顺序启动、逆序停止控制线路的设计与调试

任务描述

本任务聚焦电机顺序启动、逆序停止控制线路。学生需掌握其关键原理与构建方法，理解如何设计控制线路，使多台电机按既定顺序依次启动，例如先启动电机 A，后启动电机 B。在停止时，则按与启动相反的顺序，先停后启动的电机，如先停电机 B，再停电机 A。通过学习此控制线路，学生能深入了解电气控制逻辑，熟练运用接触器、继电器等电气元件进行线路搭建与调试，培养其解决实际电机控制问题的能力，为工业自动化控制奠定基础。

任务目标

知识目标

- 掌握顺序启动、逆序停止的控制方法。
- 掌握顺序启动、逆序停止控制实际电路的装配与接线方法。
- 掌握顺序启动、逆序停止控制实际电路的调试方法。

技能目标

- 能精准绘制电气原理图，标注清晰准确。
- 熟练安装控制线路，接线牢固且美观。

• 能快速调试并排除故障，保障线路运行。

知识准备

4.2.1　顺序启动、逆序停止控制线路的工作原理（图 4-2-1）

在电机顺序启动、顺序停止控制线路中，启动时，按下启动按钮 SB1，接触器 KM1 线圈得电。KM1 主触点闭合，电机 M1 启动，同时其辅助常开触点闭合自锁，且为 KM2 通电做准备。接着按下 SB2，KM2 线圈得电，电机 M2 启动。停止时，按下停止按钮 SB3，接触器 KM1 线圈失电，电机 M1 停止，KM1 的辅助常开触点恢复断开状态。此时再按下 SB4，KM2 线圈失电，电机 M2 停止。整个过程通过接触器的辅助触头相互配合，利用电气联锁实现电机顺序启动和顺序停止，保障了电机控制的有序性。

微课　顺序启动逆序停止控制线路的工作原理

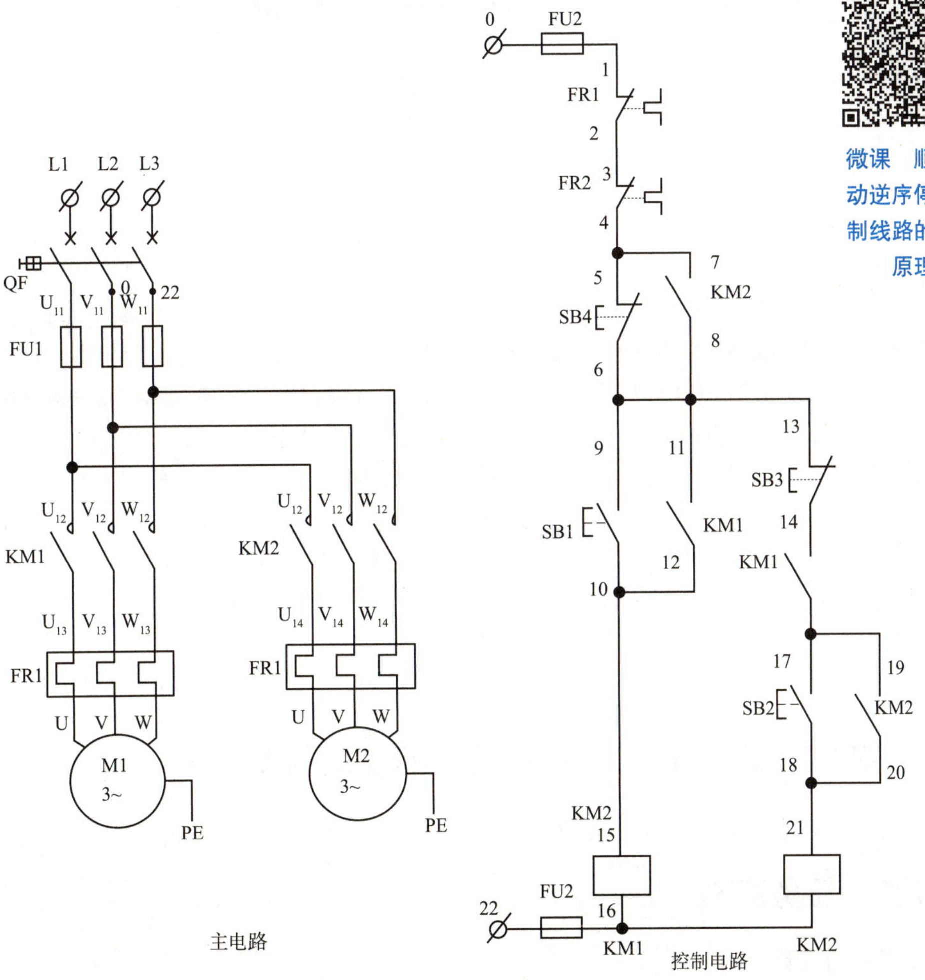

图 4-2-1　顺序启动、逆序停止控制原理图

电路的工作原理如下。

电机 M1、M2 顺序启动：

按下 SB1 → KM1 线圈得电 → { KM1 主触点闭合；KM1 自锁辅助常开触点闭合，自锁；KM1 顺启辅助常开触点闭合 } → { 电机 M1 启动运行；按下 SB2 → KM2 线圈得电 → { KM2 主触点闭合；KM2 自锁辅助常开触点闭合，自锁；KM2 逆停辅助常开触点闭合 } → 电机 M2 启动运行 }

M1、M2 逆序停止：

按下 SB3 → KM2 线圈失电 → { KM2 主触点断开；KM2 辅助常开自锁触点断开；KM2 辅助常开逆停触点断开 } → M2 停止，M1 继续运行

按下 SB4 → KM1 线圈失电 → { KM1 主触点断开；KM1 辅助常开自锁触点断开；KM1 辅助常开逆停触点断开 } → M2 停止，M1 停止

学有所悟：

严守时序密码 筑牢生命防线——工业控制中的安全哲学。工业控制系统的“顺序启动、逆序停止”逻辑，本质是将安全生产法规转化为可执行的数字指令。在核电冷却系统中，“油泵→反应器→冷却塔”的启动序列与逆向停机流程，构建起三重安全屏障，这种“先开后关、后开先关”的时序设计，是“安全至上”理念的技术投射。煤矿提升机“先启制动系统、后启电机”的操作规范，与“先停电机、后停制动”的停机逻辑，构建了双重安全屏障，诠释了“宁可备而不用”的底线思维。严守这一时序秩序，不仅是预防设备事故的技术防线，更是培育工程伦理的生动教材，每次规范操作都是对“安全第一”方针的躬身践行。这种将安全规范内化为职业本能的技术训练过程，正是新时代产业工人核心素养的炼成之路。

4.2.2 顺序启动、逆序停止控制线路的安装与调试

请按照实训手册的具体要求完成本任务实操练习。

4.2.2.1 任务实施

1. 所需的工具、材料

图 4-2-1 所示顺序启动、逆序停止控制线路所需工具有常用电工工具、万用表等。

所需材料见表 4-2-1。

表 4-2-1　电气元件明细

序号	文字符号	元件名称	型号规格	数量	备注
1	M1、M2	三相交流 异步电机	Y-112M-4/4 kW，△形接法 380 V，8.8 A，1 440 r/min	2	
2	QF	空气断路器	C65ND10/3P	1	
3	FU1	熔断器	RL1-60/25 A	3	
4	FU2	熔断器	RL1-15/2 A	2	
5	KM1、KM2	交流接触器	CJ10-10，380 V	2	
6	FR1、FR2	热继电器	FR36-20/3，整定电流 8.8 A	2	
7	SB1	M1 启动按钮	LA10-2H	2	绿色
8	SB3	M1 停止按钮			红色
9	SB2	M2 启动按钮			绿色
10	SB4	M2 停止按钮			红色
11	XT	接线端子	JX2-Y010	2	
12		导线	BV-1.5 mm²，1 mm²	若干	
13		冷压接头	1 mm²	若干	
14		记号笔	黑色	1	
15		网孔板	500 mm × 400 mm	1	

2. 电路安装

（1）根据表 4-2-1 配齐所用电气元件，并检查元件质量。

（2）根据图 4-2-2 元件布置图自行绘制接线图。

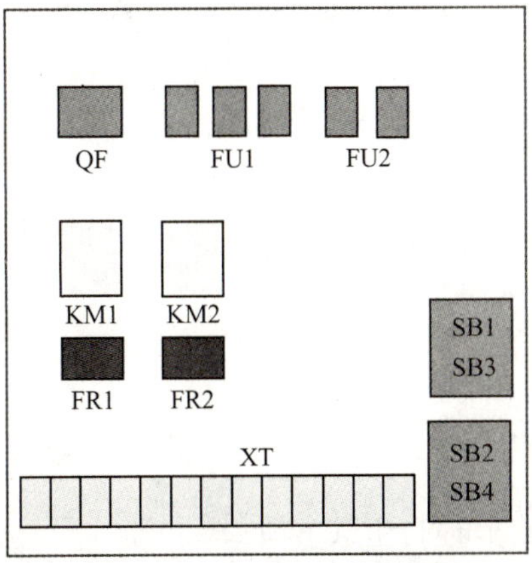

图 4-2-2　元件布局图

（3）根据元件布置图安装元件，各元件的安装位置整齐、匀称、间距合理，便于更换，元件紧固时用力均匀、紧固程度适当。

（4）布线时以接触器为中心，由里向外、由低至高，按先电源电路，后控制线路，再主电路进行，以不妨碍后续布线为原则。布线顺序为：电源电路→控制线路→主电路→连接按钮。

（5）整定热继电器。

（6）连接电机和按钮金属外壳的保护接地线。

（7）连接电机和电源。

（8）电路检查、通电测试及故障排除。

3. 注意事项

（1）按钮联锁触点的接线必须正确，否则将会造成主电路中两相电源短路事故。

（2）通电试车时，应先合上 QF，依次按下 SB1、SB2、SB3 及 SB4，看控制是否正常，观察有无顺序启动、逆序停止功能。

（3）安装完毕的电路，必须经过认真检查后，才允许通电试车，以防止错接、漏接，造成不能正常运行或短路事故。

（4）带电检修故障时，必须有教师在现场监护，并确保用电安全。

思考与练习

一、填空题

1. 在电机顺序启动、逆序停止控制线路中，启动时先按下________，使 KM1 线圈得电，M1 启动并为 KM2 通电做准备。

2. 停止时，________与 KM1 常开触点及 KM2 线圈串联，按________按钮可使 M2 停止并为 M1 停止做准备。

3. 布线时以________为中心，按照由里向外、由低至高的顺序进行布线。

二、简答题

1. 简述电机顺序启动、逆序停止控制线路的启动过程。

2. 写出该控制线路通电试车时的注意事项。

拓展任务　顺序启动、顺序停止控制线路的设计与调试

任务描述

本次任务为设计电机顺序启动、顺序停止控制线路。需运用电气知识,选定合适的接触器、继电器、按钮与热继电器等元件构建电路。设计要达成先启动电机 M1,稳定后电机 M2 方可启动;停止时先停 M1, M1 停稳后 M2 才停止的效果。绘制精准原理图,规划合理布线方案,完成安装调试,保障电路可靠运行,满足工业生产对电机控制的特定顺序需求。

任务目标

知识目标

- 掌握顺序启动、顺序停止的控制方法。
- 掌握顺序启动、顺序停止控制实际电路的设计。
- 掌握顺序启动、顺序停止控制实际电路的调试方法。

技能目标

- 能精准绘制电气原理图,标注清晰准确。
- 熟练安装控制线路,接线牢固且美观。
- 能快速调试并排除故障,保障线路运行。

知识准备

4.3.1　顺序启动、顺序停止控制线路的原理分析

在电机顺序启动、顺序停止控制线路中,启动时,按下启动按钮 SB1,接触器 KM1 线圈得电。KM1 主触点闭合,电机 M1 启动,同时其辅助常开触点闭合自锁,且为 KM2 通电做准备。接着按下 SB2, KM2 线圈得电,电机 M2 启动。停止时,按下停止按钮 SB3,接触器 KM1 线圈失电,电机 M1 停止, KM1 的辅助常开触点恢复断开。此时再按下 SB4, KM2 线圈失电,电机 M2 停止。整个过程通过接触器的辅助触点相互配合,利用电气联锁实现电机顺序启动和顺序停止,保障了电机控制的有序性。

电机 M1、M2 的顺序启动:

按下 SB1 → KM1 线圈得电 → KM1 主触点闭合；KM1 自锁辅助常开触点闭合，自锁；KM1 顺启辅助常开触点闭合 →

→ 电机 M1 启动运行；按下 SB2 → KM2 线圈得电 → KM2 主触点闭合；KM2 自锁辅助常开触点闭合，自锁；KM2 顺停辅助常开触点闭合 →

→ 电机 M2 启动运行

M1、M2 顺序停转：

按下 SB3 → KM1 线圈失电 → KM1 主触点断开；KM1 辅助常开自锁触点断开；KM1 顺停辅助常开触点断开 → M1 停止，M2 停止运行

按下 SB4 → KM2 线圈失电 → KM2 主触点断开；KM2 自锁辅助常开触点断开；KM2 顺停辅助常开触点断开 → M1 停止，M2 停止

4.3.2 顺序启动、顺序停止控制线路的安装与调试

请按照实训手册的具体要求完成本任务的实操练习。

顺序启动、顺序停止控制线路图

4.3.2.1 任务实施

1. 顺序启动、顺序停止控制线路设计

请根据上述顺序启动、顺序停止控制逻辑，参考图 4-1-2 顺序启动、逆序停止的控制线路，自行设计顺序启动、顺序停止控制线路原理图。

微课 23 顺序启动、顺序停止控制线路的工作原理

2. 所需的工具、材料

顺序启动、顺序停止控制线路所需工具有常用电工工具、万用表等。

所需材料见表 4-3-1。

表 4-3-1 电气元件明细

序号	文字符号	元件名称	型号规格	数量	备注
1	M1、M2	三相交流异步电机	Y-112M-4/4kW，△形接法，380 V，8.8 A，1 440 r/min	2	
2	QF	空气断路器	C65ND10/3P	1	
3	FU1	熔断器	RL1-60/25 A	3	
4	FU2	熔断器	RL1-15/2 A	2	
5	KM1、KM2	交流接触器	CJ10-10，380 V	2	

续表

序号	文字符号	元件名称	型号规格	数量	备注
6	FR1、FR2	热继电器	FR36-20/3，整定电流 8.8 A	2	
7	SB1	M1 启动按钮	LA10-2H	2	绿色
8	SB3	M1 停止按钮			红色
9	SB2	M2 启动按钮			绿色
10	SB4	M2 停止按钮			红色
11	XT	接线端子	JX2-Y010	2	
12		导线	BV-1.5 mm^2，1 mm^2	若干	
13		冷压接头	1 mm^2	若干	
14		记号笔	黑色	1	
15		网孔板	500 mm × 400 mm	1	

3. 电路安装

（1）根据表 4-3-1 配齐所用电气元件，并检查元件质量。

（2）根据图 4-3-1 元件布置图自行绘制接线图。

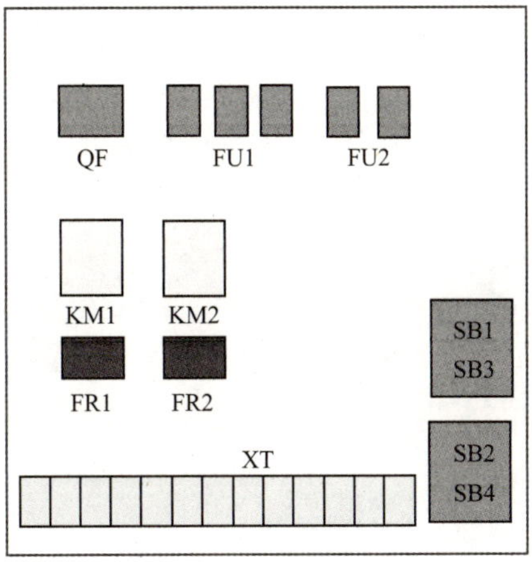

图 4-3-1　元件布局图

（3）根据元件布置图安装元件，各元件的安装位置要整齐、匀称、间距合理，便于更换，元件紧固时用力均匀、紧固程度适当。

（4）布线时以接触器为中心，由里向外、由低至高，按先电源电路，后控制线路，再主电路进行布线，以不妨碍后续布线为原则。布线顺序为：电源电路→控制线路→主电路→连接按钮。

（5）整定热继电器。

（6）连接电机和按钮金属外壳的保护接地线。

（7）连接电机和电源。

（8）电路检查、通电测试及故障排除。

4. 注意事项

（1）按钮联锁触点的接线必须正确，否则将会造成主电路中两相电源短路事故。

（2）通电试车时，应先合上 QF，依次按下 SB1、SB2、SB3 及 SB4，看控制是否正常，观察有无顺序启动、顺序停止功能。

（3）安装完毕的电路，必须经过认真检查后，才允许通电试车，以防止错接、漏接，造成不能正常运行或短路事故。

（4）带电检修故障时，必须有教师在现场监护，并确保用电安全。

项目 5 大型粉料机电气控制线路的安装与调试

情境描述

大型粉料机广泛应用于建材、化工、矿山等行业，用于输送水泥、煤粉、化肥等粉状物料，典型设备包括皮带输送机、螺旋输送机和斗式提升机。这类设备功率通常超过 55 kW，运行连续性强，但启动时多处于轻载状态（如空机或物料未完全填充），因此对启动方式的核心需求是降低电网冲击和机械应力。星三角降压启动通过将电机定子绕组从星形（Y）切换为三角形（△）实现分级启动：启动时绕组接成星形，相电压降至 220 V，启动电流仅为直接启动的 1/3，转矩为三角形接法的 1/3；延时 5~15 秒后切换为三角形全压运行。该方案适用于轻载启动的皮带输送机、螺旋输送机，以及物料未完全填充的斗式提升机等设备，其优势在于成本低、结构简单、维护便捷且对电网冲击小。本项目依据大型粉料机电气控制原理特点创设学习情境。任务 5.1 按钮切换的 Y-△减压启动控制线路，介绍手动操作的电机启动控制方式。任务 5.2 介绍时间继电器控制的 Y-△减压启动控制线路工作原理，感受自动化控制的便捷与高效，全方位提升电气控制技术能力，为未来职业发展积攒实力。

任务分解

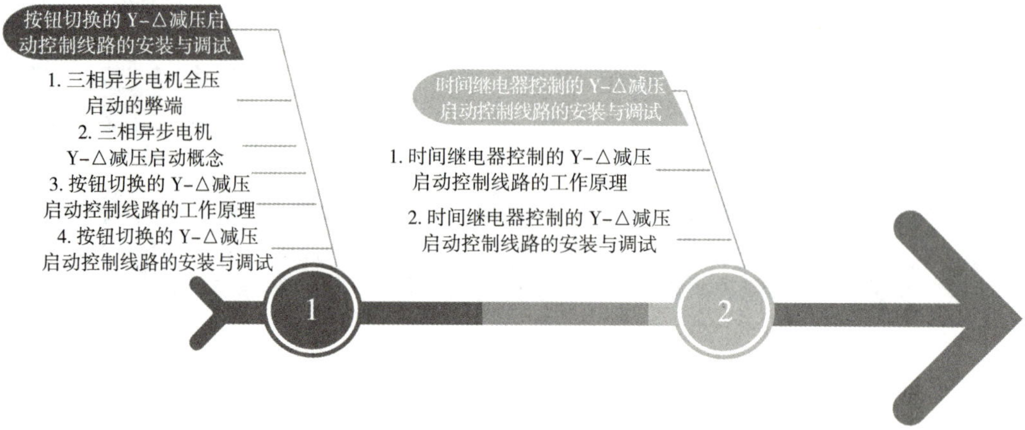

项目目标

知识目标

- 掌握大型粉料机 Y-△启动电气原理及线路构成。
- 熟悉按钮切换与时间继电器控制逻辑及方法。
- 牢记各类电气元件在粉料机电路中的选型规则。
- 理解 Y-△转换对粉料机电机性能的影响机制。

技能目标

- 能独立设计大型粉料机 Y-△启动电气线路图。
- 熟练安装调试粉料机 Y-△启动控制线路。
- 精准排查并解决粉料机电路常见故障问题。
- 依据工况优化粉料机电机启动运行参数。

素质目标

- 培养学生的实践动手能力。
- 训练学生的工程思维。
- 培养学生安全与责任意识、规则与秩序意识。

任务 5.1　按钮切换的 Y-△减压启动控制线路的安装与调试

任务描述

本任务为按钮切换的 Y-△减压启动控制线路的安装与调试。学生需依据电气原理图，正确选择交流接触器、热继电器、按钮等元件。严格按照布线规范，在控制板上完成线路安装，确保接线牢固、布局合理。安装后进行调试，按下按钮实现电机 Y 形启动，经手动切换至△形全压运行，验证电机 Y 形减压启动后自动切换△形运行，观察切换效果，掌握相关技能与知识要点。

任务目标

知识目标

- 理解按钮控制 Y-△切换基本原理。
- 熟悉相关电气元件功能与特性。
- 掌握 Y-△切换电路连接要点。

技能目标

- 能精准绘制按钮控制 Y-△电路原理图并正确标注。
- 熟练安装调试线路，准确排查并解决常见故障。
- 可依据工况优化线路，保障电机高效稳定运行。
- 能够熟练操作，快速实现 Y-△的切换控制。

知识准备

5.1.1　三相异步电机全压启动的弊端

前面几个项目我们学习了电机的几种控制方法，都有一个共同特点，即电机都是通过控制交流接触器直接启动的，这种启动方式称为全压启动。电机全压启动虽然操作简单，但当电机的功率较大时（功率大于 15 KW 时），存在较多危害。首先，启动时电机会瞬间吸引数倍于额定电流的启动电流，这不仅会对电网造成冲击，引发电压波动，还可能导致其他设备的停机或损坏。此外，电机直接从静止状态启动，会给机械部分带来较大的冲击力，容易造成轴承、齿轮等部件的损坏，减少设备的使用寿命。同时，由于电机启动时电流过大，绕组会产生大量热量，导致电机过热，严重时可能烧毁电机绝缘层，影响其正常运行。最后，全压启动过程中的高电流会导致能量浪费，降低系统的整体能效。因此，为了避免这些问题，通常会采用如 Y-△启动来减小启动电流并延长设备寿命。

5.1.2　三相异步电机 Y-△减压启动概念

微课　Y-△接线的注意事项

Y-△减压启动是一种常见的电机启动方式，它在电机启动时采用了一系列策略来有效控制电压和电流。在启动阶段，电机的定子绕组被连接成 Y 形，这样可以降低启动时的电压，从而限制启动时的电流。这种降低的电压有助于减少启动时可能引起的电动力学和热力学压力，延长电机的使用寿命。一旦电机成功启动,系统会自动将定子绕组重新连接成△形,使电机可以全压运行。图 5-1-1 所示为三相定子绕组 Y/△接线方式示意图,其中清晰地显示了定子绕组的连接方式。通过这种启动方式,可以实现电机启动时的平稳运行,避免电网冲击和机械振动,提高了系统的稳定性和可靠性。因此,Y-△减压启动在各种工业应用中被广泛采用,并已成为一种经典的电机启动技术。

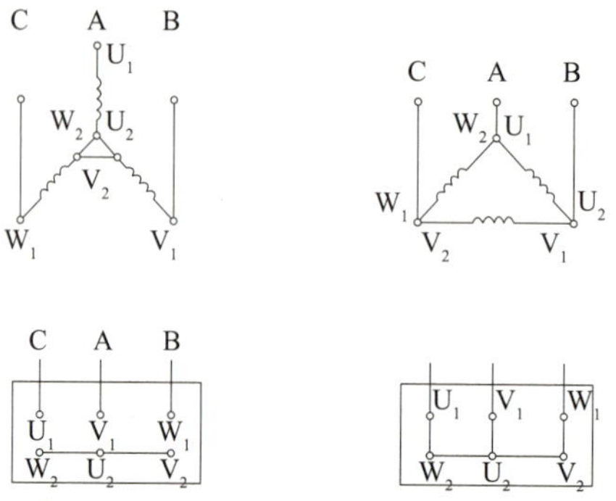

(a)YY 连接　　(b)△连接

图 5-1-1　三相定子绕组 Y/△连接图

电机启动时,定子绕组接成 Y 形,加在每相定子绕组上的电压只有△形接法的 $1/\sqrt{3}$,启动电流为△形接法的 1/3,启动转矩也只有△形接法的 1/3。所以这种降压启动方法,只适用于轻载或空载状态。凡是在正常运行时定子绕组做△形连接的异步电机,均可采用这种减压启动方法。

5.1.3　按钮切换的 Y-△减压启动控制线路的工作原理

图 5-1-2 为借助按钮与接触器实现对 Y-△形减压启动线路的控制。此线路采用了三个接触器即 KM、KM1、KM2,一个热继电器即 FR,1 个断路器即 QF,两组熔断器以及三个按钮即 SB1、SB2、SB3。接触器 KM 起到引入电源的功能,接触器 KM1 与 KM2 分别用于 Y 形启动和△形启动,SB1 是启动按钮,SB2 是 Y-△形的换接按钮,SB3 是停止按钮,FU1 用作主电路的短路保护,FU2 用作控制线路的短路保护,FR 承担过载保护的职责,QF 具有主电路和控制线路的通断作用。

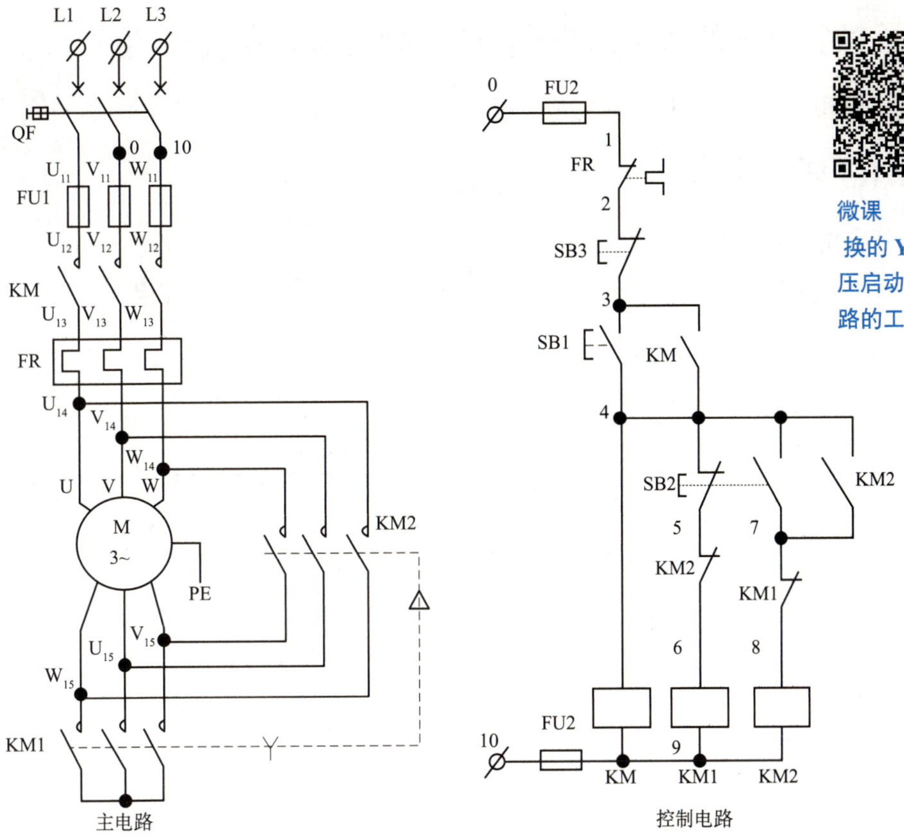

微课　按钮切换的 Y- △减压启动控制线路的工作原理

图 5-1-2　按钮切换的 Y- △减压启动控制线路

电路的工作原理如下。

电机 Y- △减压启动：

按下 SB1 → KM 线圈得电 →
- → KM 主触点闭合
- → KM 常开辅助触点闭合，自锁
- → KM1 主触点闭合，电机 Y 形连接
- → Y–△切换电路准备

→

→
- → 电机 M 以 Y 方式启动运行
- → 再按下 SB2 → [KM2 线圈得电；KM1 线圈失电] →
  - → KM2 主触点闭合
  - → KM2 常开辅助触点闭合，自锁
  - → KM1 常闭辅助触点闭合
  - → KM1 主触点断开，电机△形连接

  →

→ 电机 M 由 Y 形启动转换成△形启动运转

电机 M 停转：

再按下 SB3 → [KM 线圈失电；KM2 线圈失电] → 电机 M 停转

5.1.4 按钮切换的 Y-△减压启动控制线路的安装与调试

慕课 按钮切换的 Y-△减压启动的插线验证

请按照实训手册的具体要求完成本任务的实操练习。

5.1.4.1 任务实施

1. 所需的工具、材料

图 5-1-2 所示按钮切换的 Y-△减压启动控制线路所需工具有常用电工工具、万用表等。

所需材料见表 5-1-1。

表 5-1-1 电气元件明细

序号	文字符号	元件名称	型号规格	数量	备注
1	M	三相交流异步电机	Y-112M-4/4 kW，△形接法，380 V，8.8 A，1 440 r/min	1	
2	QF	空气断路器	C65ND10/3P	1	
3	FU1	熔断器	RL1-60/25 A	3	
4	FU2	熔断器	RL1-15/2 A	2	
5	KM、KM1、KM2	交流接触器	CJ10-10，380 V	3	
6	FR	热继电器	FR36-20/3，整定电流 8.8 A	1	
7	SB1	M Y 形启动按钮	LA10-3H	1	绿色
8	SB2	M △形启动按钮			红色
9	SB3	M 停止按钮			红色
10	XT	接线端子	JX2-Y010	2	
11		导线	BV-1.5 mm^2，1 mm^2	若干	
12		冷压接头	1 mm^2	若干	
13		记号笔	黑色	1	
14		网孔板	500 mm × 400 mm	1	

2. 电路安装

（1）根据表 5-1-1 配齐所用电气元件，并检查元件质量。

（2）根据图 5-1-3 元件布置图自行绘制接线图。

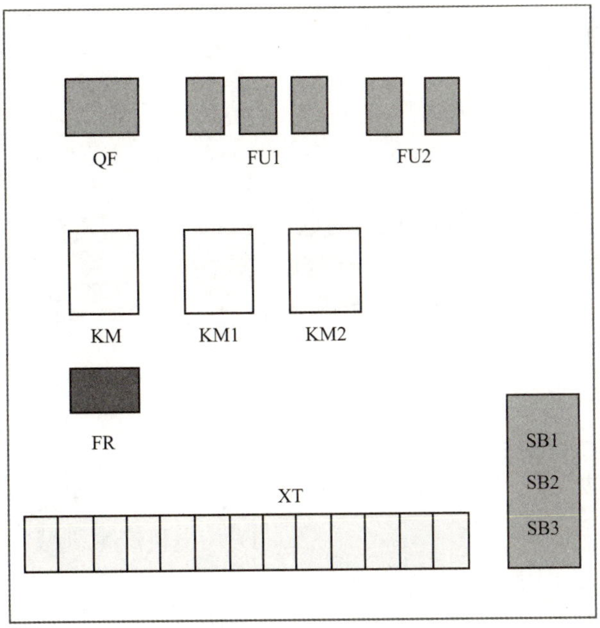

图 5-1-3　元件布局图

（3）根据元件布置图安装元件，各元件的安装位置整齐、匀称，间距合理、便于更换，元件紧固时用力均匀、紧固程度适当。

（4）布线时以接触器为中心，由里向外、由低至高，按先电源电路、后控制线路、再主电路进行，以不妨碍后续布线为原则。布线顺序为：电源电路→控制线路→主电路→连接按钮。

（5）整定热继电器。

（6）连接电机和按钮金属外壳的保护接地线。

（7）连接电机和电源。

（8）电路检查、通电测试及故障排除。

3. 注意事项

（1）按钮联锁触点的接线必须正确，否则将会造成主电路中两相电源短路事故。

（2）通电试车时，应先合上 QF，再依次按下 SB1、SB2、SB3，看控制是否正常，观察是否实现电机 Y-△启动转换功能。

（3）安装完毕的电路，必须经过认真检查后，才允许通电试车，以防止错接、漏接，造成不能正常运行或短路事故。

（4）带电检修故障时，必须有教师在现场监护，并确保用电安全。

思考与练习

一、填空题

1. 电机功率大于时________,全压启动危害较多。
2. Y-△减压启动在启动阶段,电机定子绕组被连接成________形式。
3. 按钮切换的 Y-△减压启动控制线路采用了________个接触器。

二、选择题

1. 以下(　　)不是电机全压启动的危害。
A. 提高系统能效　　B. 造成电网电压波动
C. 损坏电机绕组　　D. 使电机产生机械冲击
2. Y-△降压启动适用于(　　)下启动。
A. 重载　　B. 轻载或空载　　C. 任何负载　　D. 满载
3. 在按钮切换的 Y-△减压启动控制线路中,用于 Y 形启动的接触器是(　　)。
A. KM　　B. KM1　　C. KM2　　D. 以上都不是

三、判断题

1. 电机全压启动操作复杂,启动电流小。 (　　)
2.Y-△降压启动在电机启动成功后,定子绕组会自动从 Y 形切换成△形。 (　　)
3. 按钮切换的 Y-△减压启动控制线路中,热继电器主要起短路保护作用。 (　　)

四、简答题

1. 简述电机全压启动的危害。

2. 说明按钮切换的 Y-△减压启动控制线路的组成及各元件作用。

任务 5.2　时间继电器控制的 Y-△减压启动控制线路的安装与调试

任务描述

本任务为时间继电器控制的 Y-△减压启动控制线路的安装与调试。学生需依据电气原理图，正确选用交流接触器、时间继电器、热继电器、熔断器等元件。在控制板上精心布局并规范安装，严格按要求布线，确保线路连接精准无误。安装后调试时，借助时间继电器精准设定 Y 形到△形转换的延时时间，使电机顺利完成减压启动并切换至全压运行，能有效排查运行中的故障，掌握关键技术与调试技巧。

任务目标

知识目标

- 掌握时间继电器 Y-△控制线路的电气原理。
- 熟知各电气元件在电路中的作用与选型。
- 理解时间继电器的延时控制与参数设定。
- 明晰 Y-△转换过程中的电压电流变化。

技能目标

- 能独立绘制精准的 Y-△控制线路电气原理图。
- 能熟练安装、调试线路，准确解决常见故障。
- 依据工况灵活调整时间继电器延时参数。
- 能够对电机启动过程进行有效监控与优化。

知识准备

5.2.1　时间继电器控制的 Y-△减压启动控制线路的工作原理

时间继电器控制的电机 Y-△减压启动控制线路由组合开关、熔断器、按钮、热继电器、时间继电器和交流接触器，用导线连接而成。该线路使用了三个接触器 KM、KM1、KM2，一个热继电器 FR，1 个断路器 QF，3 个熔断器 FU1 和 FU2、FU3，两个按钮 SB1、SB2 和 1 个时间继电器 KT。接触器 KM 有引入电源的作用，接触器 KM1 和 KM2 分别用作 Y 形启动和△形启动，SB2 是启动按钮，SB1 是停止按钮，FU1 作为主电路的短路保护，FU2、FU3 作为控制线路的短路保护，FR 作为过载保护，QF 作为主电路和控制线路的通断作用，KT 作为 Y-△定时切换作用。其电路如图 5-2-1 所示。

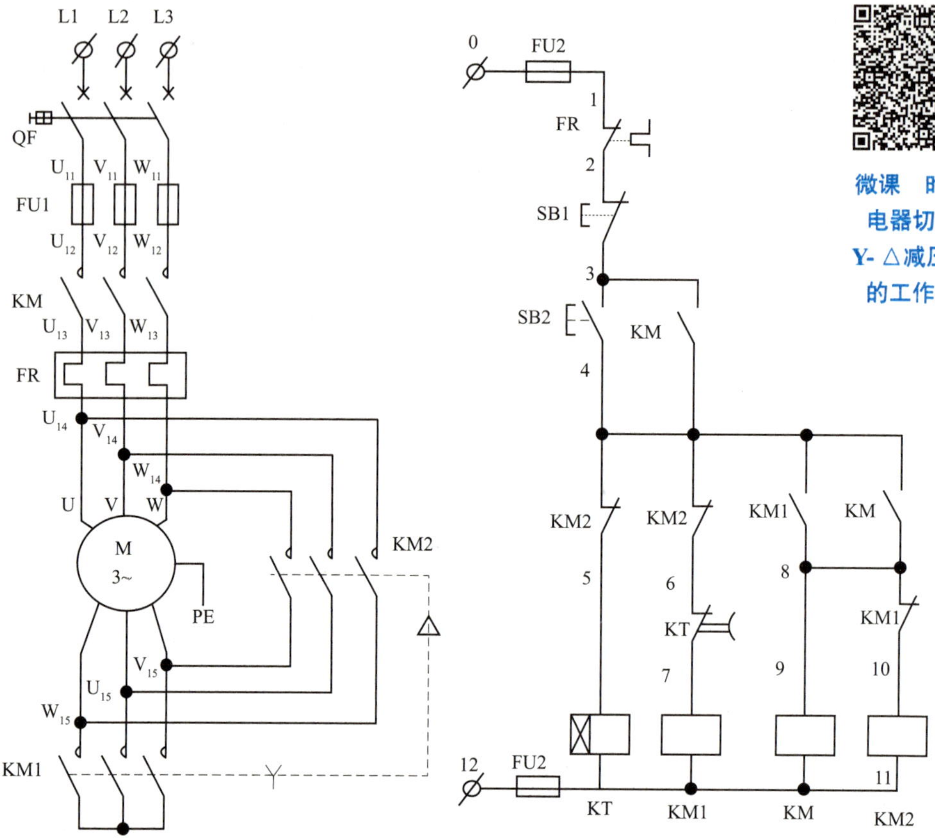

主电路　　控制电路

微课　时间继电器切换的Y-△减压启动的工作原理

图 5-2-1　时间继电器自动控制电机 Y-△减压启动控制线路电路图

电路的工作原理如下。

电机 Y 形降压启动：

按下 SB2 →
- KM1 线圈得电 →
  - KM1 常闭辅助触点断开，对 KM2 连锁
  - KM1 主触点闭合
  - KM1 常开辅助触点闭合 →
    - KM 主触点闭合
    - KM 常开辅助触点闭合，自锁 →
- KT 线圈得电，延时启动
- 电机 Y 形降压启动

△形全压运转：

KT 延时到 →
- KT 常闭延时辅助触点打开
- KM1 线圈失电
- KM1 主触点断开，电动机 Y 形运行停止
- KM1 常开辅助触点打开
- KM1 常闭辅助触点闭合 → KM2 线圈得电 →
  - KM2 常闭辅助触点断开，KT 线圈断开
  - KM2 常闭辅助触点断开，对 KM1 互锁
  - KM2 主触点闭合，电机△形全压启动

停止：

按下 SB1，所有交流接触器、时间继电器线圈失电，所有触点复位，电机失电停转。

学有所悟：

当大功率电机全压启动，瞬间飙升的冲击电流使得电压急剧波动，冲击电网，不仅让与之相连的各类设备陷入运行困境，甚至可能中断生产流程，影响人们的日常生活，这正是不顾实际、盲目行动带来的恶果。而 Y-△减压启动控制线路，从电机的平稳启动需求着眼，以科学的解决路径，依据电机启动各阶段特性，分步降压，精准把控每一个环节，保障生产有序开展。时间继电器控制线路，凭借预设的精准时间实现自动化切换，高效智能，极大提升工作效率。降压启动控制线路的设计思路，时刻提醒我们，在未来的工作与生活里，无论面对何种难题，都要时刻对标"一切从实际出发，一切从人民利益出发"核心理念，深入实地调研，严谨细致规划，以追求卓越的工匠精神，将每一项任务雕琢至美，勇担时代重任。

5.2.2　时间继电器控制的 Y-△减压启动控制线路的安装与调试

请按照实训手册的具体要求完成本任务的实操练习。

5.2.2.1　任务实施

1. 所需的工具、材料

图 5-2-1 所示时间继电器自动控制的 Y-△减压启动控制线路所需工具有常用电工工具、万用表等。

所需材料见表 5-2-1。

表 5-2-1　电气元件明细

序号	文字符号	元件名称	型号规格	数量	备注
1	M	三相交流异步电机	Y-112M-4/4 kW，△形接法，380 V，8.8 A，1 440 r/min	1	
2	QF	空气断路器	C65ND10/3P	1	
3	FU1	熔断器	RL1-60/25 A	3	
4	FU2	熔断器	RL1-15/2 A	2	
5	KM、KM1、KM2	交流接触器	CJ10-10，380 V	3	
6	FR	热继电器	FR36-20/3，整定电流 8.8 A	1	
7	KT	时间继电器		1	
8	SB1	停止按钮	LA10-3H	1	绿色
9	SB2	启动按钮			红色
10	XT	接线端子	JX2-Y010	2	
11		导线	BV-1.5 mm^2，1 mm^2	若干	
12		冷压接头	1 mm^2	若干	

续表

序号	文字符号	元件名称	型号规格	数量	备注
13		记号笔	黑色	1	
14		网孔板	500 mm × 400 mm	1	

2. 电路安装

（1）根据表 5-2-1 配齐所用电气元件，并检查元件质量。

（2）根据图 5-2-2 元件布置图自行绘制接线图。

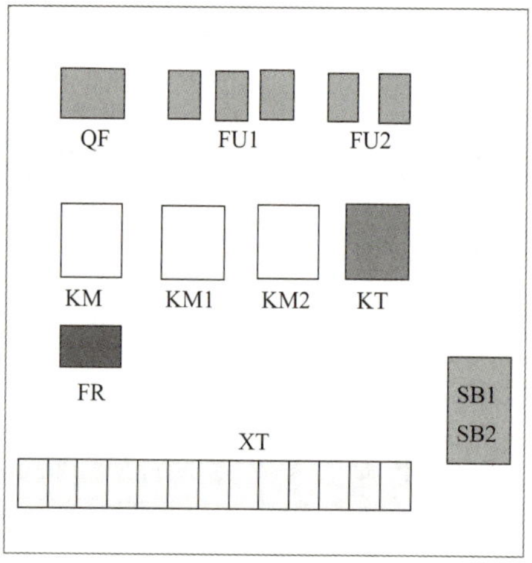

图 5-2-2　元件布局图

（3）根据元件布置图安装元件，各元件的安装位置整齐、匀称，间距合理、便于更换，元件紧固时用力均匀、紧固程度适当。

（4）布线时以接触器为中心，由里向外、由低至高，按先电源电路、后控制线路、再主电路进行，以不妨碍后续布线为原则。布线顺序为：电源电路→控制线路→主电路→连接按钮。

（5）整定热继电器。

（6）连接电机和按钮金属外壳的保护接地线。

（7）连接电机和电源。

（8）电路检查、通电测试及故障排除。

3. 注意事项

（1）按钮联锁触点的接线必须正确，否则将会造成主电路中两相电源短路事故。

（2）通电试车时，应先合上 QF，再先后依次按下 SB2 看控制是否正常，观察时间继电器是否能按照设定时间实现 Y-△切换，最后按下 SB1，看电机是否能停止。

（3）安装完毕的电路，必须经过认真检查后，才允许通电试车，以防止错接、漏接，造成不能正常运行或短路事故。

（4）带电检修故障时，必须有教师在现场监护，并确保用电安全。

思考与练习

一、填空题

1. 时间继电器自动控制电机 Y-△减压启动控制线路中，KM1 接触器主要用于________。

2. 电机从 Y 形接法切换到△形接法是依靠________的延时动作来实现的。

3. 该电路中，控制线路的短路保护是由________来承担的。

二、选择题

1. 在时间继电器自动控制电机 Y- △减压启动控制线路中，以下(　　)元件用于过载保护。

A. KT　　B. FR　　C. QF　　D. KM

2. 当按下启动按钮 SB2 后，首先得电的接触器是(　　)。

A. KM　　B. KM1　　C. KM2　　D. KT

3. 电机在 Y-△减压启动过程中，Y 形接法下加在电机每相绕组上的电压是△形接法时的(　　)。

A. $1/\sqrt{3}$ 倍　　B. $\sqrt{3}$ 倍　　C. 1 倍　　D. 1/3 倍

三、判断题

1. 时间继电器 KT 在电机 Y-△减压启动控制线路中只起到延时作用，与电机的运行状态无关。(　　)

2. 接触器 KM2 在电机完成星形降压启动后得电，使电机切换到三角形全压运行。(　　)

3. 该电路中的熔断器 FU1-3 既能保护主电路短路，也能保护控制线路短路。(　　)

四、简答题

1. 请简述时间继电器自动控制电机 Y-△降压启动控制线路的工作原理。

2. 说明时间继电器自动控制电机 Y-△降压启动控制线路中各元件的作用。

项目 6

三相异步电机的制动电气控制线路的安装与调试

情境描述

在繁忙的港口码头，起重机吊运作业完成后，需通过对电机的制动控制实现精准停位以保障货物装卸安全高效。目前常用的制动方式有："反接制动""能耗制动"与"回馈制动"。反接制动是通过改变电机供电相序产生反向转矩实现快速减速，适用于小型起重机起升机构，可在紧急情况下迅速抵消重物惯性防止晃动，但需配备速度检测装置，及时断电避免反向启动；能耗制动则是通过向电机定子绕组通入直流电流，形成固定磁场，将电机的动能转化为电能消耗在制动电阻上。适用于大型起重机的"行走"和"回转机构"，具有无机械冲击、能耗低的优势。通过本项目的学习，学生需掌握两种制动控制线路的工作原理、安装与调试技能，并能根据实际工况和负载特性选择制动方案（轻载急停选反接制动，重载平稳制动选能耗制动），灵活运用技能，为投身工业电气控制领域筑牢职业基础。

任务分解

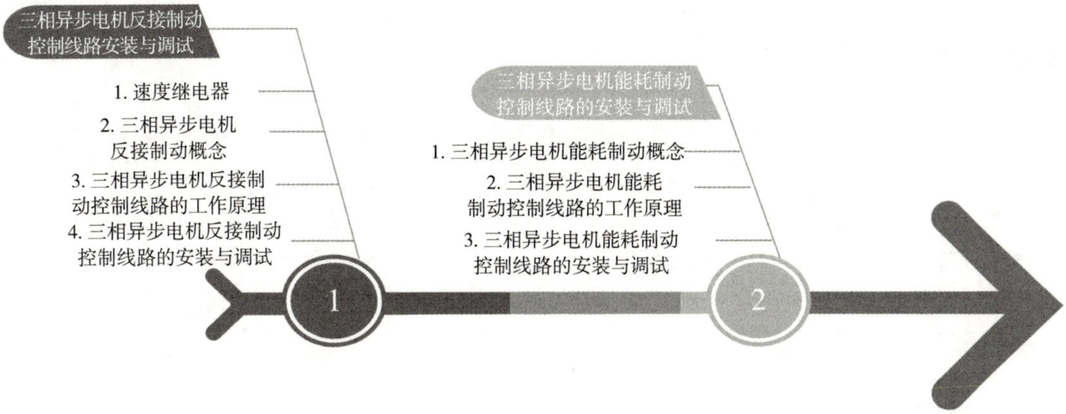

项目目标

知识目标

- 掌握反接制动与能耗制动的原理及特性差异。
- 熟知制动控制线路中各电气元件的选型方法。
- 理解制动电阻在能耗制动中的作用机制。
- 学会根据电机参数计算制动电路的关键参数。

技能目标

- 能独立设计三相异步电机制动控制线路图。
- 能熟练安装、调试反接与能耗制动控制线路。
- 能够精准排查制动线路运行中出现的故障。
- 能够依据工况合理选择并优化制动控制方式。

素质目标

- 培养严谨认真、一丝不苟的电气作业工作态度。
- 提升解决复杂电气问题的创新思维与实践能力。
- 增强团队协作完成电气项目任务的合作精神。
- 树立安全操作电气设备的规范意识与责任担当。

任务 6.1　三相异步电机反接制动控制线路安装与调试

任务描述

在工业生产的众多场景中，起重机的快速停止、机床的精准制动等都可采用三相异步电机的反接制动控制实现。本任务聚焦于此，将深入学习反接制动的制动原理及控制线路工作原理，掌握速度继电器等关键元件的应用。通过实际操作，精准安装与调试控制线路，学会合理设置速度继电器，确保电机在制动过程中既能快速停止，又能避免反向启动，从而保障设备稳定运行，提升学生在电机控制领域的专业技能，为其未来从事电气相关工作奠定坚实基础。

任务目标

知识目标

- 掌握三相异步电机反接制动原理及电流变化规律。
- 熟知速度继电器在反接制动中的选型与接线方法。
- 理解制动电阻对反接制动效果的影响机制。
- 牢记反接制动控制线路的常见故障及排查要点。

技能目标

- 能依据电机参数独立设计反接制动控制线路。
- 能熟练安装调试三相异步电机反接制动线路。
- 能准确运用速度继电器实现精准反接制动控制。
- 能快速排查并解决反接制动过程中的故障问题。

知识准备

在生产过程中，有时需要快速停车、减速或定时定点停车，这时需要在电机转轴上施加一个与转向相反的转矩，即进行制动。制动的方式可分为机械制动和电气制动。机械制动是由机械方式（如制动闸）施加制动转矩，电气制动是施加于电机的电磁转矩方向与转速方向反向，迫使电机减速或停止转动。生产中常用的几种电气制动方式如下。

（1）反接制动：异步电机运行时，如果改变气隙磁场旋转方向，则电磁转矩和转速方向相反，成为制动转矩，使电机停车，这种方法称为反接制动。

（2）能耗制动：指在异步电机运行时，把定子从交流电源断开，同时在定子绕组中通入直流电流，产生一个在空间不动的静止磁场，此时转子由于惯性作用仍按原来的转向转动，运动的转子导体切割恒定磁场，便在其中产生感应电动势和电流，从而产生电磁转矩，此转矩与转子由于惯性作用而旋转的方向相反，所以电磁转矩起制动作用，迫使转子停下来。

6.1.1　速度继电器

速度继电器将旋转信号转换为开关信号，主要用于笼型异步电机的反接制动控制。其结构包括定子、转子、可动支架、触点系统及端盖。转子由永磁铁制成，随电机旋转；定子由矽钢片叠成，并装有短路绕组，内有短路条。转子转动时产生感应电流，使定子跟随转动，带动杠杆推动触点开闭。电机旋转方向变化时，继电器的触点也随之改变。当电机停止时，触点恢复原状态。速度继电器与电机同轴工作，无论电机正转还是反转，两个动合触点中有一个闭合，即准备制动。速度继电器如图 6-1-1 所示，其结构示意图及电气图形、文字符号如图 6-1-2 所示。

图 6-1-1　速度继电器

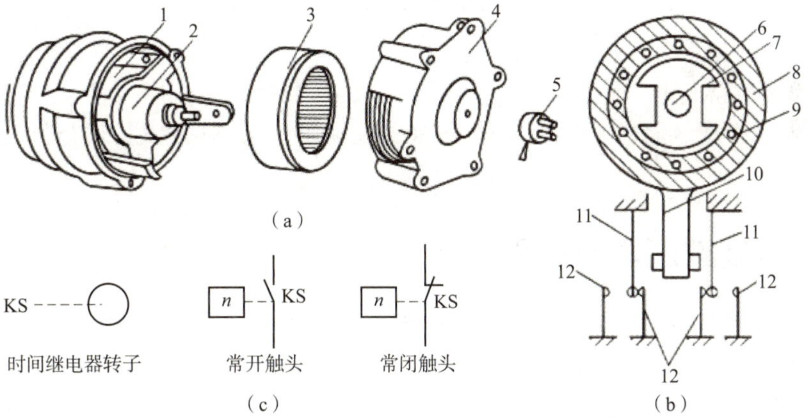

1—可动支架；2—转子；3—定子；4—端盖；5—连接头；6—电机轴；7—转子（永久磁铁）；8—定子；9—定子绕组；10—胶木摆杆；11—簧片（动触点）；12—静触点

图 6-1-2　速度继电器结构示意图

（a）结构；（b）原理示意图；（c）符号

6.1.1.1　速度继电器的选择

速度继电器主要根据电机的额定转速来选择。常用的速度继电器有 JY1 型和 JFZ0 型两种。其中，JY1 型可在 100~3 000 转/分钟范围内可靠地工作；JFZ0-1 型适用于 300~1 000

转/分钟(rpm);JFZ0-2 型适用于 1 000~3 600 r/min。速度继电器具有两个动合触点、两个动断触点,触点额定电压为 380 V,额定电流为 2 A。一般速度继电器的转轴在转速为 120 r/min 左右时即能动作,在 100 r/min 时触点即能恢复到正常位置。速度继电器型号含义如图 6-1-3 所示。

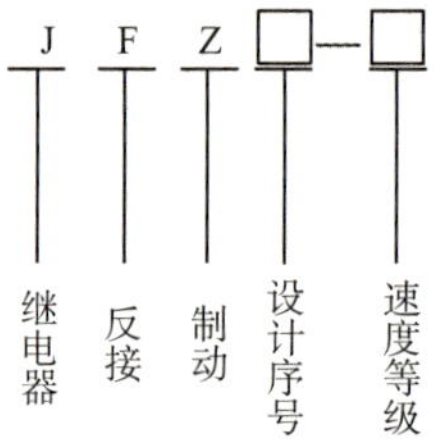

图 6-1-3 速度继电器型号含义

常用速度继电器的技术参数如表 6-1-1 所示。

表 6-1-1 常用速度继电器的技术参数

型号	触点额定电压	触点额定电流	触点对数		额定工作转速 r/min	允许操作频率 次/H
			正转动作	反转动作		
JY1	380 V	2 A	1 组转换触点	1 组转换触点	100~3 000	<30
JFZ0-1			1 常开、1 常闭	1 常开、1 常闭	300~1 000	
JFZ0-2			1 常开、1 常闭	1 常开、1 常闭	1000~3 000	

理论联系实际:

仔细体会速度继电器的工作原理,如果想改变触点动作的转速,该如何调整速度继电器?

6.1.1.2 速度继电器的使用

(1)速度继电器的转轴应与电机同轴连接。

(2)速度继电器安装接线时,正、反向的触点不能接错,否则不能起到反接制动时接通或断开反向电源的作用。

(3)可以通过调节螺钉来改变速度继电器动作的转速,以适应控制线路的要求。

微课 速度继电器的使用注意事项

6.1.1.3 速度继电器的常见故障及排除

速度继电器的常见故障及排除方法如表 6-1-2 所示。

表 6-1-2　速度继电器的常见故障及排除方法

故障现象	可能原因	排除方法
反接制动时，速度继电器失效，使电机不能制动	速度继电器的胶木摆杆断裂	更换胶木摆杆或速度继电器
	动合触点接触不良	调整触点位置或更换触点
	动触点断裂或失去弹性	拆开检查触点，清除触点的污物
反接制动时，制动不正常	速度继电器的弹性动触片调整不当	重新调整
	速度继电器设定值过高，导致过早地进入反接制动状态	调节整定螺钉来调节速度继电器的动作值，从而调整制动效果

6.1.2　三相异步电机反接制动概念

三相异步电机的反接制动通过改变电机的供电相序或突然断电实现快速制动。当电机运行时，定子产生旋转磁场，改变相序或断电后，转子会继续旋转并产生反电动势，导致减速并产生制动力矩，快速停机。这种方式简单、可靠、成本低，适用于需要紧急停止的场合。无需额外制动装置，反接制动能迅速将电机停下，提升设备安全性和可靠性，同时减少对电机和传动系统的损耗，延长设备寿命。

电路的原理是通过改变电机电源相序，使定子的旋转磁场方向与转子旋转方向相反，产生反向制动力矩。当电机正常运行时，电源相序为 L1—L2—L3，电机按旋转磁场方向正常运转。停机时，断开电源，转子仍按原方向旋转；接着迅速反接电源，相序改变，磁场反转，转子与磁场相对旋转产生感应电流，反向的制动力矩使电机停转，如图 6-1-4 所示。

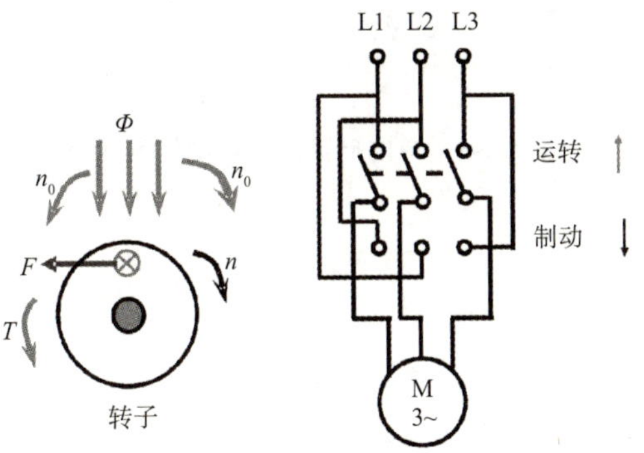

图 6-1-4　反接制动原理

反接制动时需要注意的是：当电机转速接近于零时，应立即切断电机电源，否则电机将反转。在反接制动设备中，为保证电机的转速被制动到接近零时能迅速切断电源，防止反向启动，常利用速度继电器自动、及时切断电源。

6.1.3 三相异步电机反接制动控制线路的工作原理

微课 单向启动反接制动控制线路的工作原理

三相异步电机单向启动反接制动控制线路如图 6-1-5 所示。

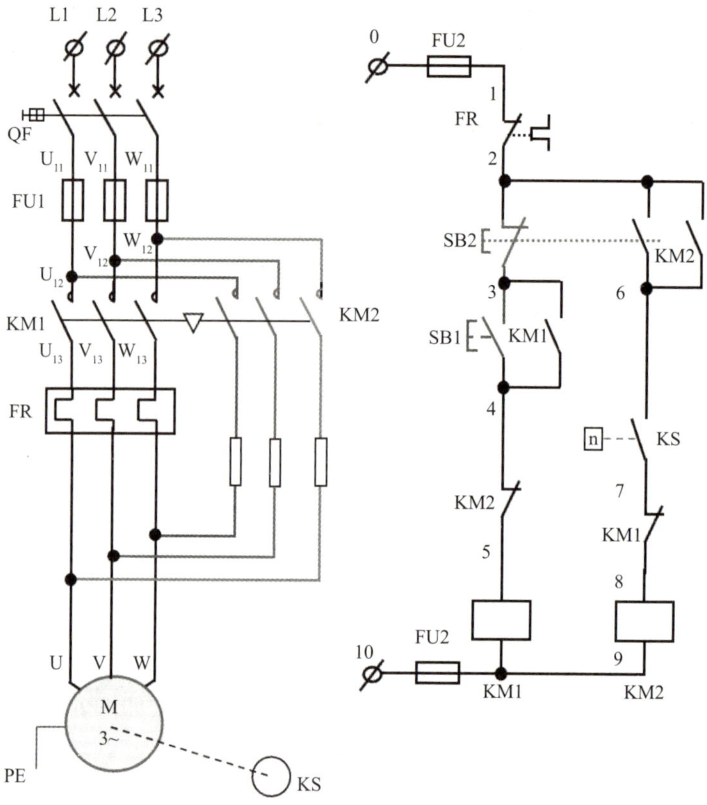

主电路　　　　控制电路

图 6-1-5 单向启动反接制动控制线路

线路的工作原理如下。

先合上电源开关 QF。

单向启动：

按下 SB1 ⟶ KM1 线圈得电 ⟶
- ⟶ KM1 常开辅助触点闭合，自锁
- ⟶ KM1 主触点闭合

⟶ 电机 M 启动运行

- ⟶ KM1 常闭辅助触点分断，对 KM2 互锁

⟶ 至电机转速上升到一定值（150 r/min）⟶ KS 常开触点闭合，为制动做准备

反接制动：

按下 SB1 ⟶ KM1 线圈得电 ⟶
- ⟶ KM1 常开辅助触点闭合，自锁
- ⟶ KM1 主触点闭合

⟶ 电机 M 启动运行

- ⟶ KM1 常闭辅助触点分断，对 KM2 互锁

⟶ 至电机转速上升到一定值（120 r/min）时 ⟶ KS 常开触点闭合，为制动做准备 ⟶

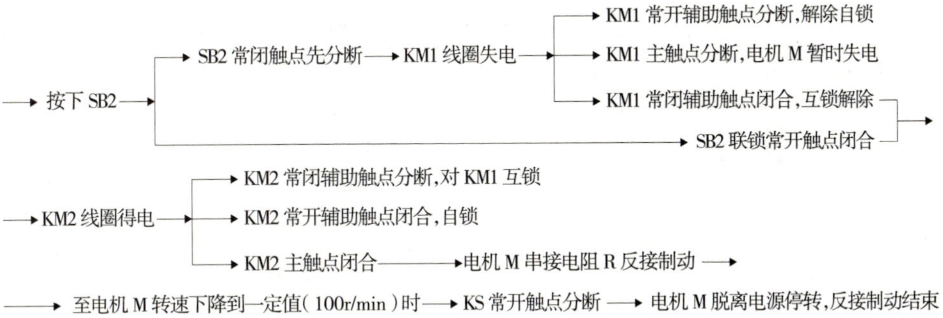

反接制动时，由于旋转磁场与转子的相对转速（$n1+n$）很高，故转子绕组中感应电流很大，致使定子绕组中的电流很大，一般约为电机额定电流的 10 倍。因此，反接制动适用于 10 kW 以下小容量电机的制动，并且对 4.5 kW 以上的电机进行反接制动时，需在定子绕组回路中串入限流电阻 R，以限制反接制动电流。限流电阻 R 的大小可参考下述计算公式进行估算。

在电源电压 380 V 时，若要使反接制动电流等于电机直接启动时启动电流的 1/2，即 $1/2I_{st}$ 则三相电路每相应串入的电阻 R（Ω）值可取为：

$$R \approx 1.5 \times \frac{220}{I_{st}}$$

若要使反接制动电流等于启动电流 I_{st}，则每相应串入的电阻 R'（Ω）值可取为：

$$R' \approx 1.3 \times \frac{220}{I_{st}}$$

如果反接制动时，只在电源两相中串接电阻，则电阻值应加大，分别取上述电阻值的 1.5 倍。

本次工作任务中所用的电机功率小于 4.5 kW，所以反接制动时不需要串电阻。

反接制动的优点是制动力强，制动迅速。缺点是制动准确性差，制动过程中冲击强烈，易损坏传动零件，制动能量消耗大，不宜经常制动。因此，反接制动一般适用于制动要求迅速、系统惯性较大、不经常启动与制动的场合，如铁床、镗床、中型车床等主轴的制动控制。

6.1.4　三相异步电机反接制动控制线路的安装与调试

请按照实训手册的具体要求完成本任务实操练习。

6.1.4.1　任务实施

1. 所需的工具、材料

图 6-1-5 三相异步电机反接制动控制线路安装与调试所需工具有常用电工工具、万用表等。

所需材料见表 6-1-3。

表 6-1-3　电气元件明细

序号	文字符号	元件名称	型号规格	数量	备注
1	M	三相交流异步电机	Y-112M-4/4 kW，△形接法，380 V，8.8 A，1 440 r/min	1	
2	QF	空气断路器	C65ND10/3P	1	
3	FU1	熔断器	RL1-60/25 A	3	
4	FU2	熔断器	RL1-15/2 A	2	
5	KM1、KM2	交流接触器	CJ10-10，380 V	2	
6	FR	热继电器	FR36-20/3，整定电流 8.8 A	1	
7	KS	速度继电器		1	
8	SB1	启动按钮	LA10-3H	1	绿色
9	SB2	停止按钮			红色
10	XT	接线端子	JX2-Y010	2	
11		导线	BV-1.5 mm^2，1 mm^2	若干	
12		冷压接头	1 mm^2	若干	
13		记号笔	黑色	1	
14		网孔板	500 mm × 400 mm	1	

2. 电路安装

（1）根据表 6-1-3 配齐所用电气元件，并检查元件质量。

（2）根据图 6-1-6 元件布置图自行绘制接线图。

（3）根据元件布置图安装元件，各元件的安装位置整齐、匀称，间距合理、便于更换，元件紧固时用力均匀、紧固程度适当。注：速度继电器一般安装在电机的轴端，确保与电机同轴连接，这样能准确检测电机的转速变化。

（4）布线时以接触器为中心，由里向外、由低至高，按先电源电路、后控制线路、再主电路进行，以不妨碍后续布线为原则。布线顺序为：电源电路→控制线路→主电路→连接按钮。

（5）整定热继电器。

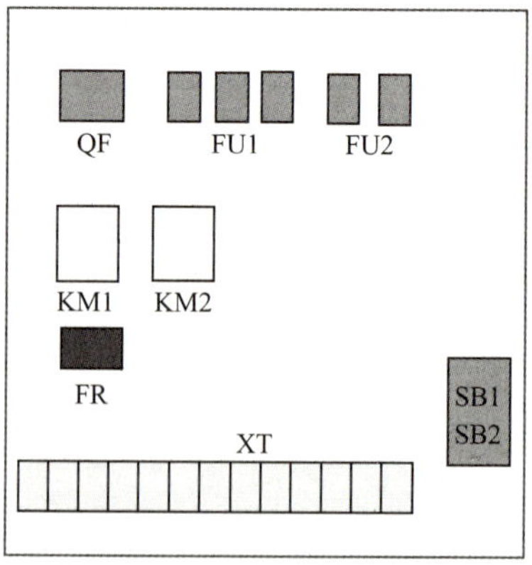

图 6-1-6　元件布局图

（6）根据速度继电器说明及速度要求整定速度继电器。
（7）连接电机和按钮金属外壳的保护接地线。
（8）连接电机和电源。
（9）电路检查、通电测试及故障排除。

3. 注意事项

（1）按钮联锁触点的接线必须正确，否则将会造成主电路中两相电源短路事故。

（2）通电试车时，应先合上 QF，再按下 SB1，待电机转速稳定后，按下 SB2，观察电机是否减速，直至停转。

（3）安装完毕的电路，必须经过认真检查后，才允许通电试车，以防止错接、漏接，造成不能正常运行或短路事故。

（4）带电检修故障时，必须有教师在现场监护，并确保用电安全。

思考与练习

一、填空题

1. 速度继电器主要用于笼型异步电机的__________。
2. JY1 型速度继电器可在__________可靠地工作。
3. 一般速度继电器的转轴在转速为__________时即能动作。
4. 反接制动适用于小容量__________电机的制动。

二、选择题

1.（　　）不是速度继电器的结构组成部分。
A. 定子　　B. 电刷　　C. 可动支架　　D. 短路绕组

2. 速度继电器的触点额定电压为（　　）。
A. 220 V　　B. 380 V　　C. 110 V　　D. 480 V

3. 反接制动时，定子绕组中的电流一般约为电机额定电流的（　　）。
A. 5 倍　　B. 10 倍　　C. 15 倍　　D. 20 倍

4. 对 4.5 kW 以上的电机进行反接制动时，需在定子绕组回路中串入（　　）。
A. 限流电阻　　B. 电容　　C. 电感　　D. 二极管

三、判断题

1. 速度继电器的转轴与电机无需同轴连接。（　　）
2. 反接制动准确性好，制动过程平稳。（　　）
3. 速度继电器的正、反向触点接错不影响反接制动。（　　）
4. 反接制动能量消耗小，适合经常制动。（　　）

四、简答题

1. 简述速度继电器的工作原理。

2. 请说明反接制动的优缺点及适用场合。

任务 6.2　三相异步电机能耗制动控制线路的安装与调试

任务描述

在工业生产中，电梯精准停层、大型风机平稳减速等场景均需可靠制动技术。能耗制动通过将电机动能转化为电能消耗于制动电阻，成为实现此类控制目标的重要方式。本任务以三相异步电机能耗制动控制线路为核心，重点解析按时间原则控制的单向运行能耗制动控制线路。学生通过学习，掌握将电机动能转化为电能消耗于制动电阻的制动原理，完成整流装置、时间继电器等元件选型与线路安装，根据电机参数计算制动电阻值及设定制动时间，验证制动过程的平稳性。通过实践掌握能耗制动系统设计逻辑与调试方法，理解整流装置与制动电阻协同机制，提升工业制动系统维护能力，为电机控制领域工程实践奠定技术基础。

任务目标

知识目标

- 掌握三相异步电机能耗制动原理及电路构成要素。
- 熟知能耗制动中整流器和制动电阻的选型方法。
- 理解能耗制动电流、电压对制动效果的影响机制。
- 明确能耗制动控制线路与电机匹配的关键要点。

技能目标

- 能依据电机参数独立设计能耗制动控制线路。
- 能熟练安装、调试三相异步电机能耗制动线路。

- 能准确调整制动电阻和电压实现精准制动。
- 能快速解决能耗制动线路出现的各类故障。

知识准备

6.2.1　三相异步电机能耗制动概念

三相异步电机能耗制动利用电机的惯性和电动势产生制动力矩，将动能转化为电能消耗，达到减速和停止的效果。通常，电机连接到电阻或发电机等装置，通过外部电路吸收电能，最终将动能转化为热能或其他形式的能量。相比传统机械制动，能耗制动操作简便、无需额外安装复杂设备，且反应快速，适用于频繁制动和中小功率电机，如卷扬机和起重设备。然而，能耗制动会产生大量热量，因此需关注散热和能效回收。在大功率或需要快速减速时，可能需要其他制动方式以确保安全和效率。

总体来说，三相异步电机能耗制动是一种简单、有效的制动方式，广泛应用于工业领域，能够提供可靠的制动效果。

能耗制动是在切除三相交流电源后，定子绕组通直流电流，在定子、转子之间的气隙中产生静止磁场，惯性转动的转子导体切割该磁场，形成感应电流，产生与惯性转动方向相反的电磁力矩而使电机迅速停转，并在制动结束后将直流电源切除，其制动原理如图 6-2-1 所示。

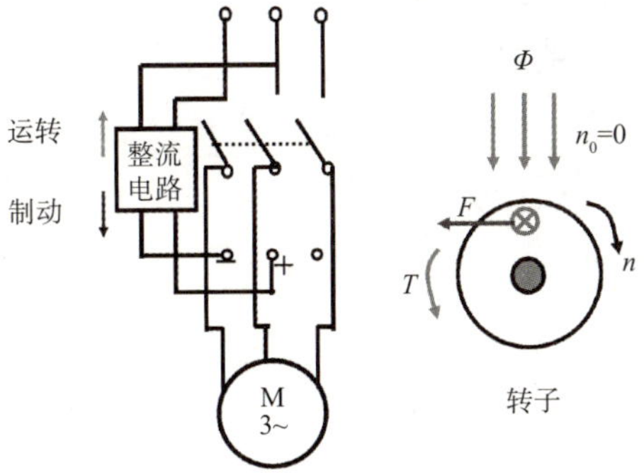

图 6-2-1　能耗制动工作原理

6.2.1.1　能耗制动的特点及计算

能耗制动平稳、精确，所消耗的能量小，其制动电流也比较小。能耗制动时制动转矩的大小与通入定子绕组的直流电流大小有关。通入的直流电流越大，静止磁场越强，产生的制动转矩就越大。制动时所需直流电流的大小，一般控制在电机空载电流 3~5 倍的范围内即可，也可根据下面的经验公式计算制动时所需直流电流和直流电压的大小：

$$I_{DC}=1.5I_N \qquad U_{DC}=I_{DC}R$$

式中，I_N 为能耗制动时所需的直流电流（A）；I_{DC} 为电机额定电流（A）；U_{DC} 为能耗制动的直流电压(V);R 为定子绕组的冷态电阻(Ω)。

6.2.1.2 合用场合

本电机适用于要求平稳制动,停车精确的场合,如铣床、龙门刨床及组合机床的主轴。

6.2.2 三相异步电机能耗制动控制线路的工作原理

本任务以按时间原则控制的单向运行能耗制动控制线路为例,学习三相异步电机能耗制动控制线路的工作原理,其控制线路图如图 6-2-2 所示。图中 KM1 为单向运行接触器,KM2 为能耗制动接触器,TC 为整流变压器,VC 为桥式整流电路,KT 为时间继电器,R 为电位器。

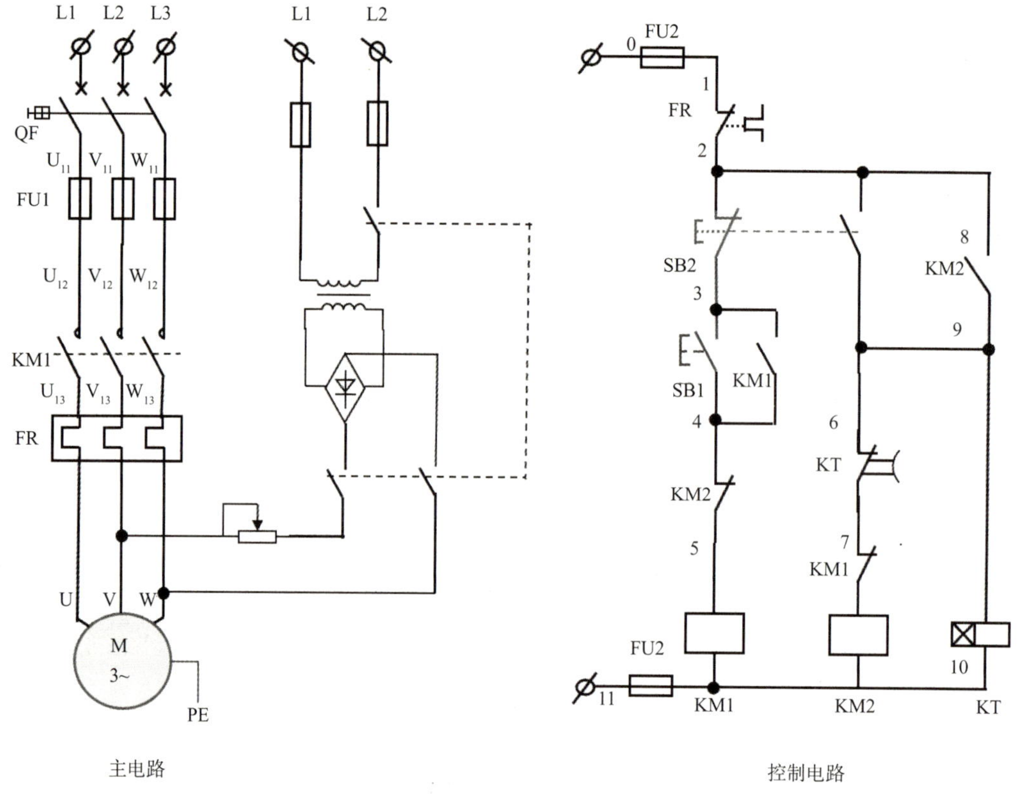

图 6-2-2 三相异步电机能耗制动控制线路

线路的工作原理如下。

先合上电源开关 QF。

启动过程:

按下 SB1 → KM1 线圈得电 →
- → KM1 辅助常闭触点分断，对 KM2 互锁
- → KM1 辅助常开触点闭合，自锁
- → KM1 主触点闭合

（KM1 辅助常开触点闭合，自锁；KM1 主触点闭合）→ 电机 M 启动运转

制动过程：

按下 SB2 → KM1 线圈失电 →
- → KM1 主触点分断，电机电源切断
- → KM2、KT 线圈同时得电，KT 延时启动
- → KM2 辅助常闭触点断开，对 KM1 互锁；KM2 辅助常开触点闭合，自锁
- → KM2 主触点接通 → 两相定子绕组接入直流电源 → 电机开始能耗制动

停止过程：

KT 延时到 → KM2 线圈失电 →
- → KM2 辅助常开触点断开 → KT 线圈失电 → KT 延时动断触点复位
- → KM2 主触点断开 → 电机能耗制动结束

6.2.3　三相异步电机能耗制动控制线路的安装与调试

请按照实训手册的具体要求完成本任务的实操练习。

6.2.3.1　任务实施

1. 所需的工具、材料

图 6-2-2 三相异步电机能耗制动控制线路安装与调试所需工具有常用电工工具、万用表等。

所需材料见表 6-2-1。

表 6-2-1　电气元件明细

序号	文字符号	元件名称	型号规格	数量	备注
1	M	三相交流异步电机	Y-112M-4/4 kW，△形接法，380 V，8.8 A，1 440 r/min	1	
2	QF	空气断路器	C65ND10/3P	1	
3	FU1	熔断器	RL1-60/25 A	3	
4	FU2	熔断器	RL1-15/2 A	2	
5	KM1、KM2	交流接触器	CJ10-10，380 V	2	
6	FR	热继电器	FR36-20/3，整定电流 8.8 A	1	
7	KT	时间继电器	JSZ3A-AAC380	1	
8	TC	整流变压器	380 V/110 V-1 KVA	1	
9	VC	整流桥		1	
10	Rp	制动电阻	150 Ω/400 W	1	

续表

序号	文字符号	元件名称	型号规格	数量	备注
11	SB1	启动按钮	LA10-3H	1	绿色
12	SB2	停止按钮			红色
13	XT	接线端子	JX2-Y010	2	
14		导线	BV-1.5 mm^2, 1 mm^2	若干	
15		冷压接头	1 mm^2	若干	
16		记号笔	黑色	1	
17		网孔板	500 mm × 400 mm	1	

2. 电路安装

（1）根据表 6-2-1 配齐所用电气元件，并检查元件质量。

（2）根据图 6-2-3 元件布置图自行绘制接线图。

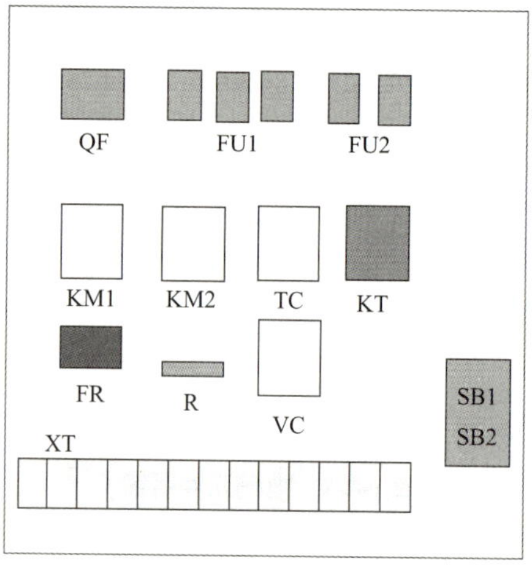

图 6-2-3　元件布局图

（3）根据元件布置图安装元件，各元件的安装位置整齐、匀称，间距合理、便于更换，元件紧固时用力均匀、紧固程度适当。

（4）布线时以接触器为中心，由里向外、由低至高，按先电源电路、后控制线路、再主电路进行，以不妨碍后续布线为原则。布线顺序为：电源电路→控制线路→主电路→连接按钮。

（5）整定热继电器。

（6）根据时间继电器说明及延时要求整定时间继电器。

（7）连接电机和按钮金属外壳的保护接地线。

（8）连接电机和电源。

（9）电路检查、通电测试及故障排除。

3. 注意事项

（1）按钮联锁触点的接线必须正确，否则将会造成主电路中两相电源短路事故。

（2）通电试车时，应先合上 QF，再按下 SB1，启动电机，待电机转速稳定后，按下 SB2，观察电机是否减速，直至停转。

（3）安装完毕的电路，必须经过认真检查后，才允许通电试车，以防止错接、漏接，造成不能正常运行或短路事故。

（4）带电检修故障时，必须有教师在现场监护，并确保用电安全。

思考与练习

一、填空题

1. 三相异步电机能耗制动是利用电机自身的________和________来产生制动力矩。
2. 能耗制动控制线路由________和________组成。
3. 按时间原则控制的单向运行能耗制动控制线路中，________为能耗制动接触器。
4. 能耗制动控制线路的安装需要注意检查元件的________和________。

二、选择题

1. 三相异步电机能耗制动与传统的机械制动方式相比，具有（　　）等优点。

A. 成本高　　B. 操作简便
C. 需要额外安装复杂的机械制动装置　　D. 制动效果较差

2. 直流电源的电压等级通常有（　　）等。

A. 380 V　　B. 220 V　　C. 110 V　　D. 以上都是

3. 在能耗制动控制线路中，（　　）用于调节制动电流的大小。

A. 电位器 RP　　B. 熔断器 FU1　　C. 热过载继电器 FR　　D. 时间继电器 KT

4. 以下（　　）可能需要采用其他更为有效的制动方式。

A. 中小功率电机　　B. 需要频繁制动的场合
C. 大功率电机或需要快速减速的情况　　D. 以上都不是

三、判断题

1. 能耗制动会将电机的动能全部转化为其他形式的能量。（　　）
2. 按时间原则控制的单向运行能耗制动控制线路中，KM2 常开辅助触点上方应串接 KT 瞬动常开触点。（　　）
3. 能耗制动控制线路的布线安装工艺要求与点动控制线路的布线安装工艺要求相同。（　　）
4. 在安装完成的电路通电试车前，不需要进行检测。（　　）

四、简答题

1. 简述能耗制动的工作原理。

2. 安装能耗制动控制线路时，需要注意哪些事项？

项目 7

三相异步电机调速控制线路的安装与调试

情境描述

在实际生产中港口、水泥厂、矿山卷扬机等电气设备往往要求电机以不同的速度运行。这些控制的继电控制线路均可通过接触器、时间继电器等电气元件构成，无需编程，成本低、耐粉尘、易维护。常用的三相异步电机调速电气控制方式主要有：双速电机调速控制、三相绕线式异步电机调速控制、延边三角接触器降压等。本项目立足于此，通过任务 7.1 双速电机控制线路安装与调试，学习电机高低速切换电气控制线路工作原理。任务 7.2 针对矿山卷扬、港口起重等重型作业应用场景，深入钻研三相绕线式异步电机调速控制线路，为未来电气控制实战筑牢根基。

任务分解

项目目标

知识目标

- 掌握双速电机不同接法下转速变化原理与应用场景。
- 熟知三相绕线式异步电机结构特点与调速机制。
- 理解按钮、时间继电器控制线路的工作逻辑原理。
- 学会依据工况为电机控制线路精准选型电气元件。

技能目标

- 能独立设计并安装双速电机控制线路，确保稳定运行。
- 能熟练绘制三相绕线式异步电机各类控制线路图。
- 能精准调试电机调速控制线路，快速解决故障问题。
- 能依据实际需求优化电机调速控制系统性能。

素质目标

- 强化电气安全操作意识。
- 提升问题分析与解决能力。
- 塑造专业职业素养。
- 树立资源节约与环保理念。

任务 7.1　双速电机控制线路安装与调试

任务描述

在工业生产的物料传送与加工场景中，常需电机依工况灵活变速。本任务聚焦双速电机控制线路，学生需依据电气原理图，准确识别并安装各类电气元件，如接触器、时间继电器等，精心布线连接。运用专业工具调试电路，实现电机在△形接法下低速稳定运行，适用于启动或轻载工况；在 YY 形接法下高速高效运转，满足快速物料传送或重载加工需求，通过此任务掌握双速电机控制线路的核心技能，提升电气控制实践能力。

任务目标

知识目标

- 掌握双速电机△/YY 接法原理及转速变化规律。
- 熟知控制线路中各电气元件的工作特性。
- 理解时间继电器在双速控制中的作用机制。
- 了解双速电机在不同工况下的选型依据。

技能目标

- 能独立绘制双速电机控制线路的精确原理图。
- 能熟练安装并调试双速电机控制线路至稳定运行。
- 能精准排查双速电机控制线路的各类故障问题。
- 能根据实际需求优化双速电机控制线路的性能。

知识准备

根据异步电机的转速公式：

$$n = n_1(1-s) = \frac{60f_1}{p}(1-s)$$

可知，异步电机有三种基本调速方法：改变定子极对数 p 调速、改变电源频率 f_1 调速、改变转差率 s 调速。改变电机的磁极对数，通常由改变电机定子绕组接线方式来实现，且只适用于笼型异步电机。凡磁极对数可改变的电机称为多速电机，常见的有双速、三速、四速等几种类型，属于有级调速。

7.1.1　双速电机

双速异步电机定子绕组的△/YY 连接是通过改变绕组磁极对数实现变速的核心原理，具体如下。

双速异步电机定子绕组的△/YY 接线图如图 7-1-1 所示，图中三相定子绕组被连接成△形，由三个连接点延伸出三个出线端，分别是 U_1、V_1、W_1。与此同时，从每相绕组的中点各自接出一个出线端，即 U_2、V_2、W_2。如此一来，定子绕组总计拥有六个出线端。通过改变六个出线端与电源之间的连接模式，改变电机极对数即可获得两种不同的转速。

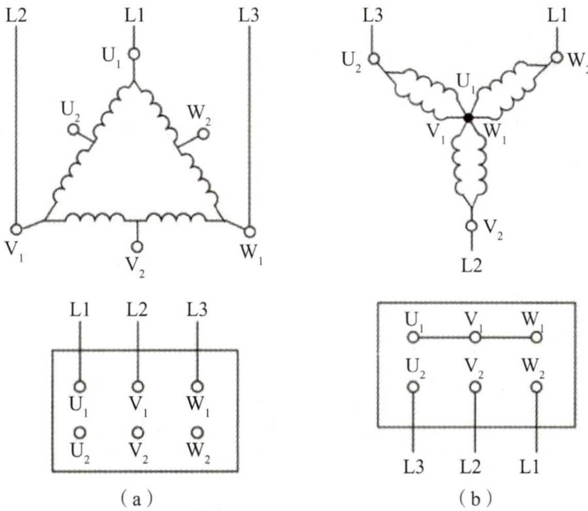

图 7-1-1　4/2 极双速电机定子绕组接线图

(a)△接(4 极)-低速；(b)YY 接(2 极)-高速

这种连接方式的设计，使得双速异步电机在不同的工作场景中，能够灵活地调整转速，以满足实际需求。它为电机的运行提供了更多的可能性和适应性，从而实现更高效、更精准的控制和运行。几种常见的双速电机如图 7-1-2 所示。

（a）　　（b）　　（c）

图 7-1-2　几种常见的双速电机

（a）YD 系列双速电机；（b）干洗机专用双速电机；（c）洗衣机用双速电机

电机低速工作时，把三相电源分别接在出线端 U_1、V_1、W_1 上，另外三个出线端 U_2、V_2、W_2 悬空不接，如图 7-1-1（a）所示，此时电机定子绕组接成△形，磁极为 4 极，同步转速为 1 500 r/min。

电机高速工作时，要把三个出线端 U_1、V_1、W_1 并接在一起，三相电源分别接到另外三个出线端 U_2、V_2、W_2 上，如图 7-1-1（b）所示，这时电机定子绕组接成 Y 形，磁极为 2 极，同步转速为 3 000 r/min。可见，双速电机高速运转时的转速是低速运转转速的两倍。

值得注意的是，双速电机定子绕组从一种接法改变为另一种接法时，必须把电源相序反接，以保证电机的旋转方向不变。

7.1.2　双速电机控制线路的工作原理

7.1.2.1　按钮控制的双速电机控制线路工作原理

如图 7-1-3 所示为按钮控制的双速异步电机控制线路。

其工作原理分析如下。

合上电源开关 QF。

△低速启动运转：

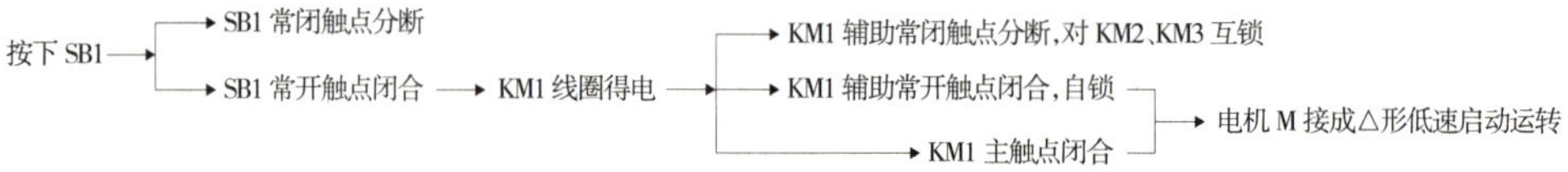

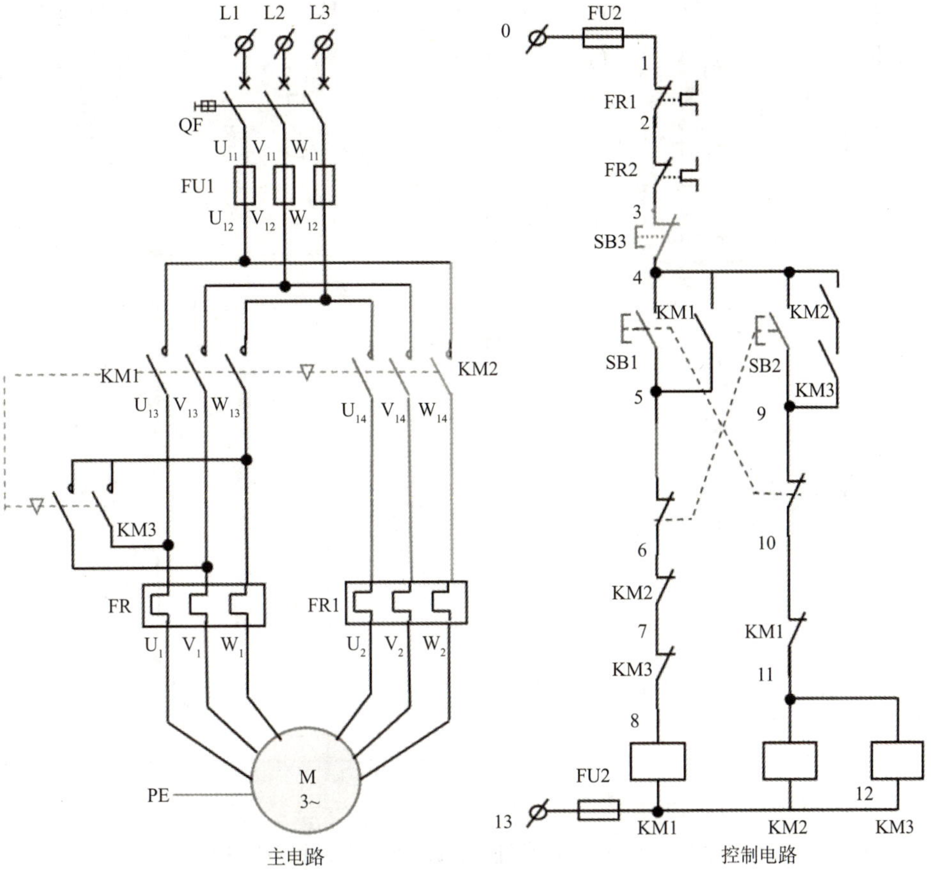

图 7-1-3　按钮控制的双速异步电机控制线路

YY 高速运转：

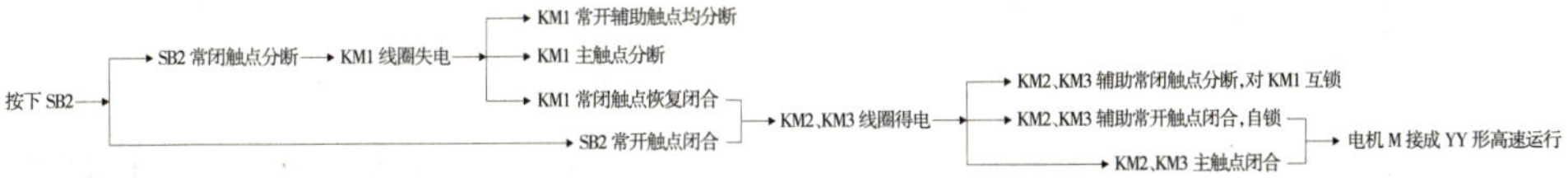

停止时，按下 SB3。

若电机只需高速运转，可直接按下 SB2，则电机△低速启动后，YY 高速运转。

7.1.2.2　时间继电器控制的双速电机的控制线路原理

用时间继电器控制双速电机低速启动高速运转的控制线路原理图如图 7-1-4 所示。时间继电器 KT 控制电机低速△形启动时间和△ -YY 的自动换接运转。

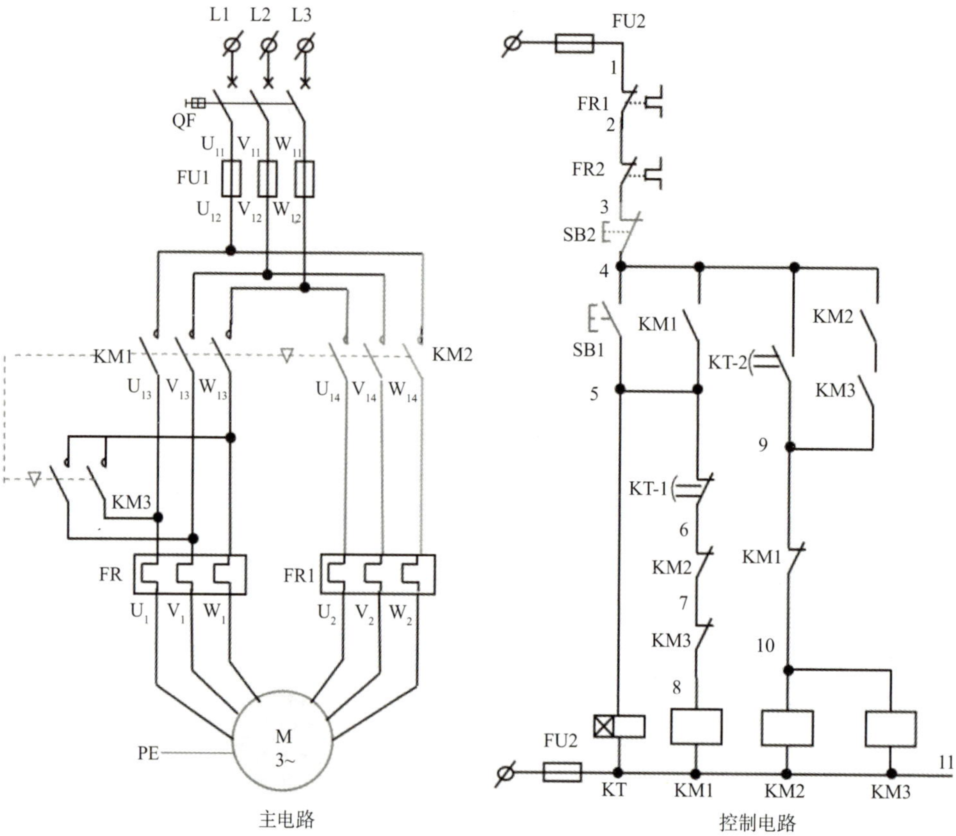

图 7-1-4 时间继电器控制双速电机控制线路原理图

其工作原理分析如下。

先合上电源开关 QF。

△低速启动运转：

- 按下 SB1 →
  - KM1 线圈得电 →
    - KM1 辅助常开触点闭合，自锁
    - KM1 辅助常闭触点分断，对 KM2、KM3 互锁
    - KM1 主触点闭合 → 电机△低速启动运行
  - KT 线圈得电，延时开始 →

YY 高速运转：

- → KT 延时到 →
  - KT-1 延时断开常闭触点断开 →
    - KM1 线圈失电
    - KM1 辅助常开触点断开，自锁解除
    - KM1 辅助常闭触点闭合，互锁解除
    - KM1 主触点分断 → 电机△低速运行停止
  - KT-2 延时闭合常开触点闭合 → KM2、KM3 线圈得电 →
    - KM2、KM3 辅助常闭触点断开，对 KM1 互锁
    - KM2、KM3 辅助常开触点闭合，自锁
    - KM2、KM3 主触点闭合 → 电机 YY 高速启动运行

停止时，按下 SB2 即可。

7.1.3　双速电机控制线路的安装与调试

请按照实训手册的具体要求完成本任务实操练习。

7.1.3.1　任务实施

1. 所需的工具、材料

图 7-1-4 三相异步电机反接制动控制线路安装与调试所需工具有常用电工工具、万用表等。

所需材料见表 7-1-1。

表 7-1-1　电气元件明细

序号	文字符号	元件名称	型号规格	数量	备注
1	M	三相交流异步电机	YT132S2-4 KW	1	
2	QF	空气断路器	C65ND10/3P	1	
3	FU1	熔断器	RL1-60/25 A	3	
4	FU2	熔断器	RL1-15/2 A	2	
5	KM1、KM2、KM3	交流接触器	CJ10-10，380 V	3	
6	FR1、FR2	热继电器	FR36-20/3，整定电流 8.8 A	2	
7	KT	时间继电器	JSZ3A-AAC380	1	
8	SB1	低速启动按钮	LA10-3H	1	绿色
9	SB2	高速启动按钮			黑色
10	SB3	停止按钮			红色
11	XT	接线端子	JX2-Y010	2	
12		导线	BV-1.5 mm^2，1 mm^2	若干	
13		冷压接头	1 mm^2	若干	
14		记号笔	黑色	1	
15		网孔板	500 mm × 400 mm	1	

2. 电路安装

（1）根据表 7-1-1 配齐所用电气元件，并检查元件质量。

（2）根据图 7-1-5 元件布置图自行绘制接线图，双速电机标准接线如图 7-1-6 所示。

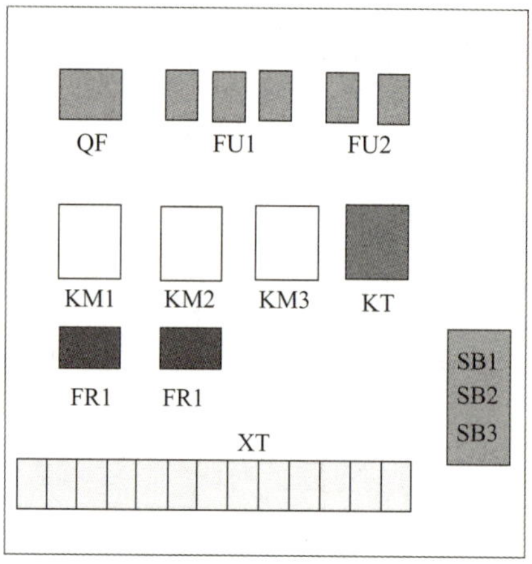

图 7-1-5　元件布局图

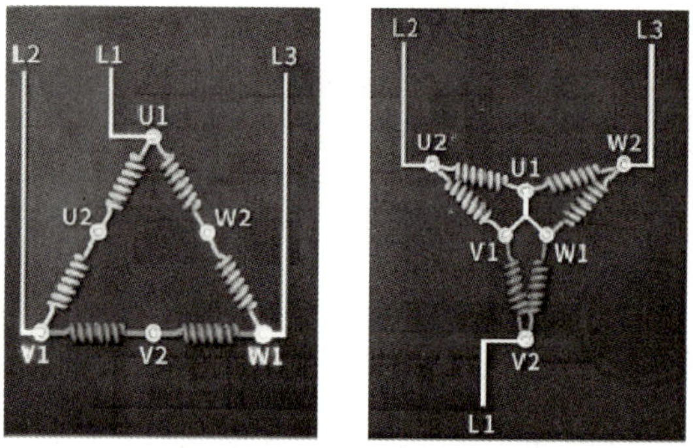

（a）　（b）

图 7-1-6　双速电机标准接线方法

（a）低速三角形接法；（b）高速双星形接法

（3）根据元件布置图安装元件，各元件的安装位置整齐、匀称，间距合理、便于更换，元件紧固时用力均匀、紧固程度适当。

（4）布线时以接触器为中心，由里向外、由低至高，按先电源电路、后控制线路、再主电路进行，以不妨碍后续布线为原则。布线顺序为：电源电路→控制线路→主电路→连接按钮。

（5）整定热继电器。

（6）根据时间继电器说明及延时要求整定时间继电器。

（7）连接电机和按钮金属外壳的保护接地线。

（8）连接电机和电源。

（9）电路检查、通电测试及故障排除。

3. 注意事项

（1）按钮联锁触点的接线必须正确，否则将会造成主电路中两相电源短路事故。

（2）通电试车时，应先合上 QF，按照控制顺序先后依次按下 SB1、SB2，看电机是否由低转速转向高速，最后按下 SB3，电机停转。

(3)安装完毕的线路,必须经过认真检查后,才允许通电试车,以防止错接、漏接,造成不能正常运行或短路事故。

(4)带电检修故障时,必须有教师在现场监护,并确保用电安全。

思考与练习

一、填空题

1. 双速异步电机定子绕组△/YY 连接中,低速工作时,三相电源接在________,另外三个出线端空着,此时定子绕组接成________形,磁极为________极,同步转速为________r/min。

2. 双速异步电机高速工作时,U_1、V_1、W_1 三相电源接到________上,此时定子绕组接成________形,磁极为________极,同步转速为________r/min。

3. 时间继电器 KT 控制双速电机低速时间和________的自动换接运转。

二、选择题

1. 双速电机定子绕组从一种接法改变为另一种接法时,需要(　　)。

A. 改变电源电压　　B. 改变电源相序　　C. 改变绕组匝数　　D. 改变电源频率

2. 双速电机低速运转时,定子绕组的连接方式是(　　)。

A. YY 形　　B. △形　　C. Y 形　　D. 不确定

3. 以下关于双速电机同步转速的说法正确的是(　　)。

A. 高速运转同步转速是低速运转同步转速的一半

B. 高速运转同步转速与低速运转同步转速相同

C. 高速运转同步转速是低速运转同步转速的两倍

D. 取决于电机的负载情况

三、判断题

1. 双速电机只有两种固定的转速,不能实现其他速度的调节。(　　)

2. 双速电机定子绕组的连接方式改变时,电机的旋转方向也会改变。(　　)

3. 时间继电器在双速电机控制线路中只起到控制低速启动时间的作用。(　　)

四、简答题

1. 简述双速电机定子绕组△/YY 连接的特点及两种接法下电机的运行参数。

2. 说明时间继电器控制双速电机低速启动高速运转的工作原理。

任务 7.2 三相绕线式异步电机控制线路设计

任务描述

在实际工业生产中三相绕线式异步电机因其卓越的重载启动性能与精准调速功能，广泛应用于大型矿山的卷扬机、繁忙港口的起重机等诸多重要设备。本任务聚焦三相绕线式异步电机控制线路设计。通过深入学习三相绕线式异步电机的概念，透彻理解按钮控制的三相绕线式异步电机控制线路的工作原理并以此为基石，运用所学电气知识，自行设计时间继电器自动控制的三相绕线式异步电机控制线路，并完成安装调试工作，从而确保电机能够平稳启动、按照需求灵活调速，实现高效可靠运行，为未来从事复杂电气控制工作筑牢坚实根基。

任务目标

知识目标

- 熟练掌握三相绕线式异步电机结构原理及调速机制。
- 深入理解按钮控制线路原理，能分析其电流路径。
- 精准把握时间继电器自动控制线路设计要点与流程。
- 明晰两种控制线路中电气元件选型及参数计算依据。

技能目标

- 能独立绘制按钮与时间继电器控制线路原理图。
- 能熟练安装调试三相绕线式异步电机控制线路。
- 能精准排查并解决控制线路出现的各类故障。
- 能依据工况需求优化改进电机控制线路设计。

知识准备

7.2.1　三相绕线式异步电机

三相绕线式异步电机由定子和绕线式转子组成。定子产生旋转磁场，转子绕组通过滑环和电刷与外部相连。其启动性能佳，可在转子电路串联电阻减小启动电流、增大启动转矩。能通过改变外接电阻来调速，常用于起重机、提升机等需要调速和大启动转矩的设备。

7.2.1.1　绕线转子感应电机结构组成

绕线转子绕组与定子绕组相似，在转子铁心槽内嵌放对称的三相绕组，作星形联结。三相绕组的三个尾端连接在一起，三个首端分别接到装在转轴上的三个铜制集电环上，通过电刷与外电路的可变电阻器相连接，用于启动或调速，如图 7-2-1 所示。

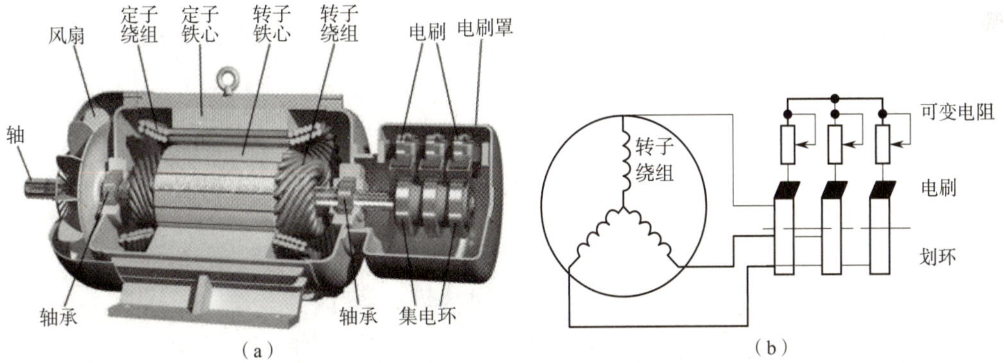

图 7-2-1　绕线转子感应电机结构组成

(a)绕线型转子形状；(b)结构示意图

1. 定子部分

(1)定子铁心：由硅钢片叠压而成，作为磁路载体，减少涡流损耗。

(2)定子绕组：嵌于定子铁心槽内，通入三相交流电后产生旋转磁场，是能量转换的关键部件。

(3)机座：支撑定子铁心及其他部件，通常由铸铁或钢板制成，起机械固定与保护作用。

2. 转子部分

(1)转子铁心：同样由硅钢片叠压，安装在转轴上，与定子铁心共同构成闭合磁路。

(2)转子绕组：采用绕线式结构，嵌入转子铁心槽内，通过集电环、电刷与外部电路连接，可外接电阻实现调速、启动等控制。

(3)集电环：固定在转轴上，与转子绕组相连，通过电刷传导电流，实现转子电路与外部设备的电气连接。

3. 辅助部件

(1)电刷与电刷罩：电刷与集电环接触，传导电流；电刷罩保护电刷，防止灰尘、杂物侵入。

（2）轴承：支撑转轴，减少旋转摩擦，确保转子平稳转动。

（3）风扇：安装在转轴上，运转时带动空气流动，对电机内部进行散热，维持正常工作温度。

（4）轴：传递机械转矩，连接转子铁心与外部负载，实现动力输出。

7.2.1.2 调速原理

启动时，在转子回路串入三相启动变阻器，并把启动电阻调到最大值，以减小启动电流，增大启动转矩。随着电机转速升高，将启动电阻逐级减小。启动完毕后，将启动电阻减小至零，使转子绕组被短接，电机在额定状态下运行。

注：电机转子绕组中串接的外加电阻在每段切除前和切除后，三相电阻始终是对称的，称为三相对称电阻器，如图 7-2-2（a）所示。启动过程依次切除 R1、R2、R3，最后全部电阻被切除。

若启动时串入的全部三相电阻是不对称的，且每段切除后三相仍不对称，则称为三相不对称电阻器，如图 7-2-2（b）所示。启动过程依次切除 R1、R2、R3、R4、R5，最后全部电阻被切除。

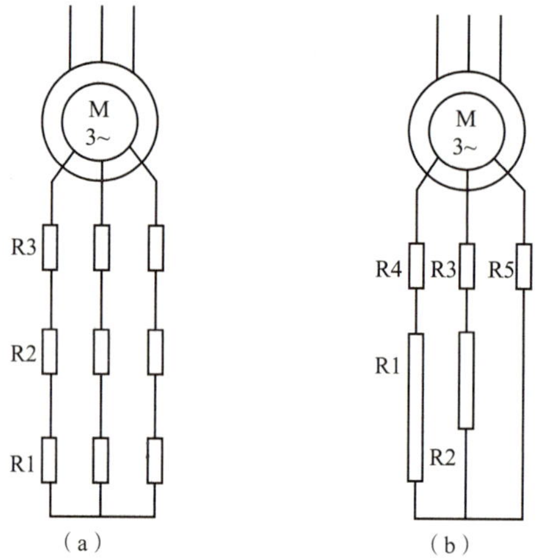

图 7-2-2 转子串接三相电阻

（a）转子串接三相对称电阻器；（b）转子串接三相不对称电阻器

7.2.1.3 绕线异步电机的优点

绕线异步电机可以在转子绕组中串接电阻来改善电机的机械特性，从而达到减小启动电流、增大启动转矩及平滑调速之目的。广泛应用在启动转矩要求较高的场合，如起重机械。

7.2.2　按钮控制的三相绕线式异步电机控制线路的工作原理

按钮操作转子绕组串接电阻启动控制线路如图 7-2-3 所示。

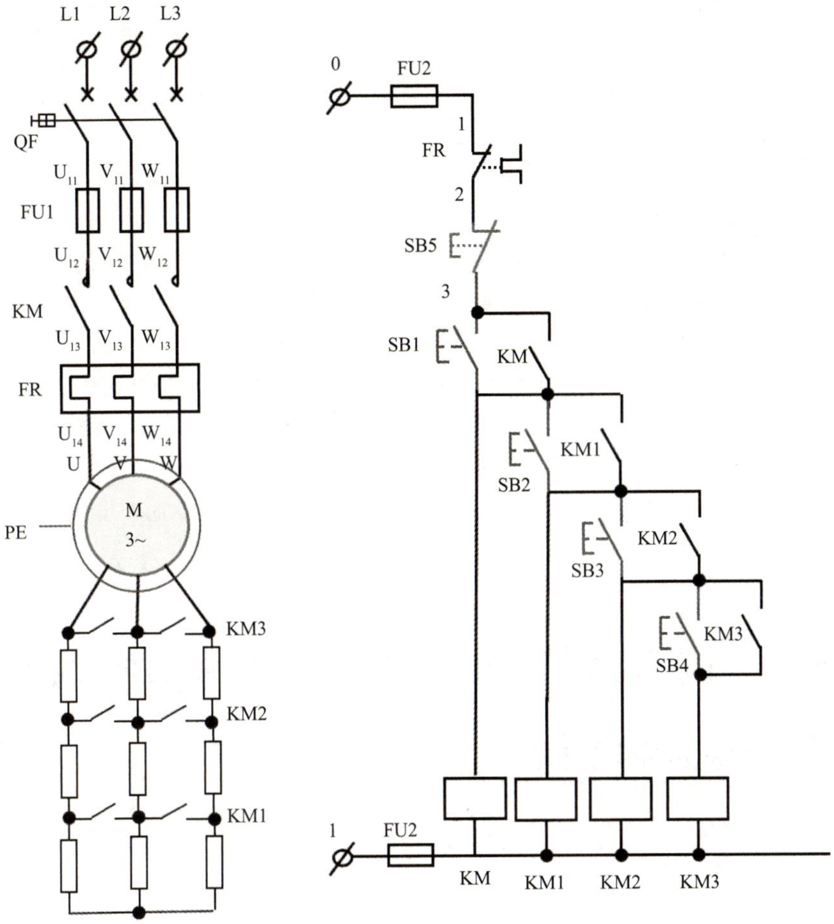

图 7-2-3　按钮控制的三相绕线式异步电机控制线路

其工作原理分析如下。

合上电源开关 QF。

启动：

按下 SB1 →
- → KM 主触点闭合
- → KM1 常开自锁触点闭合自锁
- → 减速电阻 R1、R2、R3 全投入
- → 电机最小电流启动 → 按下 SB2 →
  - → KM 主触点闭合
  - → KM1 常开自锁触点闭合自锁
  - → 减速电阻 R2、R3 全投入
  - → 电机运行电流增大，速度增加 →

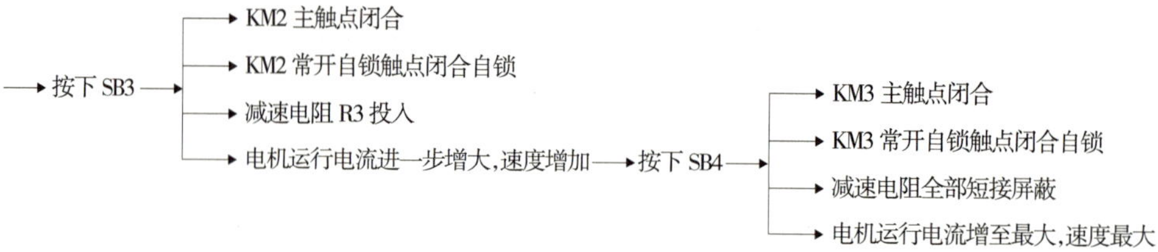

停止：

要停止时，按下 SB5。

学有所悟：

在工业生产中，高速运转的双速电机、三相绕线式异步电机宛如一位位不知疲倦的"先锋战士"，精准驱动，确保生产高效运行，满足人民日益增长的物质需求，它们的合理运用是对实际工况具体分析的智慧结晶。面对复杂多变的物料传送加工需求，它们精准布局电气元件、一丝不苟地布线调试，以专业技能为生产赋能，实实在在地践行着从实际出发、实事求是的理念，是大型生产作业安全、稳定运行的保障。在这个过程中，大家也应当领悟到，选择何种电机控制方案必须紧密贴合实际，半点马虎不得。这不仅是技术学习的过程，更是思想升华的旅程，同学们带着这份智慧与担当，在未来的工作生活中，无论面对何种难题，都能精准判断、妥善解决，成长为新时代德才兼备的栋梁之材，为国家发展、人民幸福添砖加瓦。

7.2.3 时间继电器自动控制的三相绕线式异步电机控制线路的设计

7.2.3.1 控制线路原理分析

合上电源开关 QF。

启动：

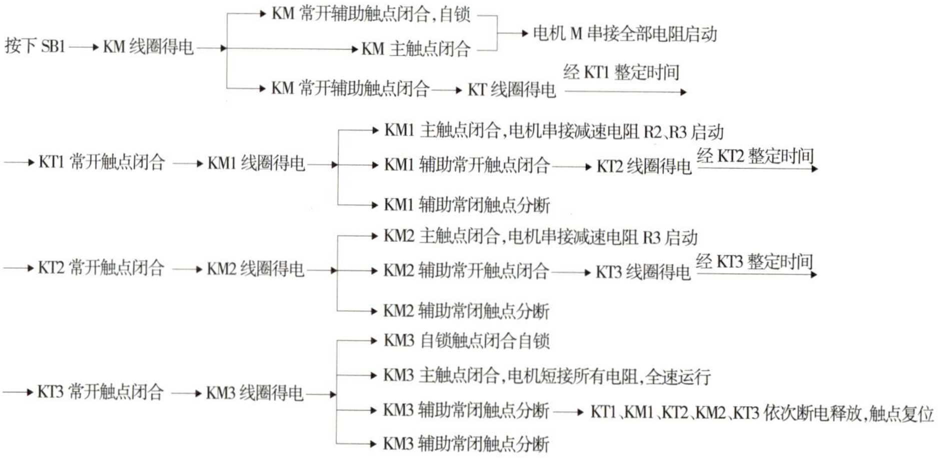

为保证电机只有在转子绕组串入全部外加电阻的条件下才能启动，将接触器 KM1、KM2、KM3 的辅助常闭触点与启动按钮 SB1 串接，这样，在接触器 KM1、KM2、KM3 中的任

何一个因触点熔焊或机械故障而不能正常释放时，即使按下启动按钮 SB1，控制线路也不会得电，电机不会接通电源启动运转。

停止：

要停止时，按下 SB2 即可。

7.2.3.2　电路设计

绘制时间继电器自动控制的三相绕线式异步电机电气系统图，包括：电气原理图、系统安装图、接线图。

> **温馨提示：**
>
> 时间继电器自动控制的三相绕线式异步电机控制线路和按钮控制的三相绕线式异步电机控制线路的主电路完全一样。前面我们使用过时间继电器，请同学们根据时间继电器自动控制的三相绕线式异步电机控制线路的逻辑要求，在按钮控制的三相绕线式异步电机控制线路的基础上增加时间继电器，实现电路设计。

思考与练习

一、填空题

1. 三相绕线式异步电机由______和________组成，转子绕组通过______和________电刷与外部相连。

2. 启动时，在转子回路串入________作分级切换的三相启动电阻器，随着电机转速升高，要________可变电阻。

3. 电机转子绕组中串接的外加电阻，若三相电阻始终对称，称为________，若不对称则称为________。

二、选择题

1. 三相绕线式异步电机启动性能佳是因为可以在转子电路(　　)。

A. 串电容　　B. 串电阻　　C. 并电阻　　D. 并电容

2. 以下(　　)不太可能使用三相绕线式异步电机。

A. 起重机　　B. 风扇　　C. 提升机　　D. 轧钢机

3. 时间继电器自动控制的三相绕线式异步电机控制线路适用于(　　)的工业场景。

A. 对自动化程度要求低　　B. 运行流程不固定

C. 对自动化程度要求高且运行流程固定　　D. 小型加工厂

三、判断题

1. 三相绕线式异步电机只能通过改变定子电压调速。　　(　　)

2. 按钮控制的三相绕线式异步电机控制线路比时间继电器自动控制的应用更广泛。 (　　)

3. 三相绕线式异步电机启动完毕后，转子绕组是直接短接的。 (　　)

四、简答题

1. 简述三相绕线式异步电机的结构特点和启动调速原理。

2. 对比按钮控制和时间继电器自动控制的三相绕线式异步电机控制线路的优缺点。

项目 8

典型机床控制线路的识读和检修

情境描述

机床是现代机械加工领域的核心设备之一，其控制线路的正常运行对于保证生产效率、加工精度以及设备安全至关重要。随着机床自动化程度的不断提高，掌握典型机床控制线路的识读和检修技能已成为机电类专业学生以及相关工程技术人员必备的专业素养。本项目旨在通过理论与实践相结合的教学方式，帮助学生深入理解 CA6140 型车床、Z3050 钻床、Z35 钻床、X62W 铣床等典型机床控制线路的工作原理，并具备对典型机床常见故障进行诊断与修复的能力。

任务分解

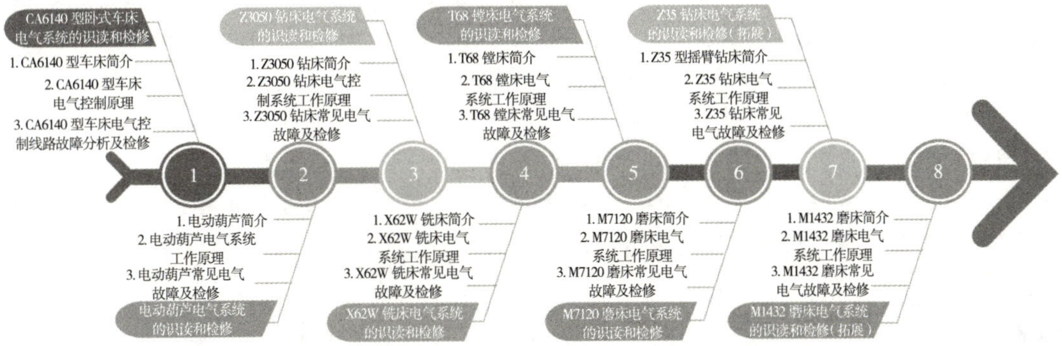

项目目标

知识目标

- 熟悉常见典型机床（如车床、铣床、钻床等）的基本结构与工作流程。

• 掌握典型机床控制线路中常用电气元件的结构、工作原理及符号表示。
• 理解典型机床电气控制线路基本控制原则。
• 识读典型机床的电气原理图。
• 分析机床电路的控制逻辑与信号流向。

技能目标

• 能正确使用常用电工工具仪表,对机床电气元件进行检测与维护。
• 具备根据机床故障现象,运用所学知识制定合理的故障检修流程与方法的能力。
• 能够熟练地对典型机床控制线路中的常见故障(如短路、断路、元件损坏等)进行排查与修复,确保机床恢复正常运行。
• 学会在检修过程中遵循安全操作规程,正确填写检修记录与报告。

素质目标

• 培养学生严谨的工作态度、科学的思维方式和较强的责任心,注重细节,确保检修质量。
• 提升学生的团队协作能力,在小组讨论、故障排查与修复实践中学会相互配合、共同解决问题。
• 增强学生的创新意识与自主学习能力,鼓励学生探索高效、智能的机床控制线路检修方法与技术。

任务 8.1　CA6140 型卧式车床电气系统的识读和检修

任务描述

车床是一种应用极为广泛的金属切削机床。它能完成车削内圆、外圆、端面、螺纹、钻孔、镗孔、倒角、割槽及切断等加工工序。如用于机械制造业的单件、小批生产,各行业的工具制造,机器设备修理以及试验等。车床可分为卧式车床和立式车床等不同的种类。

CA6140 型卧式车床是机械加工领域广泛应用的设备,其电气系统由主电路、控制线路、照明电路和信号指示电路等回路组成,在长期使用过程中,电气系统可能会出现各种故障,影响车床的正常运行和生产效率。为确保车床的稳定工作,维修人员需要深入理解其电气系统,并具备准确识读电气图和高效检修故障的能力。

任务目标

知识目标

• 掌握 CA6140 型卧式车床电气控制系统的组成结构,包括主电路、控制线路、照明电路等部分的构成与连接方式。
• 理解各电气元件在车床电气系统中的功能与作用,如电机、接触器、继电器、熔断器、开关等。

• 熟悉 CA6140 型卧式车床常见电气故障的类型、产生原因及相关理论知识，例如短路、断路、过载、欠压等故障原理。

技能目标

• 能够准确识读 CA6140 型卧式车床电气原理图，绘制接线图和布置图并依据图纸对电气系统进行分析与理解。

• 能够熟练使用常用电工工具和仪器仪表，如万用表、兆欧表、接地电阻测量仪等，对电气元件和电路进行检测与测量。

• 掌握 CA6140 型卧式车床电气系统常见故障的诊断方法与检修流程，能够迅速定位故障点并进行有效的修复，使车床恢复正常运行。

• 具备在检修过程中正确记录数据、撰写检修报告以及总结经验教训的能力，以便后续参考与学习。

知识准备

8.1.1　CA6140 型车床简介

CA6140 型卧式车床是中国自行设计制造的一种普通精度卧式车床，该车床在性能、精度和可靠性等方面性能优良，是我国机械加工领域的经典设备之一。车床采用卧式布局，整体结构紧凑，各部件布置合理，操作方便，其外观及结构如图 8-1-1 所示。

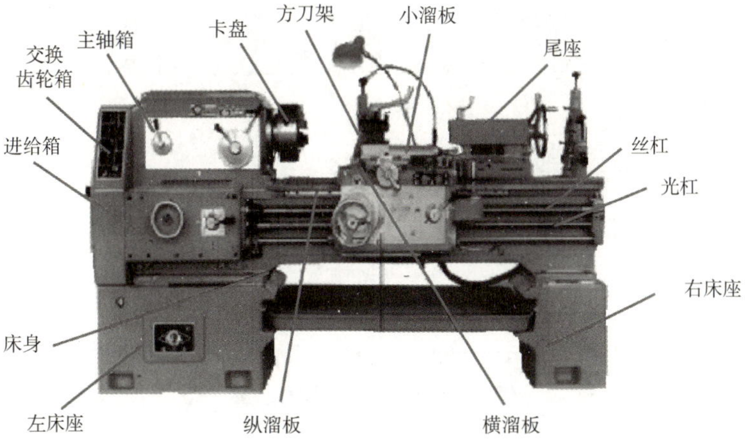

图 8-1-1　CA6140 型卧式车床外观及结构

8.1.1.1　主要组成部分

（1）主轴箱：固定在机床身的左端，内部的主轴通过夹盘等夹具装夹工件，其功用是支撑并传动主轴，使主轴带动工件按规定转速旋转。

（2）床鞍和刀架部件：位于床身中部，可沿床身导轨做纵向移动，刀架部件装在床鞍上，用于装夹车刀，并使车刀做纵向、横向或斜向运动。

（3）尾座：位于床身尾座轨道上，可沿导轨纵向调整位置，用于用后顶尖支撑工件，也可安装钻头等刀具进行孔加工。

（4）进给箱：固定在床身左前侧、主轴箱底部，功能是改变被加工螺纹的螺距或机动进给的进给量。

（5）溜板箱：固定在刀架部件底部，可带动刀架做纵向、横向进给，快速移动或螺纹加工，上面装有操作手柄及按钮，方便工人操作机床。

（6）床身：机床的基本支撑件，固定在左床座和右床座上，上面安装着机床的各个部件，使它们保持准确相对位置。

8.1.1.2 加工能力

能对轴、盘、环等多种类型工件进行多种工序加工，常用于加工工件的内外回转表面、端面和各种内外螺纹，采用相应刀具和附件，还可进行钻孔、扩孔、攻丝和滚花等。加工工件长度有 750/650 mm、1 000/900 mm、1 500/1 400 mm、2 000/1 900 mm 等多种规格。

8.1.1.3 优点

通用性好、精度较高、性能较优越，加工灵活性大、适应性强、易于维护，适合小批量加工。

8.1.1.4 型号含义

根据《金属切削机床　型号编制方法》（GB/T　15375—2008）可知，CA6140 型卧式车床型号意义如图 8-1-2 所示，C 代表车床，A 为结构特性代号，6 代表卧式，1 代表基本型，40 代表最大旋转直径。

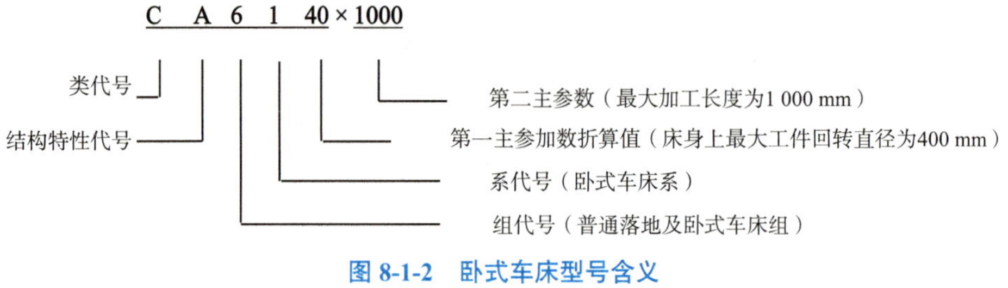

图 8-1-2　卧式车床型号含义

8.1.1.5 车床运动形式

车床的切削运动包括工件旋转的主运动和刀具的直线进给运动。

（1）车床的主运动是工件的旋转运动，它由主轴通过卡盘或顶尖带动工件旋转。电机的动力通过主轴箱传给主轴，主轴一般只要单方向的旋转运动，只有在车螺纹时才需要用反转来退刀。CA6140 用操纵手柄通过摩擦离合器来改变主轴的旋转方向。车削加工要求主轴能在很大的范围内调速，普通车床调速范围一般大于 70。主轴的变速是靠主轴变速箱的齿轮等机械有级调速来实现的，变换主轴箱外的手柄位置，可以改变主轴的转速。

（2）进给运动是溜板带动刀具作纵向或横向的直线移动，也就是使切削能连续进行下去的运动。所谓纵向运动是指相对于操作者的左右运动，横向运动是指相对于操作者的前后运动。车螺纹时要求主轴的旋转速度和进给的移动距离之间保持一定的比例，所以主运动和进给运动要由同一台电机拖动，主轴箱和车床的溜板箱之间通过齿轮传动来连接，刀架再由溜板箱带动，沿着床身导轨作直线走刀运动。

（3）车床的辅助运动包括刀架的快进与快退、尾架的移动以及工件的夹紧与松开等。为了提高工作效率，车床刀架的快速移动由一台单独的进给电机拖动。

8.1.2　CA6140 型车床电气控制原理

8.1.2.1　车床加工对控制线路要求分析

CA6140 型车床电气控制原理图如图 8-1-3 所示。

（1）主运动（切削运动）——主轴通过卡盘或顶尖带动工件的旋转运动。

（2）进给运动——溜板带动刀架的直线运动。

机械调速：工件材料、尺寸加工工艺等不同，切削速度应不同，因此要求主轴的转速也不同。

正反转控制：车削螺纹时，要求主轴反转来退刀，因此要求主轴能正反转。车床主轴的旋转方向可通过机械手柄来控制。

制动：为了缩短停车时间，主轴停车时采用能耗制动。

其他：显示电机的工作电流以监视切削状况。

（3）快速移动——溜板带动刀架的快速运动。

单向点动操作、短时工作方式。

（4）冷却润滑要求。

车削加工中，根据不同的工件材料，也为了延长刀具的寿命和提高加工质量，需要使用切削液对工件和刀具进行冷却润滑，而有时又不采用，因此采用自动空气开关控制冷却泵电机单向旋转。冷却泵和主轴电机的顺序控制关系为：启动时，主轴电机必须先启动，冷却泵电机才能启动，主轴电机启动后，会为冷却泵电机的启动创造条件；停止时，当主轴电机停止运行，冷却泵电机也会自动停止运行。

此外还应配有安全照明电路和必要的联锁保护环节。

8.1.2.2　主电路分析

主电路中共有三台电机：M1 为主轴电机，带动主轴旋转和刀架作进给运动；M2 为冷却泵电机；M3 为刀架快速移动电机。

三相交流电源通过转换开关 QS1 引入。主轴电机 M1 由接触器 KM1 控制启动，热继电器 FR1 为主轴电机 M1 的过载保护。冷却泵电机 M2 由接触器 KM2 控制启动，热继电

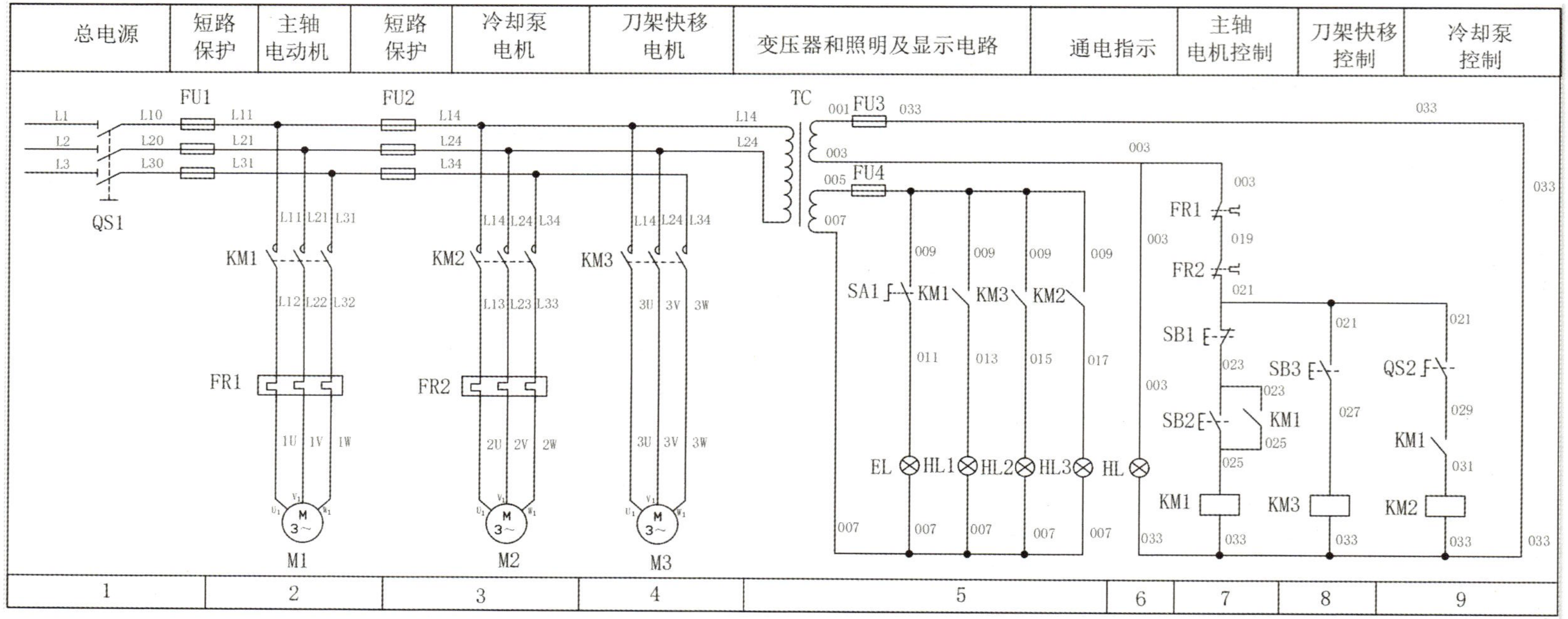

图 8-1-3　CA6140 型车床电气控制原理图

微课　机床故障排查确定故障范围的方法

慕课　机床电路控制电路断电检测的方法

慕课　机床电路主电路带电检测的方法

器 FR2 为它的过载保护。刀架快速移动电机 M3 由接触器 KM3 控制启动。

8.1.2.3　控制线路分析

控制回路的电源由控制变压器 TC 副边输出 110 V 电压提供。

（1）主轴电机的控制：按下启动按钮 SB2，接触器 KM1 的线圈获电动作，其主触点闭合，主轴电机启动运行。同时，KM1 的自锁触点和另一副常开触点闭合（9 区）。按下停止按钮 SB2，主轴电机 M1 停车。

（2）冷却泵电机控制：如果车削加工过程中，工艺需要使用冷却液，合上 QS2，在主轴电机 M1 运转情况下，接触器 KM3 线圈获电吸合，其主触点闭合，冷却泵电机获电而运行。由电气原理图可知，只有当主轴电机 M1 启动后，冷却泵电机 M2 才有可能启动，当 M1 停止运行时，M2 也自动停止。

（3）刀架快速移动电机的控制：刀架快速移动电机 M3 的启动是由安装在进给操纵手柄顶端的按钮 SB3 来控制的，KM2 线圈通断电实现刀架电机快速移动点动控制。将操纵手柄扳到所需的方向，压下按钮 SB3，继电器 KM2 得电吸合，M3 启动，刀架就向指定方向快速移动。

8.1.2.4　照明、信号灯电路分析

控制变压器 TC 的副边分别输出 24V 电压，作为机床低压照明灯和信号灯的电源。EL 为机床的低压照明灯，由开关 SA1 控制；HL 为电源的信号灯。它们采用 FU4 作短路保护。

学有所悟：

在我国机械加工领域的璀璨星空中，CA6140 车床无疑是一颗耀眼的明星。它作为我国自主研发生产的具有较高水平的机床设备，承载着厚重的历史意义与非凡的现实价值。曾经我国工业基础相对薄弱，高端机床设备大量依赖进口，严重制约了我国机械制造业的自主发展。但我国科研人员与工程技术人员怀着对国家工业振兴的坚定信念，在艰苦条件下日夜钻研，攻克从机械结构精妙设计到电气控制系统精准构建等一道道技术难关，经不懈努力，CA6140 车床成功问世，标志着我国在机床制造领域迈出坚实且关键的一大步。在工业生产里，CA6140 车床占据举足轻重的地位，无论是轴类、盘类还是螺纹类零件，都能在其精密运作下达到较高加工精度与表面质量要求。这些零部件广泛应用于汽车制造、航空航天、机械装备等重要行业，为我国工业体系的完善与发展提供强有力支撑。它宛如默默奉献的工业巨人，在生产线上不知疲倦地运转，以稳定的可靠性能助力我国工业产品走向世界舞台。新时代青年肩负传承与创新重任，更应努力学习专业知识、提升实践技能，未来投身制造业相关领域，像前辈们为 CA6140 车床研发拼搏那般，为我国制造业的进一步崛起努力奋斗，续写国产装备制造业的辉煌篇章，使我国在全球工业竞争浪潮中始终屹立于强者之林。

8.1.3 CA6140型车床电气控制线路故障分析及检修

8.1.3.1 常见的电气故障

常见的电气故障可分为以下三类。

(1)电源故障:电源停电、缺相、频率偏差、极性接反、相线和中性线接反、相序改变、交直流混淆。

(2)电路故障:断线、短路、短接、接地、接线错误。

(3)设备和元件故障:过热烧毁、寿命结束、电气击穿、性能变劣。

8.1.3.2 常见的电气故障检修方法

1. 故障调查

机床发生故障后,首先应向操作者了解故障发生前后的情况,这有利于根据电气设备的工作原理来分析发生故障的原因。一般调查的内容有以下几点。

(1)故障发生在开机前、开机后,还是发生在运行中;机床是运行中自行停车,还是出现异常情况后由操作者停下来的?

(2)发生故障时听到了什么异常声音,是否看到弧光、火花、冒烟?是否闻到了焦煳的气味?

(3)发生故障前,是否拨动了什么开关?按下了什么按钮?

(4)发生故障前后,仪表及指示灯出现了什么情况?

(5)以前是否出现过类似故障,是如何处理的?

操作者的陈述可能不完整,有些情况可能陈述不出来,甚至有些陈述内容是错误的,但仍要仔细询问,因为有些故障是由于操作者粗心大意、对机床的性能不熟悉、采用不正确的操作方法造成的,在进行检查时应验证操作者的陈述,找到故障原因。

2. 断电检查

机床维修切忌盲目通电,以免扩大故障或造成伤害。通电前,需要在机床断电的状态下检查以下内容。

(1)检查电源线进口处,观察电线有无碰伤,排除电源接地、短路等故障。

(2)观察电气控制柜内熔断器有无烧损痕迹。

(3)观察配线、电气元件有无明显的变形损坏、过热烧焦或变色。

(4)检查行程开关、继电保护装置、热继电器是否动作。

(5)检查可调电阻的滑动触点、电刷支架是否离开原位。

(6)检查断路器、接触器、继电器等电气元件的可动部分,看其动作是否灵活。

(7)用兆欧表检查电机及控制线路的绝缘电阻,一般应不小于0.5MΩ。

(8)查看机床运转和密封部位有无异常的飞溅物、脱落物、溢出物,如油、烟、介质、金属屑等。

3. 通电检查

通电检查前,要尽量使电机和所传动的机械部分分离,将电气控制装置上相应转换开关置于零位，行程开关恢复到正常位置。作通电检查时，一般按先主回路后控制回路、先简单后复杂的顺序分区域进行，每次通电检查的范围不要太大，范围越小，故障越明显。

（1）断开所有开关，取下所有熔断器，再按顺序逐一插入需检查部位的熔断器，然后合上开关，观察有无冒火、冒烟、熔体熔断等现象。

（2）听机床运行发出的声音。各种机床运行时均伴有声音和振动，机床运行正常时，其声音、振动有一定规律和节奏，并保持持续和稳定。机床运行的异常声音和振动就是与故障相关联的信号。

（3）闻机床运行发出的气味。辨别有无异味，机床运动部件发生剧烈摩擦，电气绝缘烧损，会产生油、烟气、绝缘材料的焦煳味，正常工作的机床只有润滑油和冷却液的气味。

（4）机床电机、变压器、接触器和继电器的线圈发生短路故障时，温度会显著上升，远远超过正常的温升，可在切断电源后，用手去触摸检查。

4. 电路分析

（1）根据检查的结果，分析是机械系统故障、液压系统故障、电气系统故障还是综合故障。

（2）参考机床的电气原理图及有关技术说明书进行电路分析，大致估计有可能产生故障的部位，如是主电路还是控制线路、是交流电路还是直流电路等。

（3）对复杂的机床电气线路，要掌握机床的性能和工艺要求，可将复杂电路划分成若干单元，再分析判断。

5. 机床维修及修复后的注意事项

（1）在找出故障点和修复故障时，应注意不能把找出的故障点作为寻找故障的终点，还必须进一步分析，查明产生故障的根本原因。

（2）找出故障点后，一定要针对不同故障情况和部位采取正确的修复方法，不要轻易采用更换电气元件和导线等方法，更不允许轻易改动线路或更换规格不同的电气元件，以防止产生人为故障。

（3）在故障修理工作中，一般情况下应尽量做到复原。有时为了尽快恢复机床的正常运行，也允许根据实际情况采取一些适当的应急措施，但绝不可凑合行事，而且一旦机床空闲必须复原。

（4）电气故障修复完毕，需要通电试运行时，应和操作者配合，避免出现新的故障。

（5）每次排除故障后，应及时总结经验，并做好维修记录。记录的内容可包括：机床的型号、名称、编号；故障发生的日期、故障现象、部位、故障原因；损坏的电器、修复措施及修复后的运行情况等。记录作为档案以备日后维修时参考，并通过对历次故障的分析，采取相应的有效措施，防止类似事故的再次发生或对电气设备本身的设计提出改进意见等。

（6）修理后的电气装置必须满足其质量标准要求，电气装置的检修质量标准包括以下几点。

①外观整洁，无破损和炭化现象。

②所有的触点均应完整、光洁、接触良好。

③压力弹簧和反作用力弹簧应具有足够的弹力。

④操纵、复位机构都必须灵活可靠。

⑤各种衔铁运动灵活，无卡阻现象。

⑥接触器的灭弧罩完整、清洁，安装牢固。

⑦继电器的整定数值符合电路使用要求。

⑧指示装置能正常发出信号。

8.1.3.3 CA6140 型卧式车床电气系统故障的检修

仔细观察故障现象，结合 CA6140 型卧式车床的电气原理图和电气接线图，参考表 8-1-1 进行检修。

表 8-1-1 CA6140 型卧式车床电气系统故障的检修

故障现象	故障原因分析	故障排除与检修
电源指示灯不亮	组合开关 QS1 损坏	合上 QS1，若电源指示灯不亮，则用万用表交流电压挡测量 QS1（1 区）触点之间电压，若输入电压为 380 V（L1、L2、L3 端两点之间），输出不是（L11、L21、L31 端两点之间），则可确定 QS1 损坏，应进行修复或更换
	熔断器 FU3 熔断	合上 QS1，若电源指示灯不亮，则可在断开 QS1 后，用万用表电阻挡测量 FU3（5 区）的电阻（001、033 两端），正常为 0 Ω，否则熔断器损坏需更换熔体或熔断器
	指示灯损坏	断开 QS1，用万用表电阻挡测量指示灯（6 区）电阻（003、033），若阻值为无穷大，则说明指示灯损坏需更换指示灯
照明灯不亮	熔断器 FU4 熔断	合上 QS1，合上 SA1，若机床照明灯不亮，则用万用表交流电压挡测量 FU3 的电压，正常为 24V，否则，更换熔体或熔断器
	开关 SA1 损坏	断开 QS1，用万用表电阻挡测量开关 SA1（5 区）两端的电阻（009、011），若复位状态阻值为无穷大、闭合状态阻值为 0Ω 则良好，否则开关损坏需更换
	灯泡损坏	断开 QS1，旋下照明灯灯泡（5 区），用万用表电阻挡测量灯泡电阻，若阻值为无穷大则灯泡损坏需更换灯泡
主轴电机 M1 和冷却泵电机 M2 不能启动，刀架快速移动电机 M3 不能正常启动	交流接触器 KM1、KM2、KM3 触点接触不良	合上 QS1，分别按下 SB2、SB3，操作 QS2，若 KM1（7 区）、KM2（9 区）、KM3（8 区）分别能吸合，则用万用表交流电压挡测量 KM1（2 区 L12、L22、L23）、KM2（3 区 L13、L23、L33）、KM3（4 区 3U、3V、3W）主触点之间的电压，正常为 380V，若电压不正常，则应更换或修复主触点
	热继电器 FR1 或 FR2 热元件损坏	若 KM1、KM2、KM3 主触点之间的电压正常，用万用表交流电压挡分别测量热继电器 FR1（2 区 1U、1V、1W）和 FR2（3 区 2U、2V、2W）发热元件之间的电压，正常为 380 V，否则，修理或更换热继电器 FR1、FR2
	电机 M1、M2、M3 损坏	若热继电器 FR1 或 FR2 发热元件之间的电压正常，用万用表交流电压挡分别测量电机 M1（2 区 1U、1V、1W）、M2（3 区 2U、2V、2W）、M3（4 区 3U、3V、3W）绕组之间的电压，正常为 380V，否则应修理或更换
	热继电器 FR1 或 FR2 常闭触点损坏	若合上 QS1，通电指示灯亮，但按下 SB2、SB3，操作 QS2 电路均无动作，可在机床断电的情况下，用万用表电阻挡分别测量热继电器 FR1（7 区 003、019 端）、FR2（7 区 019、021 端）常闭触点是否接通，再用万用表电阻挡检查 SB2、SB3 和 QS2，若损坏，则进行修复和更换

8.1.3.4 检修实例

以主轴电机与冷却泵电机无法启动为实例，说明故障检修过程。

1. 故障现象

某企业 CA6140 型车床在加工过程中，主轴电机（M1）与冷却泵电机（M2）突然停机，重启后无法启动，刀架快速移动电机（M3）正常运行。

2. 故障分析

根据文档中“主轴电机 M1 和冷却泵电机 M2 不能启动”的故障类型，结合电气原理图（图 8-1-3），初步判断可能原因如下。

（1）主电路故障：接触器 KM1（2 区）或 KM2（3 区）主触点接触不良、热继电器 FR1/FR2 动作或损坏。

（2）控制线路故障：停止按钮 SB1（7 区 021、023）常闭触点断路、主轴电机启动按钮 SB2（7 区 023、025）接触不良。

（3）电机故障：M1 或 M2 绕组烧毁。

3. 检修步骤

（1）断电检查。

外观检查：观察控制柜内熔断器 FU1（1 区）、FU2（3 区）、FU3（4 区）无熔断，接触器 KM1、KM2 无烧蚀痕迹，热继电器 FR1（2 区）、FR2（3 区）未脱扣。

绝缘测试：用兆欧表测量 M1、M2 绕组对地绝缘电阻，均大于 0.5MΩ，排除电机绕组接地故障。

（2）通电测试。

控制线路检测：按下启动按钮 SB2，接触器 KM1 未吸合。用万用表交流电压挡测量 KM1 线圈两端电压为 24 V（正常），说明控制线路供电正常，但 KM1 线圈未动作。

接触器检查：断电后手动按压 KM1 触点，发现其主触点氧化严重，导致接触不良。

（3）进一步排查。

热继电器验证：测量热继电器 FR1（7 区）常闭触点，发现其在断电状态下阻值为无穷大（正常应为 0 Ω），判断 FR1 内部触点烧蚀断开。

冷却泵电机关联检查：因 M1 未启动，KM1 辅助常开触点（9 区 029、031）未闭合，导致 M2 控制线路断开，符合文档中“主轴电机启动后冷却泵才能启动”的顺序控制逻辑。

4. 故障排除

（1）更换接触器 KM1：拆除 KM1，清洁触点或更换新接触器，确保主触点接触良好。

（2）修复热继电器 FR1：手动复位 FR1，若仍无法闭合，则更换同规格热继电器。

（3）测试验证：重新通电，按下 SB2，KM1 吸合，M1 启动；合上 SA1，KM2 吸合，M2 正常运行，故障排除。

5. 总结

（1）故障根源：热继电器 FR1 触点烧蚀导致控制线路断路，同时 KM1 主触点氧化加剧主电路接触不良。

（2）经验教训：定期检查接触器触点及热继电器状态，避免因长期过载或氧化引发故障。

（3）安全提示：检修时务必断电操作，测量电路前需确认电压等级，防止误触带电部件。

6. 检修记录

检修记录如表 8-1-2 所示。

表 8-1-2 检修记录

项目	内容
机床型号	CA6140×1000
故障日期	××××年×月×日
故障现象	M1、M2 无法启动，M3 正常
故障原因	FR1 触点烧蚀，KM1 触点氧化
修复措施	更换 FR1、清洁 KM1 触点
修复结果	所有电机恢复正常运行

注：本实例严格遵循"先主电路后控制线路、先简单后复杂"的检修原则，结合万用表测量与逻辑分析，快速定位故障点，符合 CA6140 型车床电气系统检修规范。

8.1.3.5 任务实施

1. 所需的工具、材料

本任务所需实训设备及工具材料清单见表 8-1-3。

表 8-1-3 技能训练所需器材

序号	名称	型号规格	数量	备注
1	模块	CA6140 普通车床考核模块	1	
2	仪表	万用表	1	
3	工具	测电笔、尖嘴钳、螺钉旋具等		
4	电工材料	连接线、绝缘胶带等		

2. 故障分析

根据老师设置的故障进行排故并按照表 8-1-4 的要求记录排故过程。

表 8-1-4 CA6140 车床电气线路故障检测与排除

工作任务	CA6140 车床电气线路故障检测与排除		
	故障一	故障二	故障三
故障现象			
故障范围判定			
排故步骤			
实际故障点			
工作条件	观察故障现象，排除故障后试机通电；检测及排故过程停电		
维修要求			

3. 注意事项

(1)在工作许可人签名后方可进行检修。

(2)对电气线路进行检测,确定线路的故障点并排除、调试,最后填写检修表格。

(3)严格遵守电工操作安全规程。

(4)不得擅自改变原线路接线,不得更改电路和元件位置。

(5)完成检修后,能恢复该车床各项功能。

思考与练习

一、填空题

1. CA6140 型卧式车床的主轴箱固定在机床身的__________端。

2. 车床的进给运动是溜板带动刀具作__________或__________的直线移动。

3. CA6140 型卧式车床电源采用__________V 交流电路,由电源开关 QS1(刀开关)引入。

4. 常见的电气故障可分为电源故障、__________故障、设备和元件故障三类。

二、选择题

1. CA6140 型卧式车床中,冷却泵电机 M2 的启动条件是(　　)。

A. 直接合上开关 QS2 即可启动

B. 主轴电机 M1 启动后,合上开关 SB5 才能启动

C. 刀架快速移动电机 M3 启动后,合上开关 QS2 才能启动

2. 车床的主运动是(　　)。

A. 刀具的直线进给运动　　B. 工件的旋转运动

C. 刀架的快速移动

3. CA6140 型卧式车床的变压器 TC 的作用是(　　)。

A. 将 380 V 电压降为 220 V　　B. 将 380 V 电压降为 24 V、6 V

C. 将 220 V 电压升为 380 V

4. 下列(　　)不属于车床的辅助运动。

A. 刀架的快进与快退　　B. 主轴带动工件旋转

C. 尾架的移动

三、判断题

1.CA6140 型卧式车床主轴一般只需要单方向旋转运动,车削任何工件都无需反转。(　　)

2. 车床刀架的快速移动与主轴电机由同一台电机拖动。(　　)

3. 检查机床电气故障时，应先通电检查，再断电检查。 （ ）
4. 修复电气故障后，为了尽快恢复机床运行，可以随意改动线路。 （ ）

四、简答题

1. 简述 CA6140 型卧式车床的主要组成部分及其功用。

2. 请说明 CA6140 型卧式车床常见电气故障检修的一般步骤。

任务 8.2　电动葫芦电气系统的识读和检修

任务描述

电动葫芦是一种小型起重机械，是将电机、减速器、卷筒、制动装置和运行小车等紧凑地合为一体的起重设备。它由两台电机分别拖动提升和移动机构，具有重量较小、结构简单、成本低和使用方便的特点，广泛应用于物流、制造、仓储、建筑、码头等多个行业，用于升降、移动、装卸重物等作业，可减轻劳动强度和提高劳动效率。本任务主要学习电动葫芦电气系统原理图的识读及故障检修。

任务目标

知识目标

- 掌握电动葫芦电气控制系统的组成结构，包括主电路、控制线路等部分的构成与连接方式。
- 了解三相异步电机正反转、行程限位控制及制动控制的典型应用。
- 熟悉电动葫芦电气系统常见故障的类型、产生原因及相关理论知识。

技能目标

- 能够准确识读电动葫芦电气原理图，绘制接线图和布置图并依据图纸对电气系统进行分析与理解。

• 能够熟练使用常用电工工具和仪器仪表对电动葫芦电气控制线路进行检测与测量。

• 能够掌握典型电动葫芦控制线路中电机正反转、行程限位控制及制动控制线路中常见故障的诊断方法与检修流程，能够迅速定位故障点并修复故障，使电动葫芦恢复正常运行。

• 具备在检修过程中正确记录数据、撰写检修报告以及总结经验教训的能力，以便后续参考与学习。

知识准备

8.2.1　电动葫芦简介

电动葫芦是一种小型起重机械，广泛应用于物流、制造、仓储、建筑、码头等多个行业，用于升降、移动、装卸重物等作业，可减轻劳动强度和提高劳动效率。电动葫芦的优点有以下几点。①体积小、重量轻：结构紧凑，占用空间小，便于安装和使用，可在狭小空间内作业。②起升功率大：能吊起较重的物体，起重能力范围从几百千克到数吨不等，满足不同场合的起重需求。③操作简单：通过按钮、遥控器或其他控制设备即可轻松控制其升降、前进后退等动作，易于上手。

电动葫芦根据电机、卷筒、制动器等主要部件位置的不同分为 TV 型、CD 型和 DH 型，其主要部件包括：主机提升电机、卷筒和卷筒外壳、变速箱（减速装置）等。在电机和变速箱之间还有弹性联轴器、中间轴和刚性联轴器等起连接传动作用的运行部分，也称运行小车。主要由行走电机、行走电机变速箱、走轮（主动走轮和被动走轮）和支架等组成。电动葫芦基本结构如图 8-2-1 所示，它由提升机构和移动装置两部分组成。

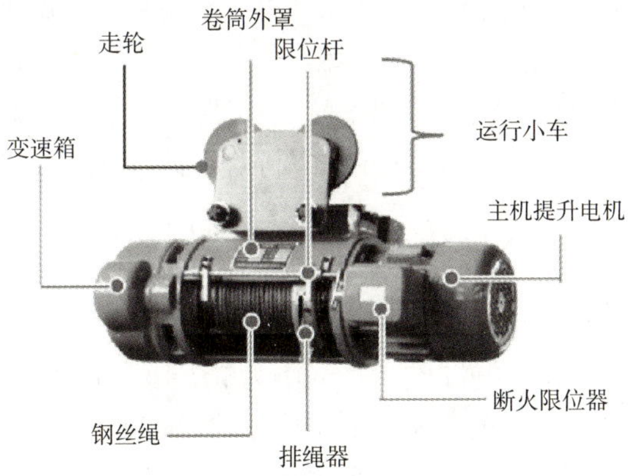

图 8-2-1　电动葫芦主要部件及组成

8.2.1.1　结构组成

（1）电机：为传动装置、缠绕装置或运行小车提供动力，通常采用交流电机或直流电机，其功率大小根据使用场合的需要而定。

（2）联轴器：连接电机与变速箱等部件，起到传递动力和补偿轴间位移的作用。

（3）卷筒或链轮：卷筒上缠绕钢丝绳，链轮则与链条配合使用，通过电机驱动旋转，实现重物的升降。

（4）吊具：如吊钩、吊环等，用于连接重物，实现起吊作业制动装置。确保电动葫芦在停止运行时能够迅速制动，防止重物坠落，通常安装在电机或传动机构上。

（5）电气控制部分：包括控制器、接触器、继电器、限位开关等，用于控制电动葫芦的升降、平移等动作，同时实现过载保护、断相保护等安全功能。

慕课　故障排查方法——十字交叉回测法

8.2.2　电动葫芦电气系统工作原理

电动葫芦的电气控制原理图如图 8-2-2 所示，由主电路和控制线路两部分组成。

8.2.2.1　主电路

主电路有两台电机 M1、M2。其中 M1 是提升电机，用接触器 KM1、KM2 控制它的正反转，用于提起和放下重物；M2 是移动电机，用 KM3、KM4 控制它的正反转，用于使电动葫芦前后移动。YB 是三相断电型电磁制动器，由制动电磁铁和闸瓦制动器两部分组成。当制动电磁铁线圈通电后，它的闸瓦与闸轮分开，电机可以转动；当制动电磁铁线圈断电后，在弹簧的作用下，闸瓦与闸轮压紧，实现电动葫芦的停车制动。主电路图如图 8-2-3 所示。

接触器 KM1 的主触点闭合时，电机定子绕组为正转（升）；接触器 KM2 的主触点闭合时为反转（降）；热继电器 FR1 的热元件串联在电机 M1 上，对其进行过载保护。KM3 的主触点闭合时，电机定子绕组为正转（前移）；接触器 KM4 的主触点闭合时为反转（后移）。热继电器 FR2 的热元件串联在电机 M2 上，对其进行过载保护。熔断器 FU1 用于整个电路的短路保护。

YB 为制动机构，当 KM1 或 KM2 得电时，YB 得电吸合，松开制动，吊钩可以升降；当 KM1 和 KM2 失电时，YB 失电，靠弹簧力将吊钩制动，吊钩不可以升降。

8.2.2.2　控制线路

电动葫芦控制电路如图 8-2-4 所示。

SB1、SB2、SB3、SB4 均为点动控制按钮，SQ1 为提升限位行程开关，SQ2、SQ3 为小车前后移动极限行程开关。合上开关 QS，按下吊钩上升按钮 SB1，接触器 KM1 的电磁线圈通电，主触点闭合使电机 M1 正转上升；常闭辅助触点断开联锁，HL2 指示灯灭，常开辅助触点闭合，HL1 指示灯亮。在 KM1 常开辅助触点闭合后，按下吊钩下降按钮 SB2，接触器 KM2 的电磁线圈通电，主触点闭合，电机 M1 反向转动下降；常闭辅助触点断开联锁，HL1 指示灯灭，常开触点闭合，HL2 指示灯亮。按下前移控制按钮 SB3，接触器 KM3 的电磁线圈通电，主触点闭合使电机 M2 正向转动机构前移；常闭辅助触点断开联锁，HL4 指示灯灭，常开辅助触点闭合，HL3 指示灯亮。按下后移控制按钮 SB4，接触器 KM4 的电磁线圈通电，主触

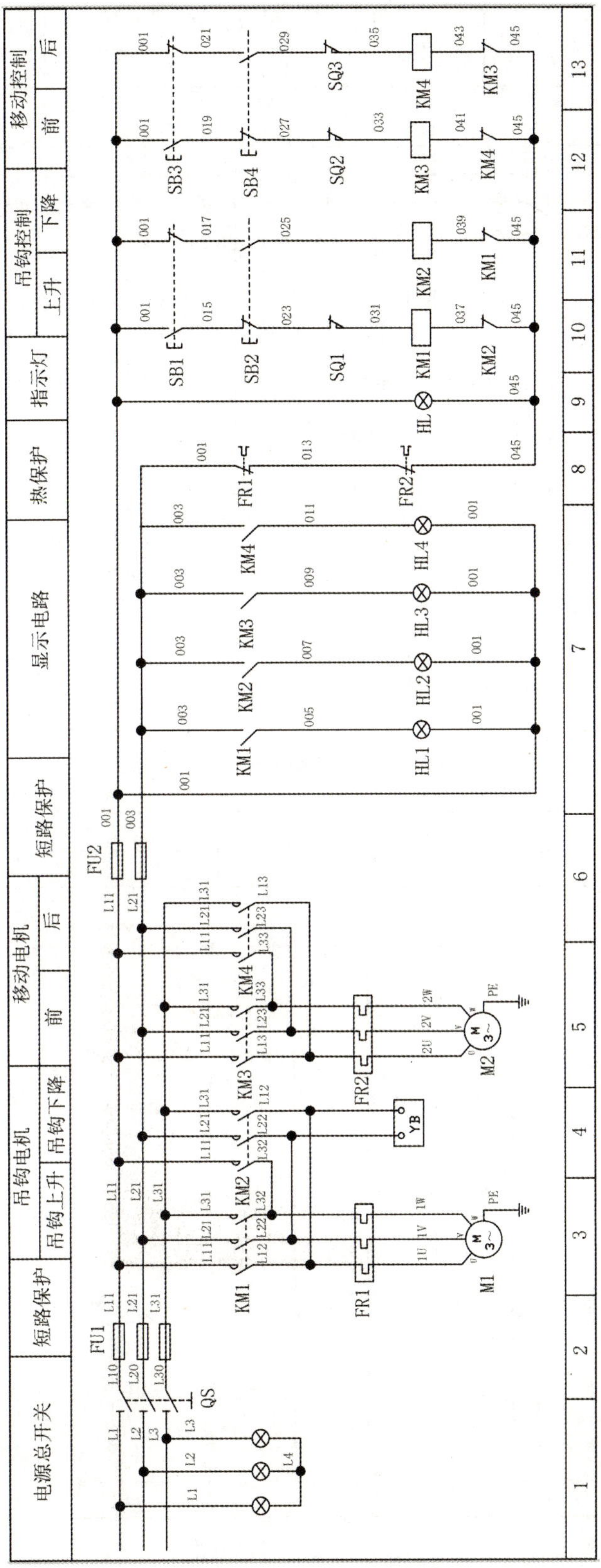

图 8-2-2　电动葫芦电气控制原理图

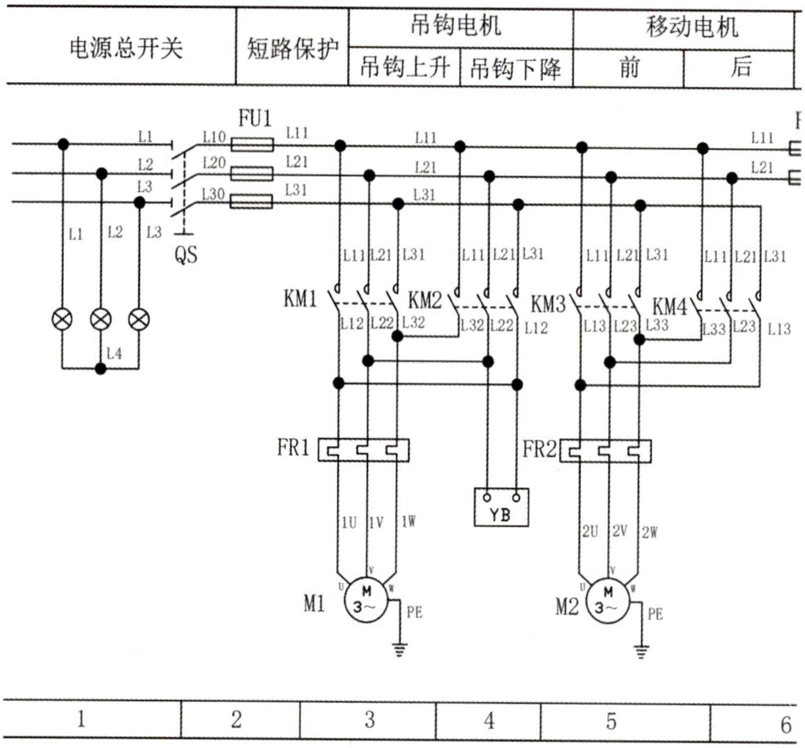

图 8-2-3　电动葫芦主电路

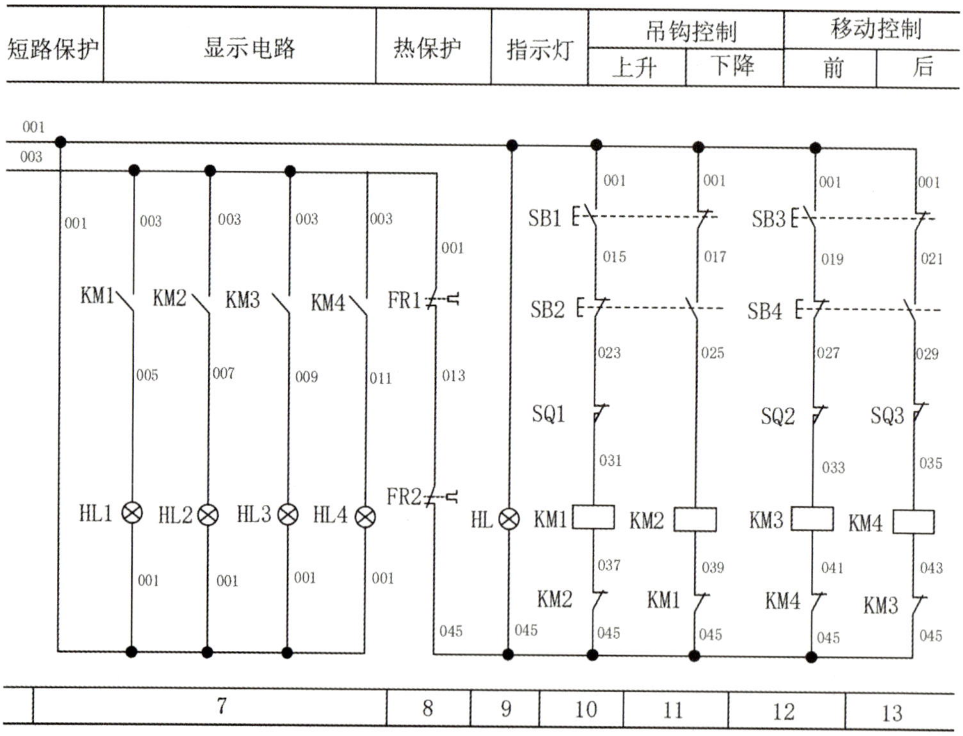

图 8-2-4　电动葫芦控制电路

点闭合，电机 M2 反向转动机构后移；常闭辅助触点断开联锁，HL3 指示灯灭，常开辅助触点闭合，HL4 指示灯亮。因吊钩控制及移动控制均为点动控制，故松开任意控制按钮，相应的接触器 KM1、KM2、KM3、KM4 的电磁线圈断电，主触点断开，电机停止转动；若两台电机中有一台或两台电机过载，热继电器 FR1 或 FR2 的常闭触点断开，两台电机均停止转动。行程开关 SQ1、SQ2、SQ3 起保护作用，防止电机转动时超出行程范围。

8.2.2.3　制动控制

1. YB 制动机构（电磁抱闸制动器）

在电动葫芦控制线路中，YB 制动机构（电磁抱闸制动器）是保障起重安全的核心部件，其结构示意图如图 8-2-5 所示。

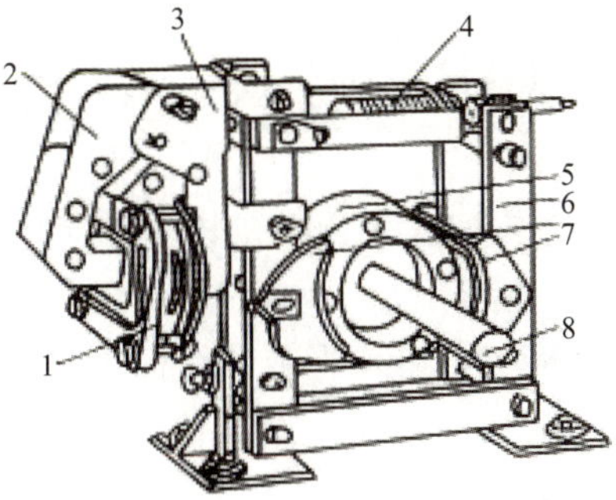

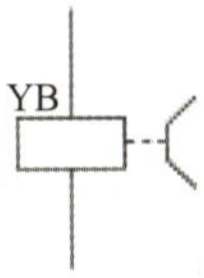

电动葫芦的读图过程

1—线圈；2—衔铁；3—铁心；4—弹簧；5—闸轮；6—杠杆；7—闸瓦；8—轴

图 8-2-5　电磁抱闸制动器结构示意图如

其工作原理基于“通电释放、断电制动”的机电联动逻辑，具体分为以下四个阶段。

（1）初始状态。

断电制动（安全默认）。

机械状态：弹簧施加轴向力，推动闸瓦抱紧电机转轴上的闸轮，电机转子被机械锁死，吊钩静止。

电气状态：YB 线圈未通电，衔铁（动铁心）在弹簧力作用下与静铁心分离，制动杠杆保持下压状态。

安全意义：断电时自动制动，防止重物因重力下滑（如突遇停电或控制回路故障时，避免事故）。

（2）启动运行。

通电释放制动。

控制指令输入：按下上升/下降按钮（SB1/SB2），接触器 KM1/KM2 线圈通电吸合。

YB 线圈联动：KM1/KM2 主触点闭合，电机通电的同时，YB 线圈（与 KM1/KM2 主触点并联或串联）获电，产生电磁吸力。

机械解锁：电磁吸力克服弹簧力，拉动衔铁带动制动杠杆上移，闸瓦与闸轮分离（间隙约 1~2 mm），电机自由旋转，驱动吊钩动作。

典型电路：YB 线圈通常与电机电源同步（如并联于主电路），确保电机运转时制动始终释放。

（3）停止制动。

断电复位锁死。

控制指令切断：松开上升/下降按钮（SB1/SB2）或限位开关 SQ1 触发，KM1/KM2 线圈失电，主触点断开。

YB 线圈失电：电磁吸力消失，弹簧复位，闸瓦在 0.1~0.3 秒内快速抱紧闸轮。

制动效果：电机转子因摩擦阻力瞬间停转，吊钩精准定位，下滑量≤2 cm（符合 JB/T 9008《钢丝绳电动葫芦》要求）。

延时问题优化：部分电路将 YB 线圈改由 KM 辅助常开触点单独供电（而非直接并联电机），避免电机惯性发电导致的 YB 延时释放。

（4）故障保护。

失电即制动的安全逻辑。

突停保护：若主电路断电（如熔断器熔断、线路故障），YB 线圈同步失电，闸瓦立即抱死，防止"溜钩"。

与限位联动：当吊钩触达上限（SQ1 动作），KM1/KM2 失电→YB 制动，电机停转，避免冲顶。

安全冗余：部分高端电动葫芦配备双制动系统（如 YB+棘轮棘爪安全制动器），YB 作为工作制动，棘轮在超速（1.5 倍额定速度）时触发，形成二级保护。

2. 制动控制关键电路细节

YB 线圈电压：常见 AC 380V（与电机同电源）或 DC 24V（需单独整流电源），电压匹配是检修重点。

触点逻辑：YB 线圈需与电机电源严格同步，避免"电机转、制动未松"（堵转烧电机）或"电机停、制动未锁"（溜钩风险）。

特别提示：

YB 机构通过"电能→磁能→机械能"的转换，实现"动则松、停则紧"的安全逻辑，是电动葫芦"零溜钩"的关键。其失效（如线圈烧毁、弹簧疲劳）会直接导致坠落事故，因此检修时需重点测试：① YB 线圈阻值（正常几十至几百欧姆）；②制动时闸瓦贴合度；③断电后 0.5 秒内的制动响应。

8.2.3 电动葫芦常见电气故障及检修

8.2.3.1 故障分析

如电动葫芦不能正常工作，则应对电路进行分析，排除故障具体方法可参考项目 8 任务 8.1 所介绍的常见电气控制系统故障诊断一般方法并结合电动葫芦电气控制系统工作原理进行。电动葫芦常见故障及相应排除方法见表 8-2-1。

表 8-2-1　电动葫芦常见故障及排除方法

故障现象	故障原因分析	故障排除与检修
电动葫芦提升物体操作正常，但不能将物体放下	SB1 损坏	按下按钮 SB2 后，接触器 KM2 得电动作，但提升电机 M1 不转，说明故障点为接触器 KM2 的主触点接触不良；如果按下 SB2，KM2 不动作，则故障应为在 SB1 常闭触点 KM2 线圈之间的通路中有断点（11 区 001、017），此时，逐个检查其中的元件，便可找出故障
	KM2 的主触点接触不良	从电动葫芦的控制线路中可以看出，提起物体操作正常，说明提升电机 M1 和电磁制动器 YB 的主电路工作正常。从主电路中可以看出，接触器 KM2 的主触点如果能正常闭合，则此故障便被排除，而 KM2 的得电通路为：L11 →电源开关 QS →熔断器 FU1 → FU2 → SB1 →常闭触点 SB2 常开触点（已闭合）→ KM1 常闭触点→ KM2 线圈→熔断器 FU2 → FU1 → L21，如果按下按钮 SB2 后，接触器 KM2 得电动作，但提升电机 M1 不转，说明故障点为接触器 KM2 的主触点接触不良（4 区 L11、L21、L31-L33、L23、L13）
电动葫芦基本动作正常，但向前移动到终端位置不能自动停车	行程开关 SQ2 损坏	电动葫芦为提高工作的安全性，设置了三个运动方向的终端保护，当电动葫芦移动到终端位置时，不论是否松开按钮，都将自动停车，前移终端保护是由行程开关 SQ2（12 区 027、033）实现的。当电动葫芦向前移动未到达终端位置时，SQ2 未被压下，它的常闭触点仍处在闭合状态，不影响电动葫芦向前移动；当电动葫芦向前移动到终端位置时，压下行程开关 SQ2，其常闭触点断开，此时，不管按钮 SB2 是否被按下，接触器 KM3 都将失电，实现自动停车，限位保护。所以该故障应是行程开关 SQ2 损坏，被压下时不能正常断开控制线路造成的

8.2.3.2　检修实例

故障现象：某工厂电动葫芦在提升重物时运行正常，但按下下降按钮 SB2 后无法下放重物，且接触器无吸合声响。

1. 故障分析

电路原理分析：根据图 8-2-4 控制电路，提升正常说明主电路 M1 电机及 YB 制动器供电正常。下降失效可能涉及 SB2 按钮（11 区 17、25）、KM2 接触器线圈（11 区 39、45）或其控制通路。

控制线路通路：L1 → QS → L10 → FU1 → L11 → FU2 → SB1 常闭触点→ SB2 常开触点→ KM2 线圈→ KM1 常闭触点→ FR2 常闭触点→ FR1 常闭触点→ FU1 → FU2 → L20 → L2。该路径任一环节断路均会导致 KM2 无法得电。

故障范围锁定：因提升功能正常，可排除 KM1 主触点、M1 电机及 YB 制动器故障，重点排查控制线路。

2. 检修步骤

断电检测（使用 MF47 型万用表）：测量 SB2 按钮：按下 SB2 时，常开触点电阻值为 ∞（正常应为 0Ω），确认按钮内部氧化断路。

检测 KM2 线圈：用万用表 Ω×1 k 挡测得线圈阻值约 800 Ω（正常范围），排除线圈烧毁故障。

检查联锁触点：手动触发 KM1 接触器，其常闭触点接触良好（电阻 0Ω）。

故障复现验证：短接 SB2 按钮两端端子，KM2 接触器立即吸合，制动器 YB 动作，电机

M1 反转正常,验证按钮故障。

3. 元件更换与功能测试

更换同规格 LAY3 系列按钮,恢复电路连接。

通电测试:按下 SB2,KM2 吸合→ YB 释放制动→ M1 反转,重物平稳下放。

4. 联锁保护验证

同时按下 SB1 和 SB2,接触器 KM1、KM2 互锁功能正常(仅允许单接触器吸合)。

模拟终端保护:手动触发 SQ1 限位开关,KM1 立即失电,制动器抱死。

5. 故障原因

SB2 按钮长期使用导致触点氧化,接触电阻增大至断路。该故障属于典型的“断路故障”。

6. 检修总结

排故逻辑:遵循“先主后控、先易后难”原则,优先检测操作频繁的按钮类元件。

理论应用:通过控制线路原理分析,快速锁定故障范围,体现了本任务“掌握电气原理图识读”的技能目标。

安全规范:检修全程断电操作,符合任务实施注意事项要求。

预防措施:建议定期对控制按钮进行触点清洁保养,避免因氧化导致类似故障。

8.2.3.3 任务实施

1. 所需的工具、材料

本任务所需实训设备及工具材料清单见表 8-2-2。

表 8-2-2 技能训练所需器材

序号	名称	型号规格	数量	备注
1	模块	电动葫芦电气线路故障考核模块	1	
2	仪表	万用表	1	
3	工具	测电笔、尖嘴钳、螺钉旋具等		
4	电工材料	连接线、绝缘胶带等		

2. 故障分析

根据老师设置的故障进行排故并按照表 8-2-3 的要求记录排故过程。

表 8-2-3 电动葫芦电气线路故障检测与排除

工作任务	电动葫芦电气线路故障检测与排除		
	故障一	故障二	故障三
故障现象			
故障范围判定			
排故步骤			

续表

工作任务	电动葫芦电气线路故障检测与排除		
	故障一	故障二	故障三
实际故障点			
工作条件	观察故障现象，排除故障后试机通电；检测及排故过程停电		
维修要求			

3. 注意事项

（1）电路检查经指导老师确认后，通电进行模拟操作。

（2）按下按钮 SB1，观察电动葫芦的工作情况，然后再按下 SB2，观察电动葫芦运转情况的变化。

（3）操作按钮 SB3 和 SB4，观察电动葫芦的工作情况。

（4）按下按钮 SB1 后不松开手，观察电动葫芦的工作情况。

（5）通电操作中，发现有异常现象，立即断电检查，并分析故障原因。

（6）严格遵守电工操作安全规程。

（7）不得擅自改变原线路接线，不得更改电路和元件位置。

（8）完成检修后，能恢复该电动葫芦控制系统各项功能。

思考与练习

一、填空题

1. 电动葫芦由两台电机分别拖动________和________机构。
2. 电动葫芦的制动装置通常安装在________或________上，用于防止重物坠落。
3. 电动葫芦主电路中的熔断器 FU 用于整个电路的________保护。

二、选择题

1. 电动葫芦中，用于提起和放下重物的电机是（　　）。

A. M1　　B. M2　　C. 两者都可以

2. 以下（　　）不属于电动葫芦的运行部分。

A. 行走电机　　B. 卷筒　　C. 走轮

3. 当电动葫芦提升物体上升到极限位置时，会触发（　　）限位行程开关。

A. SQ2　　B. SQ1　　C. SQ3

三、判断题

1. 电动葫芦只能采用交流电机作为动力源。（　　）

2. 按下按钮 SB1,电动葫芦的提升电机 M1 会反转提起重物。 ( )
3. 电动葫芦的控制按钮 SB1、SB4 均为点动控制按钮。 ( )

四、简答题

1. 简述电动葫芦的基本结构组成。

2. 说明电动葫芦控制线路中机械电气联锁的作用及实现方式。

任务 8.3 Z3050 钻床电气系统的识读和检修

任务描述

钻床是一种用途广泛的万能机床。钻床的结构形式很多,有立式钻床、卧式钻床、深孔钻床及多轴钻床等。摇臂钻床是一种立式钻床,在钻床中具有一定的代表性,主要用于对大型零件进行钻孔、扩孔、铰孔和攻螺纹等,适用于成批或单件生产的机械加工车间。

本任务要求识读 Z3050 型摇臂钻床的电气原理图,能运用万用表检测并排除 Z3050 型摇臂钻床电气控制线路的常见故障。

任务目标

知识目标

- 了解 Z3050 型摇臂钻床主要结构、运动形式、工作状态及操作方法。
- 能识读 Z3050 电气原理图,区分主电路与控制线路。
- 理解 Z3050 摇臂钻床核心控制逻辑:摇臂升降的“松开→升降→夹紧”时序控制。
- 理解多重保护:摇臂升降的上/下限位(SQ1/SQ4)、立柱夹紧的行程开关 SQ3/SQ5 反馈、紧急停止按钮 SB5 的急停功能。
- 熟练掌握 Z3050 型摇臂钻床控制线路常见电气故障的检修方法。

技能目标

- 能识读 Z3050 型摇臂钻床的电气原理图，熟悉钻床电气元件的分布位置和走线情况。
- 能根据故障现象分析 Z3050 型摇臂钻床常见电气故障的原因，并能确定故障范围。
- 能按照正确的检测步骤用万用表检查并排除 Z3050 型摇臂钻床的常见电气故障。
- 能熟练使用常用电工工具和仪器仪表，如万用表、兆欧表等，对电气元件和电路进行检测与测量。
- 具备在检修过程中正确记录数据、撰写检修报告以及总结经验教训的能力，以便后续参考与学习。

知识准备

8.3.1　Z3050 钻床简介

Z3050 型摇臂钻床是工业生产中常用的孔加工机床，可进行多种孔加工操作。

8.3.1.1　Z3050 型摇臂钻床的结构（图 8-3-1）

Z3050 型摇臂钻床由底座、内外立柱、摇臂、主轴箱和工作台等部件组成。内立柱固定在底座一端，外立柱套在内立柱上，能绕内立柱回转 360°。摇臂一端的套筒套在外立柱上，通过升降丝杠的正反向旋转，摇臂可沿外立柱上下移动，且只能与外立柱一起绕内立柱回转。主轴箱安装在摇臂的水平导轨上，包含主轴电机、主轴、传动机构、进给和变速机构以及操作机构等，通过手轮操作可使主轴箱沿摇臂水平导轨作径向运动，方便调整主轴位置，以适应不同加工需求。

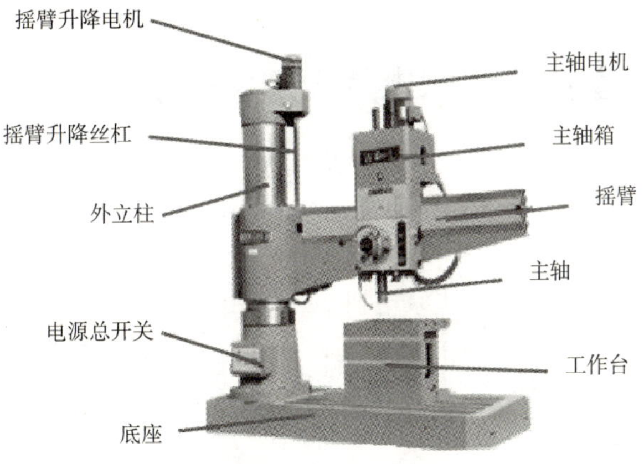

图 8-3-1　Z3050 型摇臂钻床结构示意图

8.3.1.2 Z3050 型摇臂钻床的运动情况

摇臂钻床的主要运动形式有主运动(主轴旋转)、进给运动(主轴纵向移动)及辅助运动(摇臂沿外立柱的垂直移动,主轴箱沿摇臂径向移动,摇臂与外立柱一起相对于内立柱的回转运动)。钻削加工时,主轴旋转为主运动,主轴纵向运动为进给运动,此时主轴箱夹紧在摇臂水平导轨上,摇臂与外立柱夹紧在内立柱上。辅助运动中,主轴箱沿摇臂的径向运动和摇臂的回转运动为手动调整。

8.3.2 Z3050 钻床电气控制系统工作原理

8.3.2.1 Z3050 型摇臂钻床加工时对电气控制的要求

Z3050 型摇臂钻床运动部件较多,采用多电机拖动,由 4 台电机驱动,分别为主轴电机 M1、摇臂升降电机 M2、液压泵电机 M3 和冷却泵电机 M4。4 台电机容量较小,均采用直接启动方式。主轴正反转通过机械手柄操作实现,主轴电机 M1 为单向旋转。

8.3.2.2 各电机的控制

主轴电机 M1 负责主轴的旋转和进给运动,由接触器 KM1 控制单向旋转,其正反转控制、变速和变速系统的润滑通过操纵机构与液压系统实现,热继电器 FR1 作过载保护。摇臂的升降由接触器 KM2、KM3 控制 M2 实现,摇臂的松开与夹紧通过夹紧机构液压系统完成,电气与液压配合实现摇臂升降与放松、夹紧的自动循环,摇臂升降设有限位保护。液压泵电机 M3 由接触器 KM4、KM5 控制,热继电器 FR2 作过载保护,其作用是供给夹紧装置压力油,实现摇臂和立柱的夹紧和松开。冷却泵电机 M4 功率较小,由开关直接控制启动和停止。

8.3.2.3 Z3050 型摇臂钻床电气原理图的识读

1. 主电路的识读

主电路如图 8-3-2 所示, M1 由接触器 KM1 控制单向旋转,主轴正反转由机械手柄操作,热继电器 FR1 作长期过载保护。M2 由正、反转接触器 KM2、KM3 控制实现正反转,控制线路保证摇臂升降时,先启动液压泵电机 M3 松开摇臂,再启动 M2,到位后 M2 先停,再夹紧摇臂,最后 M3 停止,M2 为短时工作,不设长期过载保护。M3 由接触器 KM4、KM5 控制正反转,热继电器 FR2 作长期过载保护。M4 由开关直接控制。

2. 控制线路的识读

控制线路中,开车前需闭合 SQ4、SQ5,模拟立柱下部及摇臂后部的电门盖关好(否则,中间继电器 KA1 或 KA2 吸合,串接在控制电路电源变压器 TC 原边的 KA1 或 KA2 的常闭触点断开,控制回路断电),合上电源开关 QF1,电源指示灯 HL1 亮,表示电气线路带电。主轴电机 M1 的控制:按启动按钮 SB3,接触器 KM1 吸合并自锁, M1 启动;按停止按钮 SB2,

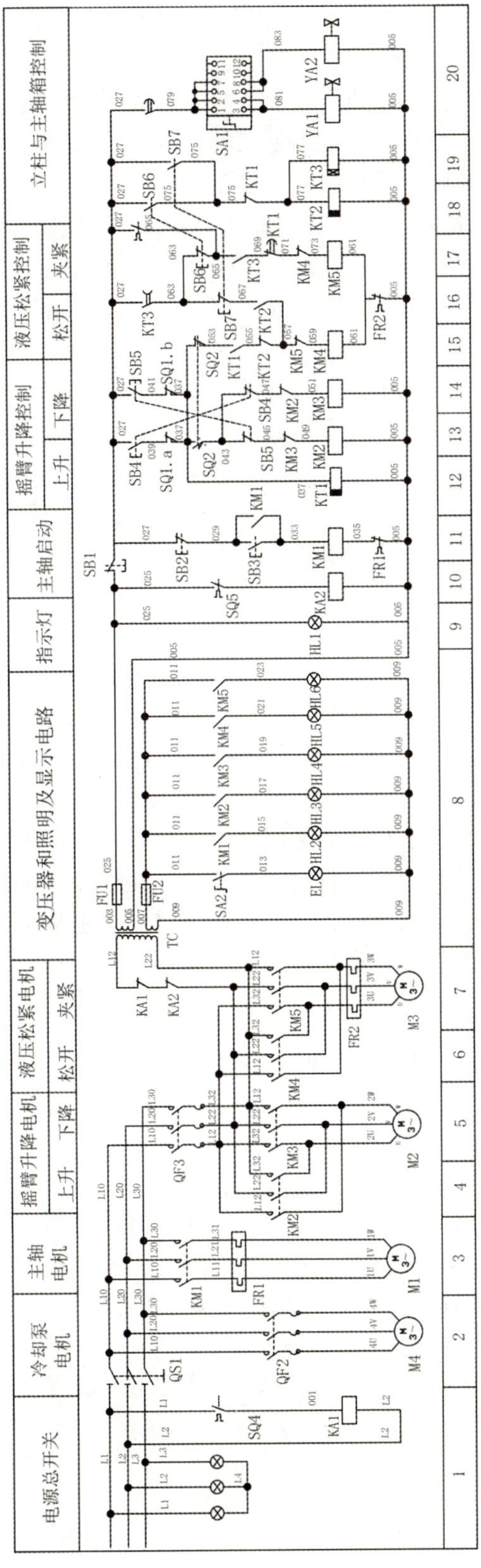

图 8-3-2　Z3050 型摇臂钻床的电气原理图

KM1 释放，M1 停止。摇臂升降控制:以摇臂上升为例,按上升按钮 SB4,时间继电器 KT1 通电吸合,其瞬时闭合的动合触点(15 区)闭合,使接触器 KM4 线圈通电,液压油泵电机 M3 启动正向旋转,压力油进入摇臂松开油腔,推动活塞和菱形块松开摇臂。同时,活塞杆通过弹簧片使位置开关 SQ2 动作,其动断触点断开(16 区),切断 KM4 线圈电路,M3 停止;动合触点闭合(13 区),使 KM2 线圈通电，M2 启动正向旋转,带动摇臂上升。若摇臂未松开，SQ2 常开触点不闭合，KM2 不能吸合,摇臂不能上升。当摇臂上升到所需位置,松开按钮 SB4，KM2 和 KT1 同时断电释放，M2 停止,摇臂停止上升。经过 1~3 秒延时，KT1 延时闭合的常闭触点闭合(17 区),使接触器 KM5 吸合，M3 反向旋转,压力油进入摇臂夹紧油腔,摇臂夹紧。同时,活塞杆通过弹簧片使位置开关 SQ3 的动断触点断开(18 区)，KM5 断电释放，M3 停止,完成摇臂的松开上升、夹紧动作;摇臂下降控制类似,按下降按钮 SB5,时间继电器 KT1 通电吸合,KM4 线圈通电,M3 启动正向旋转松开摇臂,接着 SQ2 动作,KM4 断电,KM3 线圈通电,M2 反向运行带动摇臂下降。到达位置后,松开 SB5，KM3 和 KT1 断电，M2 停止,延时后 KM5 吸合，M3 反向旋转夹紧摇臂，SQ3 动作使 KM5 断电，M3 停止。位置开关 SQ1.a 和 SQ1.b 用于限制摇臂的升降超程,当摇臂上升或下降到极限位置时,相应的 SQ1.a 或 SQ1.b 动作,切断对应接触器的电源,使 M2 停止,摇臂停止移动。立柱和主轴箱的夹紧与松开,由转换开关 SA1 和按钮 SB6(松开控制按钮)、SB7(夹紧控制按钮)进行控制。

SA1 有三个位置,扳到中间位置时,立柱和主轴箱同时夹紧或松开;扳到左边位置时,控制立柱夹紧或松开;扳到右边位置时,控制主轴箱夹紧或松开。以立柱和主轴箱同时松开为例,将 SA1 扳到中间位置,按下 SB6,时间继电器 KT2、KT3 同时得电,KT2 的延时断开的常开触点闭合,电磁铁 YA1、YA2 得电吸合，KT3 的延时闭合的常开触点经 1~3 秒后闭合,随后 KM4 闭合，M3 正转,压力油进入立柱和主轴箱松开油腔,使其同时松开。夹紧过程则是将 SB6 换成 SB7,KM4 换成 KM5,M3 由正转变成反转。单独控制主轴箱或立柱时,将 SA1 扳到相应位置,操作 SB6 或 SB7 即可。

8.3.3 Z3050 钻床常见电气故障及检修

8.3.3.1 Z3050 钻床常见故障

Z3050 型摇臂钻床电气控制线路比较简单,其电气控制的特殊环节是摇臂的运动。摇臂在上升或下降时,摇臂的夹紧机构先自动松开,在上升或下降到预定位置后,其夹紧机构又要将摇臂自动夹紧在立柱上。这个工作过程是由电气、机械和液压系统的紧密配合实现的。所以,在维修和调试时,不仅要熟悉摇臂运动的电气过程,而且更要注重掌握机、电、液配合的调整方法和步骤。Z3050 型摇臂钻床常见故障及相应排除方法见表 8-3-1。

表 8-3-1　Z3050 型摇臂钻床常见故障及排除方法

<table>
<tr><th>故障现象</th><th>故障原因分析</th><th>故障排除与检修</th></tr>
<tr><td rowspan="5">按下主轴启动按钮 SB3，主电机 M1 无反应，指示灯不亮</td><td>电源总开关 QF1 未合闸或触点损坏</td><td rowspan="5">①带电测量 KM1 线圈两端电压（正常应为控制线路电压，如 AC 110 V）。若有电压，检查 KM1 线圈电阻；若无电压，依次检测 SB1、SB2、SB3、FR1 常闭触点是否导通
②断电测 QF1 触点、FU1/FU2 熔体、FR1 常闭触点、KM1 线圈阻值，判断元件通断</td></tr>
<tr><td>熔断器 FU1/FU2 熔断</td></tr>
<tr><td>热继电器 FR1 过载保护动作（常闭触点断开）</td></tr>
<tr><td>接触器 KM1 线圈断路或触点损坏</td></tr>
<tr><td>控制按钮 SB2（停止）、SB3（启动）触点接触不良</td></tr>
<tr><td rowspan="4">按下摇臂上升按钮 SB4，摇臂升降电机 M2 不动作</td><td>上升限位开关 SQ1 动作后未复位（常闭触点断开）</td><td rowspan="4">①摇臂升降需先松开（SQ2 触发）。手动压合 SQ2，若 M3 仍不转，检查 KM2 控制回路
②按下 SB4，测 KM2 线圈电压。若有电压，更换 KM2 线圈；若无电压，检查 SB4、SQ1 常闭触点、KT1 时间继电器触点是否导通
③手动复位 SQ1，短接 SQ1.a 常闭触点，测试摇臂上升是否恢复，判断限位开关是否损坏</td></tr>
<tr><td>接触器 KM2 线圈故障或触点未吸合</td></tr>
<tr><td>按钮 SB4 触点接触不良</td></tr>
<tr><td>液压松开限位开关 SQ2 未触发（摇臂未松开到位）</td></tr>
<tr><td rowspan="4">摇臂升降到位后，液压夹紧电机 M3 不动作，摇臂未夹紧</td><td>夹紧限位开关 SQ3 未压合（触点未导通）</td><td rowspan="4">①摇臂升降到位后，测 KT3 线圈电压。若得电，检查 KT3 延时闭合触点；若失电，检查 SQ3 是否压合到位（测 SQ3 触点通断）
②手动强制吸合 KM4，观察 M3 是否运转。若运转，修复 KM4 控制回路；若不转，检查 KM4 线圈及 M3 绕组
③结合液压系统检查，确认 SQ3 机械撞块位置是否偏移，确保摇臂夹紧时 SQ3 可靠触发</td></tr>
<tr><td>时间继电器 KT3 故障（线圈不吸合或延时触点异常）</td></tr>
<tr><td>接触器 KM4（夹紧）线圈损坏或触点故障</td></tr>
<tr><td>液压系统油路堵塞（机械故障）</td></tr>
<tr><td rowspan="4">按下立柱松开/夹紧按钮 SB6/SB7，立柱无动作</td><td>按钮 SB6/SB7 触点损坏</td><td rowspan="4">①用万用表电阻挡测 SB6/SB7 按下时触点通断
②按下 SB6，测 KM5 线圈电压。若有电压，更换 KM5 线圈；若无电压，检查 SQ4 常闭触点、KT2 时间继电器触点是否导通
③测 YV1/YV2 线圈阻值，若阻值无穷大，更换线圈，同时检查控制回路熔断器 FU2 是否熔断</td></tr>
<tr><td>接触器 KM5（松开）或 KM4（夹紧）故障</td></tr>
<tr><td>限位开关 SQ4（松开到位）或 SQ5（夹紧到位）反馈异常</td></tr>
<tr><td>电磁离合器 YV1/YV2 线圈断路</td></tr>
<tr><td rowspan="3">合上冷却泵断路器 QF2，M4 无反应</td><td>断路器 QF2 跳闸或触点损坏</td><td rowspan="3">①测 QF2 输出端电压，确认供电是否正常
②断电测 M4 绕组阻值，三相阻值应平衡，若某相无穷大，说明绕组断路
③用电阻挡测 QF2 触点通断，损坏则更换</td></tr>
<tr><td>冷却泵电机 M4 绕组短路或断路</td></tr>
<tr><td>QF2 触点接触不良</td></tr>
</table>

8.3.3.2　检修实例

在 Z3050 摇臂钻床的使用过程中，出现了摇臂无法下降的故障。这一故障影响了钻床的正常加工操作，需要及时进行检修。

（1）故障现象：操作人员按下摇臂下降按钮 SB5 后，摇臂没有任何下降动作，且无异常声响。

（2）故障范围分析：依据 Z3050 钻床的电气控制原理，初步判断故障可能出现在控制摇臂下降的电气回路、液压系统，或者是机械传动部分。具体涉及时间继电器 KT1、接触器 KM3 和 KM4、摇臂升降电机 M2、液压泵电机 M3 以及相关的限位开关、油路等。

（3）故障排查与修复：首先，检查限位开关 SQ2，发现其常开触点未闭合（13 区 037、043）。进一步查看发现，活塞杆因液压系统压力不足未能压上 SQ2。接着检查液压系统，发现液压泵电机 M3 虽有运转声音，但出油压力异常低。对液压泵进行拆解检查，发现泵内有异物堵塞，导致压力无法正常输出。清理异物并重新组装液压泵后，再次启动钻床。此时按下摇臂下降按钮 SB5，液压泵电机 M3 正常运转，压力油顺利推动活塞松开摇臂，SQ2 常开触点闭合，接触器 KM3 得电，摇臂升降电机 M2 启动，摇臂开始下降。然而，当摇臂下降到预定位置后，却无法夹紧。经检查，是限位开关 SQ3（17 区 027、065）安装位置不准确，导致摇臂夹紧动作未触发。重新调整 SQ3 位置后，摇臂下降及夹紧功能恢复正常，故障排除。

（4）总结与启示：这次故障的排除过程较为复杂，涉及多个系统的协同检查。它提醒我们在设备维护中，要全面了解电气、液压和机械系统的工作原理，按照合理的顺序进行故障排查。同时，定期对设备进行维护保养，及时清理液压系统中的杂质，确保各部件正常运行，能够有效减少故障的发生。

学有所悟：

随着科技的迅猛发展，Z3050 摇臂钻床持续推进创新升级进程。一方面，先进的液压技术被引入，其液压预选变速机构显著提升了变速的便利性与精准度，优化了加工流程，在提高生产效率的同时确保了加工的高精度。另一方面，智能化的自动化控制系统成为其一大亮点，该系统凭借传感器与智能算法，能精准把控钻床的运行动态，自动调节各项参数，减少人工操作的烦琐程度，降低了对操作人员技能水平的依赖，并且能及时察觉故障隐患，有效保障了生产的连续性与稳定性，提高了加工效率与精度，使 Z3050 摇臂钻床在现代制造业中始终保持着较强的适应力与竞争力，不断书写着技术革新的篇章。在未来工作里我们也应当勇于尝试新技术，为我国制造业向高端、智能、绿色发展贡献力量。

8.3.3.3 任务实施

1. 所需的工具、材料

本任务所需实训设备及工具材料清单见表 8-3-2。

表 8-3-2 技能训练所需器材

序号	名称	型号规格	数量	备注
1	模块	Z3050 型摇臂钻床电气线路故障考核模块	1	
2	仪表	万用表	1	
3	工具	测电笔、尖嘴钳、螺钉旋具等		
4	电工材料	连接线、绝缘胶带等		

2. 故障分析

根据老师设置的故障进行排故并按照表 8-3-3 的要求记录排故过程。

表 8-3-3　Z3050 型摇臂钻床电气线路故障检测与排除

工作任务	Z3050 型摇臂钻床电气线路故障检测与排除		
	故障一	故障二	故障三
故障现象			
故障范围判定			
排故步骤			
实际故障点			
工作条件	观察故障现象，排除故障后试机通电；检测及排故过程停电		
维修要求			

3. 注意事项

（1）电路检查完成后，需经指导老师确认，方可通电进行模拟操作。

（2）在通电操作过程中，一旦发现异常现象，应立即断电检查，并仔细分析故障原因。

（3）严格遵守电工操作安全规程，确保操作过程中的人身安全和设备安全。

（4）不得擅自改变原线路接线，不得随意更改电路和元件位置，以免造成新的故障或安全隐患。

（5）完成检修后，要确保该控制系统各项功能均恢复正常，满足钻床的正常工作需求。

思考与练习

一、填空题

1. Z3050 型摇臂钻床的主轴箱安装在摇臂的__________上，通过手轮操作可使其沿该部件作径向运动。

2. 在 Z3050 型摇臂钻床控制线路里，摇臂上升时，按下上升按钮 SB4，__________线圈得电，其部分触点闭合，使接触器 KM4 线圈通电。

3. Z3050 型摇臂钻床的冷却泵电机 M4 由__________直接控制启动和停止。

二、选择题

1. Z3050 型摇臂钻床中，以下（　　）是短时工作，不用设长期过载保护。

A. 主轴电机 M1　　B. 摇臂升降电机 M2

C. 液压泵电机 M3　　D. 冷却泵电机 M4

2. Z3050 型摇臂钻床的主运动与进给运动由（　　）电机拖动。

A. M1　　B. M2　　C. M3　　D. M4

3. 控制 Z3050 型摇臂钻床摇臂升降的接触器是（　　）。

A. KM1、KM2　　B. KM2、KM3　　C. KM4、KM5　　D. KM1、KM4

三、判断题

1. Z3050 型摇臂钻床的主轴电机 M1 能直接实现正反转。 (　　)
2. 摇臂钻床的辅助运动全部是自动控制的。 (　　)
3. 电机 M4 容量较小，所以它不需要任何保护装置。 (　　)

四、简答题

1. 简述 Z3050 型摇臂钻床摇臂上升的工作过程。

2. Z3050 型摇臂钻床电气控制有哪些特殊环节？维修调试时要注意什么？

任务 8.4　X62W 铣床电气系统的识读和检修

任务描述

X62W 万能铣床是一种多用途的通用机床，可用来加工平面、斜面和沟槽等，装上分度头后还可以铣切直齿齿轮和螺旋面，装上圆工作台还可以铣切凸轮和弧形槽。铣床的种类很多，有卧铣、立铣、龙门铣、仿形铣及各种专用铣床。

本任务聚焦 X62W 万能铣床，要求学生掌握其电气控制全流程知识与实操技能。首先剖析铣床结构、运动形式，精准把握电气系统工作机制，包含主/控电路里各电机运作逻辑。最终，面对 X62W 万能铣床常见电气故障，依据其电气控制原理排查检修，学会区分故障类型、锁定故障范围，锻炼解决实际问题的能力。

任务目标

知识目标

- 熟悉 X62W 铣床控制线路的基本组成，包括主轴电机、进给电机、冷却泵电机的控制线路结构。
- 理解铣床启动、正反转、制动、变速冲动、进给运动等工作原理，掌握继电器—接触器控制逻辑。

- 能识读 X62W 铣床电气原理图、接线图，分析各控制环节的设计意图。
- 了解 X62W 铣床控制线路常见故障类型的成因及分析方法。

技能目标

- 能根据电气原理图完成 X62W 铣床控制线路的安装接线。
- 能熟练使用电工工具，并完成线路调试。
- 能熟练使用万用表、兆欧表等仪器，检测线路通断、绝缘电阻，判断元件好坏。
- 能根据故障现象，通过逻辑分析和仪器检测，定位并排除控制线路故障。
- 遵守安全操作规程，完成线路检修与维护。

知识准备

8.4.1　X62W 铣床简介

8.4.1.1　X62W 万能铣床的结构

X62W 万能铣床是卧式铣床，主要由床身、主轴、刀杆、悬梁、刀杆支架、工作台、回转盘、横溜板、升降台、底座等组成，如图 8-4-1 所示。床身固定在底座上，内装主轴传动机构和变速机构，床身顶部有水平导轨，悬梁可沿导轨水平移动；刀杆支架可在悬梁上水平移动；升降台可沿床身垂直导轨上下移动；横溜板在升降的水平导轨上可做平行于主轴轴线的横向移动；工作台可沿导轨做垂直于主轴轴线的纵向移动，还可绕垂直轴线左右旋转 45° 来加工螺旋槽。

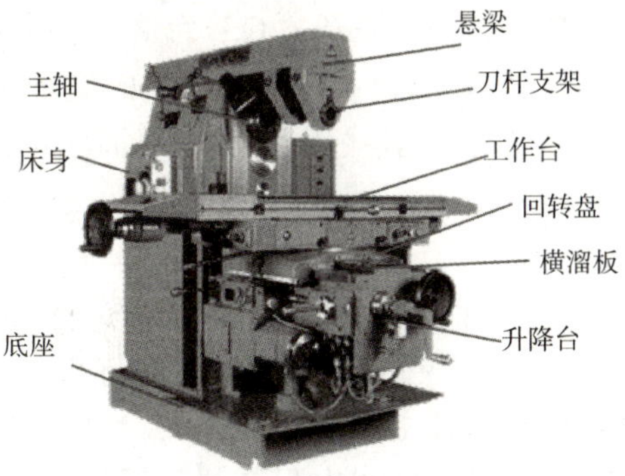

图 8-4-1　X62W 万能铣床结构示意图

8.4.2 X62W 铣床电气系统工作原理

8.4.2.1 X62W 万能铣床的运动形式

X62W 万能铣床有三种运动：主运动、进给运动和辅助运动。

1. 主运动

铣床的主运动是主轴带动铣刀的旋转运动。铣床加工一般有顺铣和逆铣两种，要求主轴能正反转，但铣刀种类选定了，铣削方向也就定了，通常主轴运动的方向不需要经常改变。

2. 进给运动

铣床的进给运动是工作台的前后（横向）、左右（纵向）和上下（垂直）六个方向的运动，或圆工作台的旋转运动。

3. 辅助运动

铣床的辅助运动指工作台在进给方向上的快速运动、旋转运动等。

8.4.2.2 X62W 型万能铣床电气控制原理

X62W 型万能铣床电气控制线路可分为主电路和控制线路两部分，其中控制线路包括主轴电机控制、进给电机控制、联锁问题，冷却照明控制等，其电路如图 8-4-2 所示。

1. 主轴电机的控制

控制线路中的启动按钮 SB1 和 SB2 作为异地控制按钮，为操作人员提供了便捷的操作方式。SB3 和 SB4 则作为停止按钮，用于控制主轴电机的停止。KM3 是主轴电机 M1 的启动接触器，KM2 是主轴反接制动接触器，SQ7 是主轴变速冲动开关，KS 是速度继电器，用于监测主轴电机的转速。

1）主轴电机的启动

在启动主轴电机之前，需要先合上电源开关 QS，为整个控制系统提供电力。然后，将主轴转换开关 SA5 扳到所需的旋转方向，以确定主轴电机的旋转方向。接下来，按下启动按钮 SB1 或 SB2，接触器 KM3 得电动作，其主触点闭合，从而使主轴电机 M1 启动，开始正常运转。

2）主轴电机的停车制动

当铣削加工完成，需要停止主轴电机 M1 时，此时电机 M1 的运转速度在 120 转/分以上，速度继电器 KS 的常开触点闭合（9 区或 10 区），为停车制动作好准备。当按下停止按钮 SB3 或 SB4 时，KM3 断电释放，其主触点断开，电机 M1 断电，开始作惯性运转。紧接着，接触器 KM2 线圈获电吸合，电机 M1 串电阻 R 进行反接制动。当电机 M1 的转速降至 120 转/分以下时，速度继电器 KS 的常开触点（9 区或 10 区）断开，接触器 KM2 断电释放，停车反接制动过程结束。

3）主轴的冲动控制

当需要主轴产生冲动时，按下冲动开关 SQ7。此时，SQ7 的常闭触点 SQ7-2（9 区）先断开，以切断相关电路；而后，常开触点 SQ7-1（8 区）闭合，使接触器 KM2 通电吸合，电机 M1

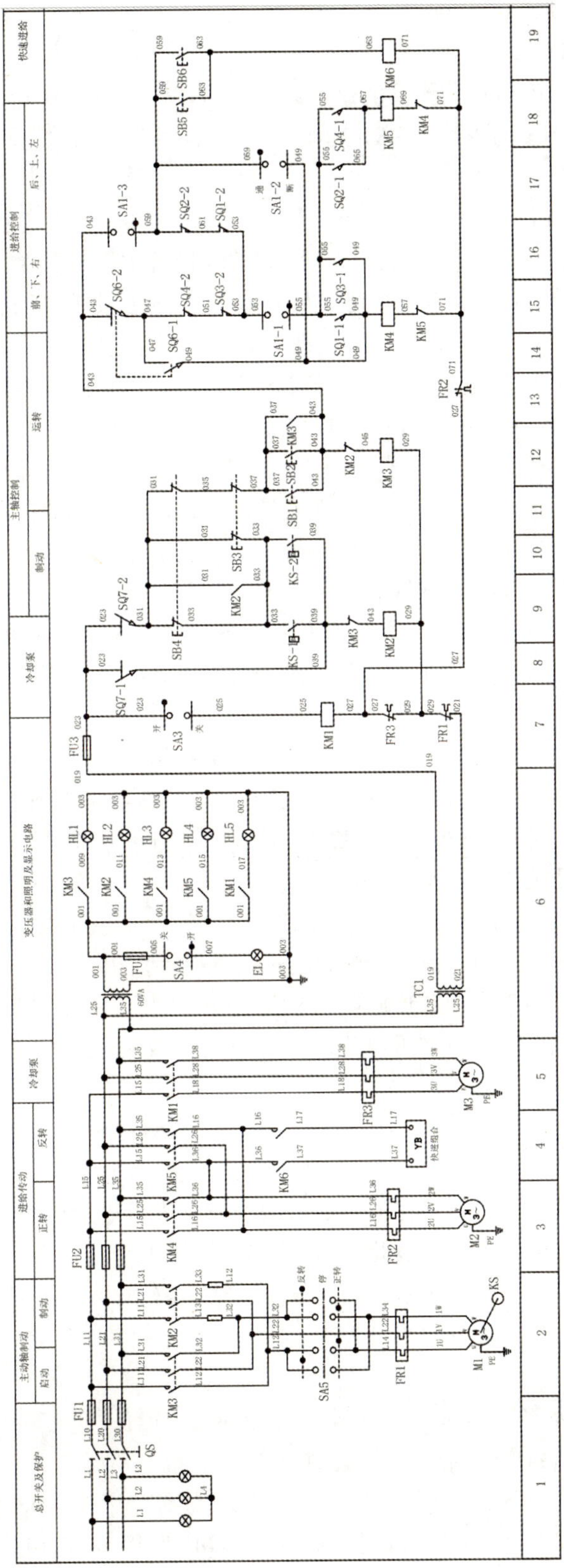

图 8-4-2　X62W 万能铣床电气原理图

启动,完成主轴的冲动动作。

2. 工作台进给电机控制

转换开关 SA1 用于控制圆工作台的运行状态。当不需要圆工作台运动时,将转换开关扳到“断开”位置,此时 SA1-1 闭合, SA1-2 断开, SA1-3 闭合;当需要圆工作台运动时,将转换开关扳到“接通”位置,则 SA1-1 断开,SA1-2 闭合,SA1-3 断开。

1)工作台纵向进给

工作台的左右(纵向)运动通过装在床身两侧的转换开关以及开关 SQ1、SQ2 来实现。当需要进行纵向进给时,将转换开关扳到“纵向”位置。按下开关 SQ1,其常开触点 SQ1-1(15 区)闭合,常闭触点 SQ1-2(16 区)断开,接触器 KM4 通电吸合,电机 M2 正转,工作台向右运动;当工作台需要向左运动时,按下开关 SQ2,其常开触点 SQ2-1(17 区)闭合,常闭触点 SQ2-2(16 区)断开,接触器 KM5 通电吸合,电机 M2 反转,工作台向左运动。在工作台上设置有一块挡铁,且在其两边各设置有一个行程开关。当工作台纵向运动到极限位置时,挡铁撞到位置开关,工作台停止运动,从而实现纵向运动的终端保护功能。

2)工作台升降和横向(前后)进给

工作台的上下和前后运动通过操纵装在床身两侧的转换开关以及开关 SQ3、SQ4 来完成。同样,在工作台上分别设置有一块挡铁,且在其两边各设置有一个行程开关。当工作台升降和横向运动到极限位置时,挡铁撞到位置开关,工作台停止运动,实现纵向运动的终端保护。

(1)工作台向上(下)运动。

在主轴电机启动后,将装在床身一侧的转换开关扳到“升降”位置,再拨动行程开关 SQ3(或 SQ4), SQ3(或 SQ4)的常开触点(16 区/18 区)闭合,常闭触点断开,接触器 KM4(或 KM5)(15 区/18 区)通电吸合,电机 M2 正(或反)转,工作台向下(或上)运动。当到达所需位置时,松开行程开关,工作台停止运动。

(2)工作台向前(后)运动。

在主轴电机启动后,将装在床身一侧的转换开关扳到“横向”位置,再拨动行程开关 SQ3(或 SQ4), SQ3(或 SQ4)的常开触点(15 区/16 区)闭合,常闭触点断开,接触器 KM4(或 KM5)通电吸合,电机 M2 正(或反)转,工作台向前(或后)运动。当到达所需位置时,松开行程开关,工作台停止运动。

3. 联锁问题

1)联锁原理

在真实机床的操作过程中,如果在上下前后四个方向进行进给操作的同时,又操作纵向控制,将会导致机床发生重大事故。因此,必须采用联锁保护措施。当机床在上下前后四个方向进行进给时,若操作人员误操作纵向任一方向, SQ1-2(16 区)或 SQ2-2(16 区)两个开关中的一个会被压开,接触器 KM4(或 KM5)立刻失电,电机 M2 停转,从而避免机床事故的发生。

同理,当机床进行纵向操作时,若又操作某一方向并选择了向左或向右进给, SQ1 或 SQ2 会被压着,它们的常闭触点 SQ1-2 或 SQ2-2 处于断开状态。此时,接触器 KM4 或 KM5 由 SQ3-2(15 区)和 SQ4-2(15 区)接通。若发生误操作,选择了上、下、前、后某一方向的进给,必然会使 SQ3-2 或 SQ4-2 断开,使 KM4 或 KM5 断电释放,电机 M2 停止运转,从而避免机床事故的发生。

2）进给冲动

在真实机床中，为了使齿轮进入良好的啮合状态，需要将变速盘向里推。在推进过程中，挡块会压动位置开关 SQ6。首先，SQ6 的常闭触点 SQ6-2（15 区）断开，切断相关电路；然后，常开触点 SQ6-1（14 区）闭合，接触器 KM4 通电吸合，电机 M2 启动。但由于位置开关 SQ6 很快复位，首先断开 SQ6-1，而后闭合 SQ6-2，接触器 KM4 失电，电机 M2 失电停转。这样，电机短暂接通电源，使齿轮系统产生一次抖动，从而使齿轮啮合顺利进行。若需要模拟进给冲动，可按下冲动开关 SQ6。

3）工作台的快速移动

当工作台向某个方向运动时，按下按钮 SB5 或 SB6（两地控制），接触器 KM6 通电吸合，其常开触点闭合，电磁铁 YB 通电（指示灯亮），模拟工作台的快速进给。

4）圆工作台的控制

将圆工作台控制开关 SA1 扳到“接通”位置，此时 SA1-1（15 区）断开，SA1-2（17 区）接通，SA1-3（16 区）断开。在主轴电机启动后，圆工作台开始工作。其控制线路为：电源→ SQ4-2 → SQ3-2 → SQ1-2 → SQ2-2 → SA1-2 → KM4 线圈→ KM5 辅助常闭点→电源。接触器 KM4 通电吸合，电机 M2 运转。

真实铣床为了扩大机床的加工能力，可在机床上安装附件圆工作台，用于进行圆弧或凸轮的铣削加工。在圆工作台拖动时，所有进给系统均停止工作，仅让圆工作台绕轴心回转。该电机带动一根专用轴，使圆工作台绕轴心回转，铣刀铣出圆弧。在圆工作台开动时，其余进给方向一律不准运动。若操作人员有误操作，触动了某个方向的进给开关，则必然会使开关 SQ1~SQ4 中的某一个常闭触点断开，使电机停转，从而避免机床事故的发生。按下主轴停止按钮 SB3 或 SB4，主轴停转，圆工作台也随之停转。

4. 冷却照明控制

当需要启动冷却泵时，扳动开关 SA3（7 区），接触器 KM1 通电吸合，电机 M3 运转，冷却泵启动，为机床加工过程提供冷却功能。机床照明由变压器 T 供给 36 V 电压，工作灯由 SA4 控制，操作人员可根据实际需要控制工作灯的开关。

8.4.3　X62W 铣床常见电气故障及检修

8.4.3.1　X62W 铣床常见故障及相应排除方法

X62W 铣床的电气控制线路与机械系统存在着紧密的配合关系，这是该铣床的显著特点。在对该铣床进行故障检修时，准确判断故障源于电气系统还是机械系统，并且深入熟悉机电之间的配合机制，是实现快速排查电气故障的关键所在。这就要求维修电工不仅要全面掌握电气原理，还要熟悉机械原理及其操作方法。X62W 铣床常见故障及相应排除方法见表 8-4-1。

表 8-4-1　X62W 铣床常见故障及排除方法表

故障现象	故障原因分析	故障排除与检修
按下主轴启动按钮 SB1/SB2,主轴电机 M1 无反应	电源总开关 QS 未合闸或触点损坏 熔断器 FU1/FU2 熔断 热继电器 FR1 过载保护动作(常闭触点断开) 接触器 KM1 线圈断路或触点接触不良 主轴冲动开关 SQ7 触点故障	①带电测量 KM1 线圈两端电压(正常为控制线路电压,如 AC 110 V)。若有电压,更换 KM1 线圈;若无电压,依次检测 QS1 触点、FU1/FU2 熔体、FR1 常闭触点、SQ7 及 SB1/SB2 触点通断 ②断电测量 KM1 线圈阻值(正常为几百欧姆),检查 FR1 常闭触点、SQ7 触点是否导通,损坏元件直接更换
扳动左右进给手柄,工作台无动作,进给电机 M2 不转	限位开关 SQ1(左)/SQ2(右)触点损坏或未触发 接触器 KM3(正转)/KM4(反转)线圈故障 进给变速冲动开关 SQ6 触点接触不良 热继电器 FR2 动作或 M2 绕组故障	①进给运动需主轴启动后才能运行。确认主轴正常后,扳动进给手柄,观察 KM3/KM4 是否吸合 ②测 KM3/KM4 线圈电压,若有电压则更换线圈。若无电压,检查 SQ1/SQ2、SQ6 触点及 FR2 常闭触点 ③断电测量 M2 绕组阻值(三相平衡),若某相异常,修复或更换电机
旋转冷却泵开关 SA3,M3 无反应	开关 SA3 触点接触不良 熔断器 FU3 熔断 冷却泵电机 M3 绕组断路或短路	①设备断电,测 SA3 触点通断(电阻挡),损坏则更换 ②检查 FU3 熔体,熔断后更换同规格熔断器 ③断电测 M3 绕组阻值,若阻值无穷大或相间短路,修复绕组或更换电机
按下停止按钮 SB3/SB4,主轴不能快速制动	制动接触器 KM2 触点损坏 速度继电器 KS 触点氧化或调整不当 制动电阻 R 故障(断路或阻值变大)	①设备断电,检查 KM2 触点,烧蚀则打磨或更换触点 ②手动旋转主轴,测 KS 触点通断(转速较高时应导通),氧化触点用细砂纸打磨,调整 KS 弹簧松紧度 ③测制动电阻 R 阻值,若异常则更换电阻
扳动升降/横向手柄,工作台无动作	限位开关 SQ3(上升)/SQ4(下降)触点故障 接触器 KM4(反转)或 KM5(升降电机相关)线圈故障 手柄联动机构未触发限位开关	①设备断电测 SQ3/SQ4 触点通断 ②设备通电,手动压合开关,若 KM4 吸合,调整手柄联动机构;若不吸合,检查 SQ3/SQ4 触点及 KM4 线圈回路 ③测 KM4 线圈电压,有电压则更换线圈,无电压则排查控制回路(如 FR2 常闭触点、按钮 SB5/SB6)。修复后需空载试运行,确保各运动功能恢复正常

8.4.3.2　检修实例

1. 故障现象

某 X62W 铣床在加工过程中,纵向进给手柄操作正常,但工作台无法向左/右移动,其他方向(横向、垂直)进给正常。

2. 故障分析

根据上文中"工作台不能纵向进给"的检修逻辑,初步判断故障可能集中在纵向进给控制线路或机械传动部分。由于横向、垂直进给正常,排除电机 M2 及主电路公共支路问题,重点排查纵向行程开关 SQ1/SQ2、变速冲动开关 SQ6 及控制线路。

3. 排查步骤

1)电气系统检查

测量图中进给控制部分的 SQ1-1、SQ2-1 常开触点,发现 SQ1-1 在按下手柄时未闭合,确认行程开关 SQ1 内部触点氧化导致接触不良。

检查 SQ6 变速冲动开关，发现其常闭触点 SQ6-2（15 区）在非变速状态下处于断开位置，系变速操作时用力过猛导致 SQ6 机械卡滞。

2）机械系统检查

手动操作纵向进给手柄，观察到丝杠螺母副存在明显卡顿，经拆卸发现丝杠润滑不足，局部锈蚀导致阻力增大。

4. 解决方法

（1）更换行程开关 SQ1，并调整其安装位置，确保手柄操作时触点可靠闭合。

（2）修复变速冲动开关 SQ6，清洁内部机械结构并添加润滑脂，恢复其正常复位功能。

（3）机械维护：对纵向进给丝杠进行除锈处理，涂抹高温润滑脂，重新调整丝杠螺母副间隙至 0.05 mm 以内。

5. 验证测试

（1）启动主轴电机后，操作纵向进给手柄，工作台左/右移动顺畅，行程开关在极限位置准确触发。

（2）模拟变速冲动，SQ6 动作正常，电机 M2 产生 120 ms 短时冲动。

6. 检修总结

该故障为典型的机电复合故障。SQ1 触点氧化导致控制信号中断，同时机械传动不畅加剧了故障表现。检修过程中需严格遵循“先电气后机械、先易后难”的原则，结合上文中“工作台不能纵向进给”的排查流程，通过分段测量缩小故障范围，最终实现精准修复。此案例体现了 X62W 铣床电气—机械深度耦合的特点，验证了维修人员同时掌握电气原理与机械结构的重要性。

8.4.3.3　任务实施

1. 所需的工具、材料

本任务所需实训设备及工具材料清单见表 8-4-2。

表 8-4-2　技能训练所需器材

序号	名称	型号规格	数量	备注
1	模块	X62W 万能铣床考核模块	1	
2	仪表	万用表	1	
3	工具	测电笔、尖嘴钳、螺钉旋具等		
4	电工材料	连接线、绝缘胶带等		

2. 故障分析

根据老师设置的故障进行排故并按照表 8-4-3 的要求记录排故过程。

表 8-4-3　X62W 万能铣床电气线路故障检测与排除

工作任务	X62W 万能铣床电气线路故障检测与排除		
	故障一	故障二	故障三
故障现象			

续表

工作任务	X62W 万能铣床电气线路故障检测与排除		
	故障一	故障二	故障三
故障范围判定			
排故步骤			
实际故障点			
工作条件	观察故障现象，排除故障后试机通电；检测及排故过程停电		
维修要求			

3. 注意事项

(1)在工作许可人签名后方可进行检修。

(2)对电气线路进行检测，确定线路的故障点并排除、调试，最后填写表格。

(3)严格遵守电工操作安全规程。

(4)不得擅自改变原线路接线，不得更改电路和元件的位置。

(5)完成检修后，能恢复该铣床各项功能。

思考与练习

一、填空题

1. X62W 铣床的主运动是指____________，由____________电机驱动。

2. 电磁离合器的工作方式分为____________和____________两种。

3. 主轴电机 M1 的停车制动通过__________接触器实现__________制动。

4. 圆工作台工作时，需将组合开关 SA1 扳至“接通”位，此时 SA1-1__________，SA1-2__________。

二、选择题

1. X62W 铣床中，冷却泵电机 M3 的运转特点是(　　)。

A. 能正反转　　B. 只能正转　　C. 只能反转　　D. 随机启停

2. 以下(　　)常用于 XA6132 万能铣床。

A. 干式单片电磁离合器　　B. 干式多片电磁离合器

C. DLMX-5S 湿式多片电磁离合器　　D. 磁粉离合器

3. 主轴电机 M1 停车时，当转速低于(　　)转/分时，速度继电器 KS 的常开触点恢复断开，制动结束。

A. 100　　B. 120　　C. 150　　D. 180

4. 工作台垂直和横向运动由(　　)操纵。

A. 纵向操纵手柄　　B. 复式的垂直和横向进给手柄

C. 圆工作台组合开关　　D. 主轴变速手柄

三、判断题

1. X62W 铣床的进给电机 M2 能进行正反转控制，主要用于工作台的前后、左右、上下六个方向的运动以及圆工作台的旋转运动。（　）

2. 电磁离合器安装时，周围空气温度要求为-5~+40 ℃。（　）

3. 主轴电机 M1 的过载保护由熔断器 FU1 实现。（　）

4. 工作台快速进给控制中，按下快速进给按钮 SB5（或 SB6），是通过接通牵引电磁铁 YB，利用杠杆使摩擦离合器合上实现快速进给。（　）

四、简答题

1. 简述 X62W 铣床主轴电机变速时的瞬动控制原理。

2. 当 X62W 铣床工作台不能纵向进给时，应如何排查故障？

任务 8.5　T68 镗床电气系统的识读和检修

任务描述

镗床是用于孔加工的机床，与钻床比较，镗床主要用于加工精确的孔和各孔间的距离要求较精确的零件，如一些箱体零件（机床主轴箱、变速箱等）。镗床的加工形式主要是用镗刀镗削在工件上已铸出或已粗钻的孔，除此之外，大部分镗床还可以进行铣削、钻孔、扩孔、铰孔等加工。

本任务聚焦 T68 镗床电气系统，要求学生熟悉 T68 镗床电气原理图，精准识读各电路组成、元件功能及控制逻辑，理解电机高低速运行、反接制动、变速冲动等关键环节工作原理。掌握检修流程与技巧，提升电气故障诊断与解决能力。

任务目标

知识目标

- 熟悉 T68 镗床的主要结构，掌握其主运动、进给运动以及辅助运动形式。
- 理解 T68 镗床电气控制线路的组成，掌握各部分电路的工作原理及各种控制要求。
- 明确电路中各电气元件的作用和工作过程。
- 了解 T68 镗床电气控制线路常见的故障类型，掌握分析故障可能原因的方法和思路。

技能目标

- 能熟练识读 T68 镗床的电气原理图、接线图和布置图，能够对 T68 镗床进行电气测绘。
- 能够依据电气原理图正确选择电气元件，并完成 T68 镗床控制线路的安装与调试。
- 能根据故障现象，利用万用表等检测工具准确分析、定位并排除常见故障。
- 严格遵守电气安全操作规程进行作业，能完成工作记录并能对工作过程和结果进行评价反馈。

知识准备

8.5.1 T68 镗床简介

镗床的主要类型有卧式镗床、坐标镗床、金刚镗床和专用镗床等，其中以卧式镗床应用最广，T68 型镗床即为卧式镗床。

8.5.1.1 T68 卧式镗床结构

T68 卧式镗床的主要结构如图 8-5-1 所示，前立柱固定安装在床身的右端，在它的垂直导轨上装有可上下移动的主轴箱。主轴箱中装有主轴部件、主运动和进给运动的变速传动机构和操纵机构等。在主轴箱的后部固定着后尾筒，里面装有主轴的轴向进给机构。后立柱固定在床身的左端，装在后立柱垂直导轨上的后支承架用于支承长镗杆的悬伸端（参见图 8-5-2（b）），后支承架可沿垂直导轨与主轴箱同步升降，后立柱可沿床身的水平导轨左右移动，在不需要时也可以卸下。工件固定在工作台上，工作台部件装在床身的导轨上，由下滑座、上滑座和工作台三部分组成，下滑座可沿床身的水平导轨作纵向移动，上滑座可沿下滑座的导轨作横向移动，工作台则可在上滑座的环形导轨上绕垂直轴线转位，使工件在水平面内调整至一定的角度位置，以便能在一次安装中对互相平行或成一定角度的孔与平面进行加工。根据加工情况不同，刀具可以装在主轴前端的锥孔中，或装在平旋盘（又称为“花盘”）与径向刀具溜板上。加工时，主轴旋转完成主运动，并且可以沿其轴线移动作轴向进给运动；平旋盘只能随主轴旋转作主运动；装在平旋盘导轨上的径向刀具溜板除了随平旋盘一起旋转外，还可以沿着导轨移动作径向进给运动。

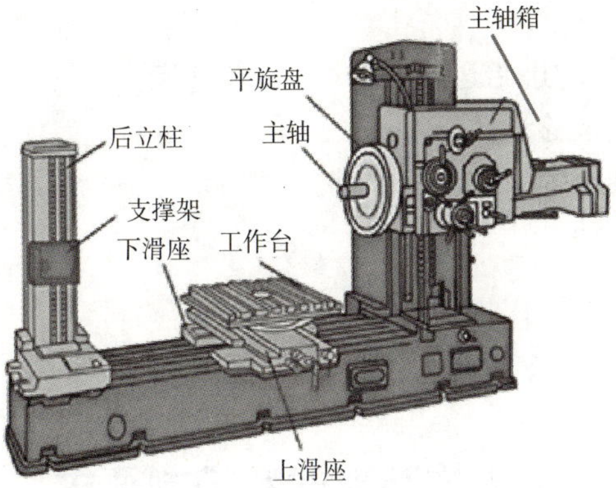

图 8-5-1　T68 卧式镗床结构示意图

T68 卧式镗床的典型加工方法如图 8-5-2 所示，(a)图为用装在主轴上的悬伸刀杆镗孔，由主轴的轴向移动进行纵向进给；(b)图为利用后支承架支承的长刀杆镗削同一轴线上的前后两孔，(c)图为用装在平旋盘上的悬伸刀杆镗削较大直径的孔，(b)(c)均由工作台的移动进行纵向进给；(d)图为用装在主轴上的端铣刀铣削平面，由主轴箱完成垂直进给运动；图(e)、(f)为用装在平旋盘刀具溜板上的车刀车削内沟槽和端面，均由刀具溜板移动进行径向进给。

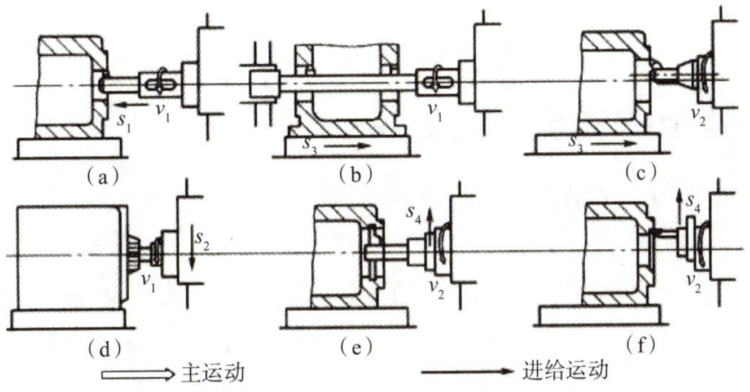

图 8-5-2　卧式镗床的主运动和进给运动示意图

8.5.1.2　T68 卧式镗床的运动形式

1. 主运动

主轴和平旋盘的旋转运动。

2. 进给运动

(1)主轴的轴向进给运动。

(2)平旋盘上刀具溜板的径向进给运动。

(3)主轴箱的垂直进给运动。

(4)工作台的纵向和横向进给运动。

3. 辅助运动

(1)主轴箱、工作台等的进给运动上的快速调位移动。

(2)后立柱的纵向调位移动。

(3)后支承架与主轴箱的垂直调位移动。

(4)工作台的转位运动。

8.5.2 T68 镗床电气系统工作原理

8.5.2.1 卧式镗床的电力拖动形式和控制要求

(1)卧式镗床的主运动和进给运动多用同一台异步电机拖动。为了适应各种形式和各种工件的加工,要求镗床的主轴有较宽的调速范围,因此多采用由双速或三速笼型异步电机拖动的滑移齿轮有级变速系统。采用双速或三速电机拖动,可简化机械变速机构。目前,采用电力电子器件控制的异步电机无级调速系统已在镗床上获得广泛应用。

(2)镗床的主运动和进给运动都采用机械滑移齿轮变速,为有利于变速后齿轮的啮合,要求有变速冲动。

(3)要求主轴电机能够正反转,可以点动进行调整,并要求有电气制动,通常采用反接制动。

(4)卧式镗床的各进给运动部件要求能快速移动,一般由单独的快速进给电机拖动。

8.5.2.2 T68 型卧式镗床控制线路

T68 型卧式镗床电气原理图如图 8-5-3 所示。

1. 主电路

T68 镗床的主电路是保障其正常运行的关键部分,它由多个重要元件构成。电源总开关 QS 作为总控制,控制整个主电路的通断。熔断器 FU1~FU3 起到保护电路的作用,其中 FU1 负责总电源保护,FU3 和 FU4 分别对控制线路和照明电路进行保护。

主电路中有两台电机。主轴电机 M1 为双速电机,功率 3 kW,转速 1 440 r/min,当 KM3 主触点闭合时,电机采用三角形接法,实现低速运行;而当 KM4、KM5 主触点闭合时,采用双星形接法,可实现高速运行。同时,制动电磁铁 YB 与 M1 同步控制,确保其制动及时。KM1、KM2 用于控制其旋转方向。

快速移动电机 M2 功率为 0.75 kW,转速 1 440 r/min,通过接触器 KM6、KM7 主触点切换实现正反转控制。该电机没有过载保护,但设有行程开关进行终端限位,防止出现意外。热继电器 FR1、FR2 则分别对 M1 和 M2 进行过载保护,避免电机因过载损坏,保障了镗床的稳定运行。

2. 控制线路

1)主轴电机 M1 控制

(1)正反转控制。T68 镗床主轴电机 M1 的正反转启动及自锁功能的工作原理如下:按

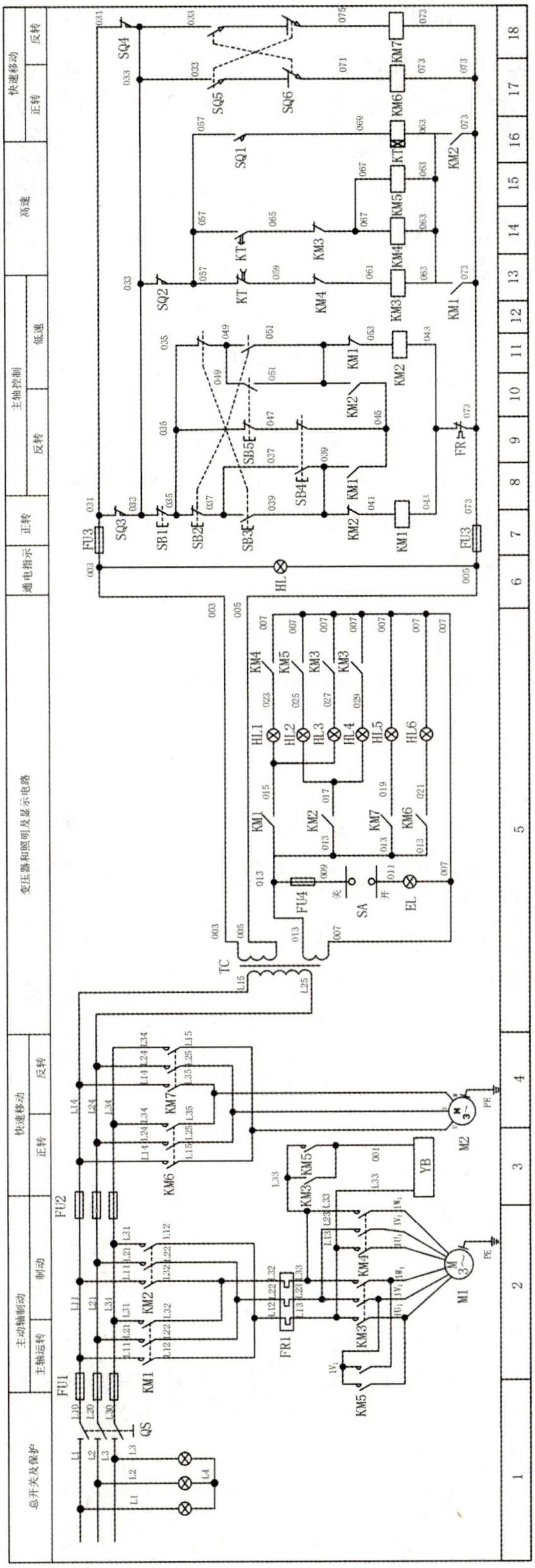

图 8-5-3　T68 型卧式镗床电气原理图

下正向启动按钮 SB3（8 区）时，电路导通使接触器 KM1 的线圈得电。KM1 线圈得电，KM1 主触点闭合（此时开关 SQ2 闭合），KM1 的常开触点（8 区和 13 区）闭合，接触器 KM3 线圈获电吸合，接触器主触点闭合，制动电磁铁 YB 得电松开（指示灯亮）。此时，主轴电机 M1 通过三角形接法接入电源，实现正向启动。

同理，当按下反向启动按钮 SB2 时，接触器 KM2 和 KM3 线圈得电吸合，其主触点闭合，电机 M1 仍以三角形接法接入电源，但电源相序改变，从而实现反向启动。

为保证电机在启动后持续稳定运行，设置了自锁功能。KM1（8 区）和 KM2（10 区）的辅助常开触点在其主触点闭合时也随之闭合，形成自锁回路。即使松开启动按钮，其线圈仍保持通电状态，接触器的主触点依然保持闭合，电机继续运转，直至按下停止按钮 SB1 切断电路。

（2）点动控制。电机 M1 的点动控制是一种能实现短暂运行的操作方式。当进行正向点动操作时，按下按钮 SB4，接触器 KM1 的线圈得电。KM1 线圈得电后，KM1 的辅助常闭触点断开，自锁解除，电机 M1 正向电动运转，松开按钮 SB4 电机停止运转。同理，当按下反向点动按钮 SB5 时，接触器 KM2 的线圈得电，KM2 的辅助常闭触点断开，电机 M1 短暂反向运转后停止，也无法形成自锁。

（3）制动控制。主轴电机 M1 的停车制动：当电机正处于正转运转时，按下停止按钮 SB1，接触器 KM1 线圈断电释放，KM1 的常开触点（8 区和 13 区）因断电而断开，KM3 也断电释放。制动电磁铁 YB 因失电而制动，电机 M1 制动停车。

学有所悟：

镗床机械制动装置与接触器的联动控制方式，确保了在停车操作时，能够及时、有效地停止电机的运转，避免电机因惯性继续转动而可能引发的安全隐患和设备损坏，提高了镗床运行的安全性和稳定性。

机械工程师将安全理念融入技术细节——制动装置与接触器精准配合，恰似“责任链条”环环相扣，守护设备安全。工业生产中，每个参数的严谨设定、每次程序的逻辑校验，都是对安全底线的坚守，体现了“毫厘不差”的工匠精神。

（4）高低速转换。主轴电机 M1 的高、低速控制：若需要电机 M1 在低速运行，可通过变速手柄使变速开关 SQ1（16 区）处于断开低速位置，相应的时间继电器 KT 线圈也断电，电机 M1 只能由接触器 KM3 接成三角形连接低速运动。

如果需要电机在高速运行，应首先通过变速手柄使变速开关 SQ1 压合接通处于高速位置，然后按正转启动按钮 SB3（或反转启动按钮 SB2），时间继电器 KT 线圈获电吸合。由于 KT 两副触点延时动作，故 KM3 线圈先获电吸合，电机 M1 接成三角形低速启动，以后 KT 的常闭触点（13 区）延时断开，KM3 线圈断电释放，KT 延时闭合的常开触点（14 区）闭合，KM4、KM5 线圈获电吸合，电机 M1 接成 YY 连接，使电机获得更高的转速，以适应镗床高速运行的工作场景。

2）快速移动电机 M2 控制

快速移动电机 M2 控制主轴的轴向进给、主轴箱的垂直进给、工作台的纵向和横向进给等的快速移动。（因试验台无机械机构不能完成复杂的机械传动的方向进给，只能通过操纵装在床身的转换开关和开关 SQ5、SQ6 来共同完成工作台的横向和前后、主轴箱的升降控制。)在工作台上六个方向各设置有一个行程开关,当工作台纵向、横向和升降运动到极限位置时,挡铁撞到位置开关,工作台停止运动,从而实现终端保护。

(1)主轴箱升降运动:首先将床身上的转换开关扳到“升降”位置,扳动开关 SQ5(SQ6), SQ5(SQ6)常开触点闭合, SQ5(SQ6)常闭触点断开,接触器 KM7(KM6)通电吸合,电机 M2 反(正)转,主轴箱向下(上)运动,到了想要的位置时扳回开关 SQ5(SQ6),主轴箱停止运动。

(2)工作台横向运动:首先将床身上的转换开关扳到“横向”位置,扳动开关 SQ5(SQ6), SQ5(SQ6)常开触点闭合, SQ5(SQ6)常闭触点断开,接触器 KM7(KM6)通电吸合,电机 M2 反(正)转,工作台横向运动,到了想要的位置时扳回开关 SQ5(SQ6),工作台横向停止运动。

(3)工作台纵向运动:首先将床身上的转换开关扳到“纵向”位置,扳动开关 SQ5(SQ6), SQ5(SQ6)常开触点闭合, SQ5(SQ6)常闭触点断开,接触器 KM7(KM6)通电吸合,电机 M2 反(正)转,工作台纵向运动,到了想要的位置时扳回开关 SQ5(SQ6),工作台纵向停止运动。

3)联锁保护

真实机床为了防止工作台或主轴箱自动快速进给时有将主轴进给手柄扳到自动快速进给的误操作,就采用了与工作台和主轴箱进给手柄有机械连接的行程开关 SQ3 。当上述手柄扳在工作台(或主轴箱)自动快速进给的位置时, SQ3 被压断开。同样,在主轴箱上还装有另一个行程开关 SQ4,它与主轴进给手柄有机械连接,当这个手柄动作时, SQ4 也受压断开。电机 M1 和 M2 必须在行程开关 SQ3 和 SQ4 中有一个处于闭合状态时,才可以启动。如果工作台(或主轴箱)在自动进给(此时 SQ3 断开)时,将主轴进给手柄扳到自动进给位置(SQ4 也断开),那么电机 M1 和 M2 便都自动停车,从而达到联锁保护的目的。

3. 特殊控制功能

(1)变速冲动控制通过行程开关 SQ2 来实现,在进行变速操作时, SQ2 会短暂闭合,使得电机产生点动效果。有助于齿轮更好地啮合,保证变速过程的平稳和顺利。

(2)照明电路由变压器 TC 提供 36 V 的安全电压,通过开关 SA 控制照明灯 EL 的亮灭。采用 36V 安全电压能有效避免操作人员触电,保障使用安全。

(3)指示系统包含三个指示灯, HL1 用于指示电源状态,当 HL1 亮起,表明镗床已接通电源; HL2 指示主轴的运行状态,主轴运转时 HL2 发光; HL3 则指示快速移动状态,若 HL3 点亮,说明电机正在进行快速移动。这些指示灯为操作人员提供了清晰的设备运行信息。

8.5.3　T68 镗床常见电气故障及检修

8.5.3.1　T68 镗床常见电气故障及检修

T68 镗床由于控制逻辑复杂、机—电联锁较多且采用双速电机,其电气故障具有一定特殊性。T68 镗床常见故障及相应排除方法见表 8-5-1。

表 8-5-1　T68 镗床常见故障及排除方法

故障现象	故障原因分析	故障排除与检修
主轴转速翻倍或减半（如低速挡出现高速）M1 仅有高速或低速	转速翻倍/减半，主轴变速手柄联动的行程开关 SQ7（或 SQ1）位置偏移或触点逻辑错误，导致高低速切换指令反向	①检查 SQ1 安装位置，验证其触点通断状态是否与手柄位置匹配 ②测试 KT 线圈电压及触点动作逻辑，必要时更换 KT
	机械滑移齿轮与电气控制未匹配	
	仅有高速/低速，SQ1 触点损坏（16 区），无法触发高低速切换	
	时间继电器 KT 线圈烧断或触点失效，导致高速切换支路无法动作	
M1 低速运行正常，但切换至高速挡后自动停机	KT 动合触点氧化或接触不良，导致 KM4、KM5（14、15 区）线圈无法通电	①在低速运行时测量 KT 动合触点两端电压，若有电压但 KM4、KM5 未吸合，清洁或更换触点 ②检查 KM4 互锁触点状态，确保其在 KM4 断电后可靠闭合 ③测试 KM5 线圈电阻及主触点通断，必要时更换 KM5
	KM3 互锁动断触点（14 区）未复位，阻断 KM4、KM5 支路	
	KM4/KM5 接触器线圈损坏或主触点烧蚀	
工作台、主轴箱或主轴进给手柄同时处于进给位时，电机未停机	SQ3/SQ4 行程开关触点氧化或机械卡阻，无法断开控制线路	①检查 SQ3/SQ4 触点接触情况，清理氧化层或调整机械位置 ②测试控制线路电阻，排除短路故障
	控制线路短路，导致 SQ3/SQ4 失效	

8.5.3.2　检修实例

1. 故障现象

T68 镗床 M1 电机低速运行正常，但切换至高速挡位后立即停机，无法保持高速运转。

2. 原因分析

时间继电器 KT 触点异常，KT 动合触点（13 区 057-059）氧化或接触不良，导致 KM4、KM5 接触器线圈无法通电，高速切换失效。KT 线圈未正常励磁，可能因控制线路断路或机械卡阻导致触点未动作。

KM3 互锁触点未复位，KM3 动断触点（14 区 065-067）在 KM3 断电后未可靠闭合，阻断 KM4、KM5 线圈支路，无法建立高速运行回路。

KM4、KM5 接触器故障，KM4、KM5 线圈烧毁或主触点烧蚀，导致 YY 连接高速绕组无法接入电路。

3. 检修步骤与方法

1）验证控制逻辑与电路

低速运行检测，启动低速挡，使用万用表测量 KT 线圈两端电压（正常应为 110 V）。若电压正常但 KT 未吸合，检查 KT 线圈电阻（正常约为数百欧姆），若损坏需更换。

检测 KT 动合触点，低速运行时，测量 KT 动合触点（14 区 057-065）两端电压。若有电压但 KM4/KM5 未吸合，断开电源后清洁触点氧化层，必要时更换触点或 KT 组件。

2）检查 KM3 互锁触点

手动复位验证，断开电源，手动按压 KM3 触点使其释放，用万用表电阻挡检测互锁触点（065-067）是否闭合。若未闭合，调整触点弹簧压力或更换 KM4 接触器。

模拟高速切换，短接 SQ1 行程开关（高速挡位信号），观察 KM3 是否断电，KM4、KM5 是否吸合。若 KM4、KM5 未动作，检查 KM4、KM5 线圈电阻及控制线路通路。

3）排查 KM4、KM5 接触器故障

线圈与触点测试，断开电源，测量 KM4、KM5 线圈电阻（正常约为数百欧姆），若异常则更换线圈。手动按压 KM4、KM5 触点，检查主触点通断状态，烧蚀严重需更换接触器。

高速运行验证，短接 KT 动合触点（057-065），强制触发 KM4、KM5 吸合，观察电机是否切换至高速。若正常，说明故障在 KT 或控制信号环节。

4）关联部件协同检查

行程开关 SQ1 调整，确认 SQ1 安装位置准确，手动触发 SQ1 后，其动合触点（057-069）应可靠闭合，否则需调整机械联动机构。

主轴变速机构润滑，检查变速手柄与 SQ1 的联动是否卡顿，清洁润滑机械部件，确保变速信号传递顺畅。

4. 故障排除与试车

（1）更换与修复：更换氧化的 KT 触点或整体更换 KT 时间继电器。清洁或更换 KM4/KM5 接触器，确保触点接触良好。调整 SQ1 行程开关位置，使其与变速手柄联动精准。

（2）功能测试：低速启动后，切换高速挡位，观察 KT 延时动作（约 1~2 秒）后 KM4、KM5 是否吸合，电机是否平稳升速。多次测试变速切换，验证 KM3/KM4、KM5 动作逻辑与互锁关系。

5. 注意事项

（1）检修前务必切断电源，避免触电或设备损坏。

（2）更换接触器时需选用同规格型号，确保线圈电压与触点容量匹配。

（3）调整行程开关后需反复测试，确保其与机械动作同步。

（4）试车时需监测电机温升与运行噪声，发现异常立即停机排查。

6. 检修总结

通过系统性排查时间继电器、接触器及互锁触点的故障，成功修复 T68 镗床 M1 低速至高速切换失效问题。检修过程中需重点关注控制线路时序与触点状态，确保电气元件动作可靠，从而保障机床多速运行功能的稳定性。

8.5.3.3　任务实施

1. 所需的工具、材料

本任务所需实训设备及工具材料清单见表 8-5-2。

表 8-5-2　技能训练所需器材

序号	名称	型号规格	数量	备注
1	模块	T68 卧式镗床考核模块	1	
2	仪表	万用表	1	
3	工具	测电笔、尖嘴钳、螺钉旋具等		
4	电工材料	连接线、绝缘胶带等		

2. 故障分析

根据老师设置的故障进行排故并按照表 8-5-3 的要求记录排故过程。

表 8-5-3　T68 卧式镗床电气线路故障检测与排除

工作任务	T68 卧式镗床电气线路故障检测与排除		
	故障一	故障二	故障三
故障现象			
故障范围判定			
排故步骤			
实际故障点			
工作条件	观察故障现象，排除故障后试机通电；检测及排故过程停电		
维修要求			

3. 注意事项

（1）在工作许可人签名后方可进行检修。

（2）对电气线路进行检测，确定线路的故障点并排除、调试，最后填写表格。

（3）严格遵守电工操作安全规程。

（4）不得擅自改变原线路接线，不得更改电路和元件位置。

（5）完成检修后，能恢复该镗床各项功能。

思考与练习

一、填空题

1. T68 型卧式镗床的主轴电机 M1 是________电机，低速运行时定子绕组为________连接。

2. T68 型卧式镗床的快速进给电机 M2 由________、________接触器控制正反转。

3. 主轴变速冲动时，当 M1 转速升至 120 r/min，________动作，其动断触点断开，使 KM1、KM4 断电。

4. T68 型镗床主轴电机 M1 的高低速转换靠主轴变速手柄推动________来实现。

二、选择题

1. T68 型卧式镗床主轴电机 M1 高速运行时,绕组是(　　)连接。

A. 三角形　　B. 双星形　　C. 星形

2. 控制 T68 型卧式镗床主轴电机 M1 正反转的接触器是(　　)。

A. KM1、KM2　　B. KM3、KM4　　C. KM5、KM6

3.T68 型卧式镗床中,用于变速冲动控制的行程开关是(　　)。

A. SQ3　　B. SQ5　　C. SQ7

4.T68 型卧式镗床的控制变压器 TC 二次侧输出电压是(　　)V,用于控制线路供电。

A. 220　　B. 110　　C. 380

三、判断题

1. T68 型卧式镗床的主运动和进给运动分别由不同的异步电机拖动。(　　)

2. 时间继电器 KT 损坏可能会导致 T68 型镗床主轴电机 M1 只有高速或低速运行。(　　)

3. T68 型卧式镗床快速进给电机 M2 因短时工作制,无需热继电器过载保护。(　　)

4. 主轴变速时,T68 型镗床无需停车就可进行操作。(　　)

四、简答题

1. 简述 T68 型卧式镗床主轴电机 M1 的停车制动原理。

2.T68 型卧式镗床主轴的转速与标牌指示不符的故障原因有哪些?

任务 8.6 M7120 磨床电气系统的识读和检修

任务描述

磨床是用砂轮周边或端面加工的精密机床，砂轮旋转是主运动，工件或砂轮往复为进给运动，砂轮架快速、工作台移动是辅助运动。磨床种类繁多，按工作性质分，可分为外圆、内圆、平面、工具及专用磨床等，其中平面磨床应用最广。M7120 型平面磨床专为高精度、高效率平面加工设计，性能稳定，主轴与工作台速度可调，广泛用于机械制造、模具、汽车、军工等领域，尤适用于机械零件平面、导轨面及硬质、特殊材料精密加工。

本任务聚焦 M7120 磨床电气系统。要求学生熟悉其电气原理图，精准剖析 M7120 磨床主电路、控制线路、电磁吸盘及照明电路构成，明晰各元件作用，如砂轮、液压泵、冷却泵电机的控制逻辑。掌握磨床常见故障排除方法，强化电气故障处理能力。

任务目标

知识目标

- 熟知 M7120 磨床电气原理图，能说出各电路组成与元件功能。
- 掌握各电机控制原理，清楚其启停、联锁的逻辑关系。
- 理解电磁吸盘电路结构，明晰整流、控制及保护环节原理。
- 牢记照明电路原理，清楚其安全电压获取与短路保护方式。

技能目标

- 能熟练识读 M7120 磨床的电气原理图、接线图和布置图。
- 能精准识读图纸，快速定位 M7120 磨床电气故障区域。
- 能依据故障现象，高效制定科学合理的检修方案。
- 能团队协作实操，妥善处理磨床复杂电气检修难题。
- 能够规范记录故障现象、检测数据、检修步骤和更换的元件等信息，以便后续查阅和分析。

知识准备

8.6.1 M7120 磨床简介

M7120 型平面磨床是一款高精度磨削设备，主要用于金属及非金属材料的平面、槽类及凸缘侧面加工，适用于机械制造、模具加工等领域。机床采用十字拖板移动式结构，配备闭式液压系统驱动工作台纵向运动，横向进给采用滚柱导轨与交流变频无级调速，确保运动平稳。磨头主轴采用静压轴承或高精度滚动轴承，回转精度高，支持 1 500/3 000 r/min 双速运转。该设备具有热变形小、操作便捷等特点,可满足精密零件的高效加工需求。

M7120 型平面磨床主要由床身、工作台、电磁吸盘、立柱、砂轮箱与滑座等组成。工作台面的 T 形槽可通过螺钉和压板固定工件,也能用电磁吸盘吸持铁磁性工件。砂轮箱内装有砂轮和砂轮电机,砂轮电机直接带动砂轮旋转,砂轮箱装在滑座上,滑座装在立柱上,如图 8-6-1 所示。

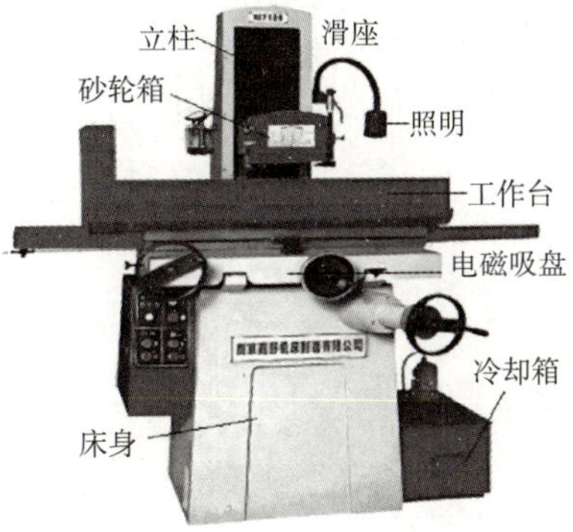

图 8-6-1 M7120 型平面磨床

工作时,砂轮保持旋转,工作台带动工件做纵向往复运动。当工作台带动工件向右移动,工件被磨削;随后,工作台带动工件快速左移,接着砂轮进行横向进给。之后工作台再次右移,磨削工件上新的部位。如此循环,工作台每完成一次往复运动,砂轮箱便执行一次间断性横向进给。待整个平面加工完毕,砂轮架在立柱导轨上向下移动(进刀),最终将工件加工至所需尺寸。

8.6.2 M7120 磨床电气系统工作原理

8.6.2.1 M7120 型平面磨床的运动形式

M7120 型平面磨床是一种精密加工设备,主要用于金属工件的平面磨削。其运动形式分为主运动、进给运动及辅助运动。

1. 主运动

主运动为砂轮的旋转运动,直接对工件表面进行磨削加工。砂轮转速固定,无需调速,它的驱动方式采用两极笼型异步电机,直接驱动砂轮旋转,转速稳定且无需换向。结构设计是砂轮与电机轴刚性连接,简化机械传动链,提高主轴刚度,确保磨削精度。其控制要求为单向连续运行,无需制动装置,启动后保持恒速。

2. 进给运动

进给运动包括工作台的纵向往复、砂轮架的横向移动及垂直进给。

1)工作台的纵向往复运动(纵向进给)

驱动方式由液压系统驱动,液压泵电机 M3 提供动力,通过换向阀控制工作台运动方向。

换向逻辑为工作台前侧的换向挡铁碰撞床身液压换向开关，实现自动换向，确保运动平稳且无级调速。

2）砂轮架的横向进给（前后移动）

进给逻辑为工作台每完成一次纵向往复运动，砂轮架自动横向进给一次，进给量可通过液压系统调节（5~18 mm/行程）。

操作方式为支持液压自动进给或手动操作，手动时通过横向进给手轮调整。

3）砂轮架的垂直进给（上下移动）

驱动方式为手动操作垂直进给手轮，通过机械传动装置实现滑座沿立柱导轨的垂直移动。

具体功能是调整砂轮与工件的相对位置，控制磨削深度，单次进给量通过手轮刻度精确控制。

3. 辅助运动

辅助运动包括砂轮箱的快速移动、工件夹紧与冷却系统。

（1）砂轮箱快速移动。由液压系统实现砂轮箱的快速升降，速度约 0.4 m/min，用于快速调整加工位置。

（2）工件夹紧与定位。固定方式为工件可通过电磁吸盘吸附或螺钉压板固定在工作台上。控制逻辑是电磁吸盘需先充磁（110 V 直流电源），且与三台电机（M1、M2、M4）联锁，确保吸盘未吸合时电机无法启动。

（3）冷却系统。冷却泵电机 M3 拖动冷却泵，向磨削区域提供冷却液，与砂轮电机 M1 联动控制（M1 启动后 M2 才能运行）。

M7120 型平面磨床通过液压传动与机械结构的协同设计，实现了高效、精密的平面磨削加工。其运动形式与 M7130 型磨床功能相似，但 M7120 的横向进给支持液压与手动双模式，垂直进给依赖机械传动，整体结构更侧重传统操作方式。

8.6.2.2　M7120 型平面磨床的电气控制要求

（1）砂轮电机由笼型异步电机拖动，仅需单向运转，无需调速、反转，可直接启动，为砂轮高速旋转提供动力，满足磨削主运动需求。

（2）液压泵电机拖动液压泵运行，驱动工作台纵向往复运动、砂轮横向进给等，无需电气调速、反转及降压启动，依靠工作台换向挡铁碰撞床身液压换向开关实现运动方向切换，确保液压传动平稳且能无级调速。

（3）冷却泵电机负责为砂轮与工件输送冷却液、排除铁屑，与砂轮电机联锁控制，必须在砂轮电机启动后，冷却泵电机才能启动，保障磨削加工的冷却需求。

（4）砂轮升降电机采用点动控制方式，通过操作按钮实现电机短时正反转，进而驱动砂轮架垂直升降，用于调整砂轮与工件的相对位置，控制磨削深度。

（5）电磁吸盘通过电路实现充磁与退磁功能，确保工件吸附固定；配备失磁保护电路，防止因电磁吸盘失磁导致工件移位，保障加工安全。

（6）保护与辅助功能具备常规电气保护，包括电机过载保护（热继电器）、电路短路保护

(熔断器)等;设置独立照明电路,提供工作区域照明;配置信号指示灯电路,清晰显示设备运行状态(如电源通断、各电机工作状态等)。

8.6.2.3 M7120 型平面磨床电气控制线路分析

M7120 型平面磨床电气控制线路分为主电路及其控制线路、照明与指示灯电路等三个单元,如图 8-6-2 所示。

1. 主电路

M7120 型平面磨床的主电路主要承担为四台电机提供动力的任务,这些电机分别驱动磨削加工中的核心运动和辅助功能。同时,为了确保系统运行安全,主电路中配置了多重保护装置。

主电路中的四台电机各有其特定的功能和控制方式,具体如下。

(1)液压泵电机 M1 主要功能是驱动液压系统,使工作台能够实现纵向往复运动,同时也能带动砂轮进行横向进给。它由接触器 KM1 控制单向运行,热继电器 FR1 为其提供过载保护,当电机 M1 出现过载情况时,FR1 会动作切断电路,保护电机。

(2)砂轮电机 M2 负责驱动砂轮高速旋转,从而完成主磨削运动。它由接触器 KM2 控制单向运行,热继电器 FR2 对其进行过载保护,保障砂轮电机的稳定运行。

(3)冷却泵电机 M3 主要作用是将冷却液输送至磨削区域,它与砂轮电机 M2 联动。同样由接触器 KM2 同步控制其运行,热继电器 FR3 为其提供过载保护,这是因为冷却液相关的工作环境可能导致电机更容易出现过载情况。

(4)砂轮升降电机 M4 用于调整砂轮的垂直位置,以此实现磨削深度的控制。它采用点动控制方式,通过接触器 KM3 和 KM4 实现正反转。由于其为短时工作状态,所以没有设置过载保护。

在保护装置方面,总熔断器 FU1 对主电路进行短路保护,当主电路发生短路故障时,FU1 会迅速熔断切断电路,防止故障扩大。而控制线路熔断器 FU2、FU3 则为控制线路的二次侧提供短路保护。此外,热继电器 FR1~FR3 分别对电机 M1~M3 实施过载保护,确保这些电机在正常负载范围内运行。

2. 控制线路

控制线路的主要功能是通过逻辑控制来实现各电机的启停、联锁以及安全保护。整个控制线路以电压继电器 KA 为核心,其目的是确保电磁吸盘可靠吸合后,液压泵与砂轮系统才能启动,这样可以有效保障加工安全。下面对控制线路的各个部分进行详细描述。

(1)液压泵电机 M1 控制。当合上电源开关 QS1 后,整流变压器 TC 输出 130V 交流电,经过桥式整流器 VC 将其转换为直流电压,这个直流电压驱动电压继电器 KA1 吸合,其常开触点(7 区)随之闭合。此时,如果按下启动按钮 SB3(7 区),接触器 KM1 的线圈就会通电,KM1 的主触点闭合,使得液压泵电机 M1 启动,同时 HL2 指示灯(20 区)亮起,它的作用是指示液压系统正在运行。当需要停止液压泵电机 M1 时,按下停止按钮 SB2(7 区),KM1 线圈断电,M1 就会停转。

(2)砂轮及冷却泵电机控制。按下启动按钮 SB5(8 区),接触器 KM2 的线圈通电,

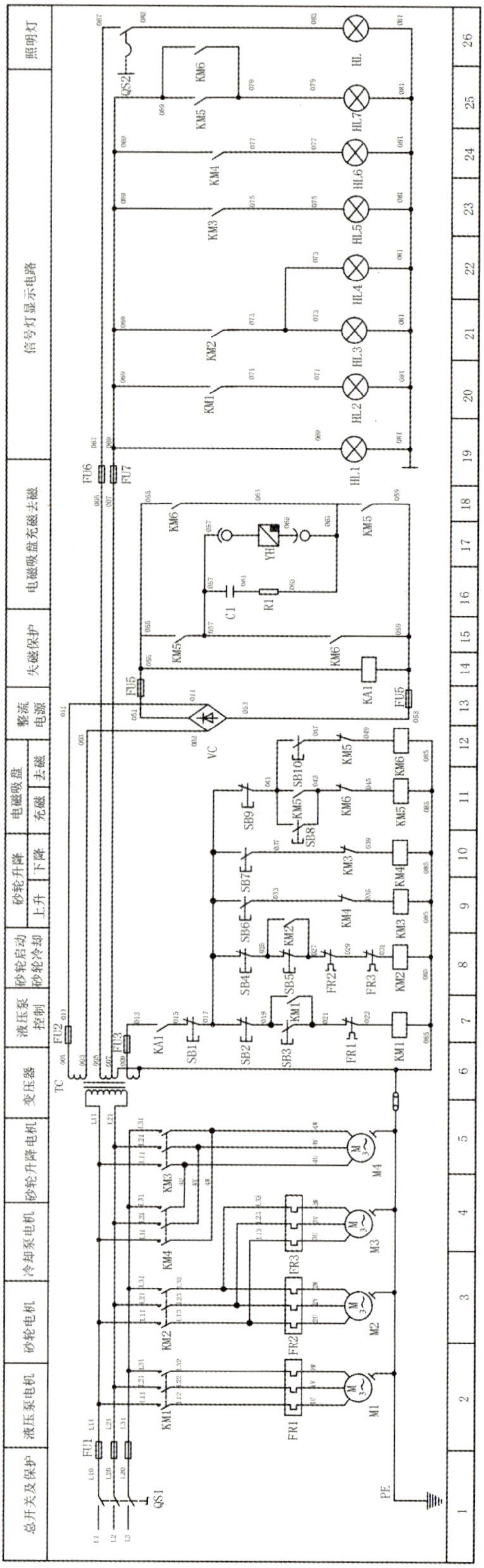

图 8-6-2 M7120 型平面磨床电气控制线路

KM2 的主触点闭合，这会使砂轮电机 M2 启动。由于冷却泵电机 M3 与砂轮电机 M2 联动，所以此时冷却泵电机 M3 也会同步启动。与此同时，HL3、HL4（21、22 区）指示灯亮起，它们用于指示磨削运行状态。若要停止这两台电机，按下停止按钮 SB4（8 区），KM2 线圈断电，M2 和 M3 就会停止运转。为了保证这两台电机的安全运行，在控制回路上设置联锁保护，将热继电器 FR2、FR3 的常闭触点（8 区）串联于 KM2 控制回路中，一旦 M2 或 M3 出现过载情况，对应的热继电器动作，其常闭触点断开，从而切断 KM2 的控制回路，使两台电机停止运行。

（3）砂轮升降电机 M4 控制。砂轮升降电机 M4 采用点动控制方式。当需要砂轮上升时，按下按钮 SB6（9 区），接触器 KM3 的线圈通电，电机 M4 正转，砂轮上升；当松开 SB6 时，KM3 断电，M4 停转，此时 HL5 指示灯（23 区）亮起，指示砂轮处于上升状态。当需要砂轮下降时，按下按钮 SB7（10 区），接触器 KM4 的线圈通电，电机 M4 反转，砂轮下降；松开 SB7，KM4 断电，M4 停转，HL6 指示灯亮（24 区）起，指示砂轮处于下降状态。为了防止接触器 KM3 和 KM4 同时通电导致电机损坏，在控制线路中使用它们的常闭触点进行互锁。

（4）电磁吸盘控制。电磁吸盘的控制分为充磁和去磁两个过程。当按下充磁按钮 SB8（11 区）时，接触器 KM5 的线圈通电，KM5 的主触点闭合，电磁吸盘 YH 通上 120V 直流电，从而吸合工件。同时，KM5 的自锁触点闭合，保证在松开 SB8 后 KM5 仍能保持通电状态，并且其联锁触点断开，起到相应的联锁作用。当需要对电磁吸盘进行去磁时，按下点动按钮 SB10，接触器 KM6 的线圈通电，此时电磁吸盘 YH 通入反向直流电，以此去除剩磁，防止剩磁吸附工件。在电磁吸盘的控制线路中还设置了保护电路，其中 R-C 串联电路构成放电回路，它的作用是消耗电磁吸盘断电时产生的自感能量，避免电压突变损坏元件。另外，电压继电器 KA 的线圈并联于直流电源，起到零压保护的作用，若直流电源电压不足，KA1 释放，会切断 M1、M2 的控制回路，确保工件不会因电磁吸盘吸力不足而脱落。

3. 照明与指示灯电路

照明与指示灯电路为操作人员提供了必要的照明和设备运行状态指示。照明部分由控制变压器 TC 提供 36V 安全电压，照明灯 EL 由开关 QS2（26 区）控制其通断，为操作人员提供合适的工作照明环境。指示灯部分则分别指示不同的设备运行状态：HL1 指示灯用于指示控制线路电源是否正常，当控制线路电源正常时 HL1（19 区）亮起；HL2 指示灯（20 区）在液压泵电机 M1 运转时亮起，指示液压系统正在运行；HL3、HL4 指示灯（21、22 区）在砂轮电机 M2 和冷却泵电机 M3 运转时亮起，指示磨削运行状态；HL5、HL6 指示灯（23、24 区）分别在砂轮升降电机 M4 上升和下降时亮起，指示砂轮的升降状态；HL7 指示灯（25 区）在电磁吸盘进行充磁或去磁操作时亮起，指示电磁吸盘的工作状态。

8.6.3 M7120 磨床常见电气故障及检修

8.6.3.1 M7120 磨床常见电气故障及检修

M7120 磨床常见电气故障及检修方法如表 8-6-1 所示。

表 8-6-1　M7120 磨床常见故障及检修方法表

故障现象	故障原因分析	故障排除与检修
按下 SB3 后 M1 不转，HL2 不亮	KM1 线圈断路或触点烧蚀 FR1 过载保护动作 SB3/SB2 按钮触点接触不良 FU1 熔断器熔断	①检查 FU1 是否熔断，更换同规格熔断器 ②用万用表测量 KM1 线圈电阻（正常值几百欧姆），若断路则更换线圈 ③测试 SB3/SB2 触点通断，清洁氧化层或更换按钮，复位 FR1 并检查 M1 负载是否正常
按下 SB5 后 M2 不转，HL3/HL4 不亮	KM2 线圈或主触点故障 FR2/FR3 过载保护动作 M3 冷却泵电机卡死导致联动故障	①检查 KM2 主触点是否烧蚀，清洁或更换触点 ②手动盘动 M3 电机轴，确认是否机械卡阻 ③复位 FR2/FR3，测量 M2/M3 绕组电阻，排除电机本体故障
工件吸附不牢，HL7 指示灯闪烁	YH 线圈断路或局部短路 KM5 主触点接触不良 整流桥 VC 输出电压不足（正常 120 V）	①测量 VC 输出电压，若低于 120 V，检查 TC 变压器次级电压（130 V）及整流桥二极管 ②检查 YH 线圈电阻（几十欧姆），若异常则更换线圈 ③清洁 KM5 触点，确保接触良好
按下 SB10 后工件仍吸附	KM6 线圈或主触点损坏 SB10 按钮触点接触不良 放电电阻 R 或电容 C 失效	①检查 KM6 线圈电压，测试主触点通断 ②更换 SB10 按钮 ③测量 R（约 100 Ω）和 C（100 μF/250 V），失效则更换
按下 SB8 后 YH 无吸力，HL7 不亮	KM5 线圈或主触点故障 FU2 熔断器熔断 控制线路断路（如 11 区线路松动）	①检查 FU2 是否熔断，更换熔断器 ②测试 KM5 线圈电阻及控制线路 11 区通断 ③检查整流桥输入/输出电压，确保正常供电
闭合 QS2 后 EL 不亮	EL 灯泡损坏 QS2 开关接触不良 FU6 熔断器熔断	①更换 EL 灯泡 ②检查 QS2 触点通断 ③检查 FU6 是否熔断，更换熔断器
某指示灯不亮或常亮	指示灯本身损坏 控制回路对应触点故障（如 KM1 辅助触点未闭合） TC 变压器次级电压异常（6.3V）	①测量 TC 次级输出电压，若异常则检查初级电压及变压器绕组 ②检查指示灯底座接触是否良好 ③对照电气原理图，逐段测试控制回路通断

8.6.3.2　检修实例

1. 故障现象

操作砂轮升降按钮 SB6（上升）或 SB7（下降）时，M4 电机无响应或持续运行无法停止，导致砂轮位置失控。

2. 原因分析

（1）接触器故障，KM3（上升）或 KM4（下降）线圈烧毁或触点氧化，导致无法正常吸合/释放。 KM3/KM4 主触点烧蚀，引发电机单相运行或短路。

（2）按钮触点异常，SB6/SB7 按钮内部触点粘连（如金属颗粒残留），造成信号持续输入。 按钮弹簧失效，导致触点无法复位。

（3）互锁逻辑失效，KM3/KM4 互锁动断触点（033-035/037-039）接触不良，允许两接触器同时吸合，触发过载保护。

3. 检修步骤与方法控制线路排查

（1）测量接触器线圈电压，断开总电源 QS1，用万用表电阻挡检测 SB6/SB7 按钮常闭触点（未按下时通）。合上电源，按下 SB6，测量 KM3 线圈两端电压（正常为 110 V）。若电压正常但 KM3 不吸合，更换线圈；若电压异常，检查控制线路熔断器 FU2 是否熔断。

（2）检查按钮触点，拆开 SB6/SB7 按钮盒，观察触点是否氧化或粘连。用细砂纸打磨触点表面，测试按钮复位弹簧弹力。若触点烧蚀严重，直接更换按钮。

（3）主电路检修。检测接触器主触点，断开电源，手动按压 KM3/KM4 触点，用万用表测量主触点通断。若触点接触电阻大于 1 Ω 或存在拉弧痕迹，更换接触器。

校验互锁功能，短接 KM3 线圈（模拟吸合状态），测量 KM4 线圈支路（037-085）是否断开。若仍导通，调整或更换 KM3 互锁触点。

（4）综合功能测试。短接 SB6 触点，观察 KM3 是否吸合，M4 是否正向运转。断开 SB6，KM3 应立即释放，M4 停机。

重复测试 SB7 与 KM4 动作逻辑，验证互锁保护功能。

4. 故障排除与试车

（1）更换元件。更换烧毁的 KM3/KM4 线圈或整体接触器，替换粘连的 SB6/SB7 按钮，并调整安装位置确保操作灵活。

（2）安全试车。空载状态下点动测试 M4 正反转，观察接触器动作时序。逐步加载至额定负载，监测电机电流（正常约 0.8A），确保无异常温升或噪声。

5. 注意事项

（1）检修前务必切断电源并悬挂警示牌，防止误启动。

（2）更换接触器时需同步校验辅助触点与主触点动作一致性。

（3）按钮盒密封需恢复，避免冷却液侵入导致触点锈蚀。

6. 检修总结

通过针对性排查接触器线圈、按钮触点及互锁逻辑，成功修复 M7120 磨床砂轮升降失控故障。检修重点在于验证控制信号的通断时序与互锁保护的有效性，日常维护中需定期清洁按钮触点并润滑机械联动部件，确保设备可靠运行。

8.6.3.3　任务实施

1. 所需的工具、材料

本任务所需实训设备及工具材料清单见表 8-6-2。

表 8-6-2　技能训练所需器材

序号	名称	型号规格	数量	备注
1	模块	M7120 磨床考核模块	1	
2	仪表	万用表	1	
3	工具	测电笔、尖嘴钳、螺钉旋具等		
4	电工材料	连接线、绝缘胶带等		

2. 故障分析

根据老师设置的故障进行排故并按照表 8-6-3 的要求记录排故过程。

表 8-6-3　M7120 磨床电气线路故障检测与排除

工作任务	M7120 磨床电气线路故障检测与排除		
	故障一	故障二	故障三
故障现象			
故障范围判定			
排故步骤			
实际故障点			
工作条件	观察故障现象,排除故障后试机通电;检测及排故过程停电		
维修要求			

3. 注意事项

(1)在工作许可人签名后方可进行检修。

(2)对电气线路进行检测,确定线路的故障点并排除、调试,最后填写表格。

(3)严格遵守电工操作安全规程。

(4)不得擅自改变原线路接线,不得更改电路和元件位置。

(5)完成检修后,能恢复该车床各项功能。

思考与练习

一、填空题

1. M7120 型平面磨床的主运动是__________,由__________电机直接驱动。

2. 电磁吸盘的充磁与去磁分别由接触器__________和__________控制。

3. 液压泵电机 M1 的过载保护元件是__________,砂轮电机 M2 的过载保护元件是__________。

4. 冷却泵电机 M3 与砂轮电机 M2 采用__________控制,确保__________启动后 M3 才能运行。

二、选择题

1. M7120 磨床电磁吸盘的直流电压由(　　)提供。

A. 整流变压器 TC　　B. 桥式整流器 VC　　C. 控制变压器 TC　　D. 电压继电器 KA

2. 砂轮升降电机 M4 采用(　　)控制方式。

A. 连续运行　　B. 点动正反转　　C. 降压启动　　D. 变频调速

3. 下列属于 M7120 磨床辅助运动的是(　　)。

A. 砂轮旋转　　B. 工作台纵向往复　　C. 砂轮箱快速移动　　D. 砂轮横向进给

4. 电磁吸盘充磁后无法去磁的可能原因是(　　)。

A.KM5 线圈断路　　B. 放电电阻 R 短路　　C. KM6 主触点烧蚀　　D. FU1 熔断器熔断

三、判断题

1.M7120 磨床的砂轮电机 M2 与冷却泵电机 M3 通过接触器 KM2 实现联锁控制。(　　)

2. 电磁吸盘的零压保护由电压继电器 KA 实现，当电压不足时切断主电路。(　　)

3. 砂轮升降电机 M4 的正反转控制需通过 KM3 与 KM4 的常闭触点互锁。(　　)

4. 冷却泵电机 M3 的过载保护由热继电器 FR2 承担。(　　)

四、简答题

1. 简述 M7120 磨床电磁吸盘的充磁与去磁流程。

2. 分析液压泵电机 M1 无法启动的可能原因及检修步骤。

拓展任务　Z35 钻床电气系统的识读和检修

任务描述

Z35 钻床是机械加工中常用的设备之一，其电气系统控制着钻床的各项动作，包括主轴电机的启停、正反转，进给电机的进给运动以及相关的辅助功能。本任务学习 Z35 钻床电气系统识读和检修，提升学生典型电气控制线路故障诊断和排故的能力。

任务目标

知识目标

- 能够准确识别 Z35 钻床电气系统原理图中各元件的符号、名称和功能。
- 建立机械运动与电气控制的关联认知，理解电气系统如何配合机械结构实现钻床的加工功能。

• 结合钻床的实际操作，掌握传统继电接触器控制系统的设计逻辑，为学习现代数控控制系统奠定基础。

技能目标

• 能识读 Z35 钻床电气原理图。
• 能掌握 Z35 钻床电气系统常见故障的诊断方法和检修技巧。
• 能够运用各种检测工具，如万用表、绝缘电阻表等，对电气元件和电路进行检测和分析。
• 能对 Z35 钻床电气系统进行调试，验证电机转向、转速、制动等功能是否正常。

知识准备

8.7.1 Z35 型摇臂钻床简介

Z35 型摇臂钻床用来对大型零件进行钻孔、扩孔、铰孔和攻螺纹等，它主要由底座、内立柱、摇臂、主轴箱、主轴、升降丝杠、工作台和外立柱等部分组成，如图 8-7-1 所示。

Z35 摇臂钻床的结构设计巧妙且实用，主要由立柱、摇臂、主轴箱、主轴和工作台组成。立柱分为内外两层，内立柱稳固固定在底座上，空心的外立柱套于其外，外立柱可带动摇臂和主轴箱绕内立柱 360 度回转，为加工提供多角度操作可能。摇臂既能与外立柱一同回转，又能通过套筒与丝杠配合，带动主轴箱沿外立柱上下滑动，灵活调整加工高度。主轴箱包含主轴电机及相关传动、变速和操作机构，正面手轮控制垂直进给，在主轴电机带动下，主轴箱实现主轴旋转和垂直进给，还能手动沿摇臂水平导轨径向移动。主轴用于安装钻头，在钻削时带动钻头转动完成作业。工作台则根据工件大小选择使用，小工件直接固定在工作台上，大工件可安装在底座上，以满足不同尺寸工件的加工需求。

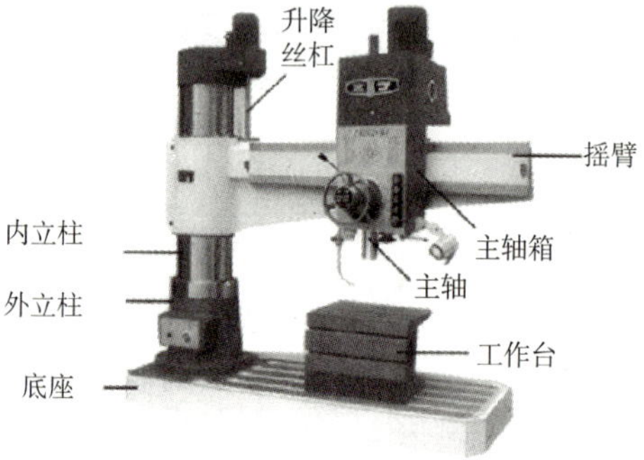

图 8-7-1 Z35 型摇臂钻床外形图

Z35 型摇臂钻床型号含义如图 8-7-2 所示。

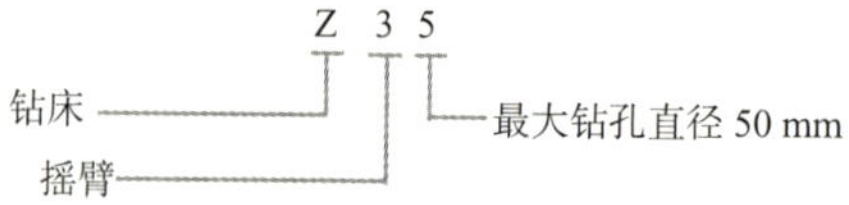

图 8-7-2 Z35 型号含义

8.7.2　Z35 钻床电气系统工作原理

8.7.2.1　Z35 钻床运动形式

1. 主运动

在 Z35 摇臂钻床的加工过程中，主运动指的是钻头的旋转运动，它是钻削时的主要动力输出形式，由三相异步电机提供驱动力。在攻丝作业时，由于工艺要求，电机需具备正反转功能。通常情况下，这一功能是借助手柄推压弹簧和杠杆，进而控制正反转摩擦离合器，实现电机的正反转切换。此外，主轴在旋转过程中，为满足不同加工工艺的需求，还需要进行调速，一般采用机械调速的方式来实现。

2. 进给运动

进给运动体现为钻头的上下移动，这一动作由主轴电机进行控制。在加工过程中，钻头通过上下移动，逐渐深入工件，从而完成对工件的进给加工，实现对工件钻孔、扩孔等操作。

3. 辅助运动

1）摇臂升降

摇臂具备沿外立柱上升或下降的功能。在进行摇臂升降操作前，需先通过相关控制装置松开摇臂。摇臂的升降运动由摇臂电机的正反转来控制，并且摇臂升降与主轴电机存在联锁关系（部分机型也采用液压控制方式）。这种联锁机制能够确保在摇臂升降过程中，主轴电机不会意外启动，保障操作的安全性。

2）主轴箱移动

主轴箱可沿着摇臂的水平导轨进行移动，该操作通过手动完成。在移动前，需先松开固定螺母，解除对主轴箱的固定约束，然后推动主轴箱至合适的加工位置，确定位置后再将固定螺母拧紧，使主轴箱固定，以保证加工过程中的稳定性。

3）摇臂回转

摇臂与外立柱连接为一体，可共同相对于内立柱进行回转运动。在回转操作前，同样需要先松开相关紧固装置，然后手动转动摇臂和外立柱至所需角度，完成转动后再次紧固，确保摇臂在加工过程中保持稳定。

4）加工固定

在钻床加工过程中，为了有效防止刀具震动，确保加工精度，需要对钻床的相关部件进行固定。具体措施为：利用夹紧机构将主轴箱牢固地紧固在摇臂导轨上，同时将外立柱紧固在内立柱上，以及将摇臂紧固在外立柱上。通过这些固定操作，增强了钻床在加工时的整体稳定性，避免因部件松动而导致刀具震动，影响加工质量。

8.7.2.2　Z35 型摇臂钻床的电气控制要求

摇臂钻床的主运动是主轴带动钻头的旋转运动；进给运动是钻头的上下运动；辅助运动是主轴箱沿摇臂水平移动、摇臂沿外立柱上下移动和摇臂连同外立柱一起绕内立柱的回转运动，电气控制原理如图 8-7-3 所示。

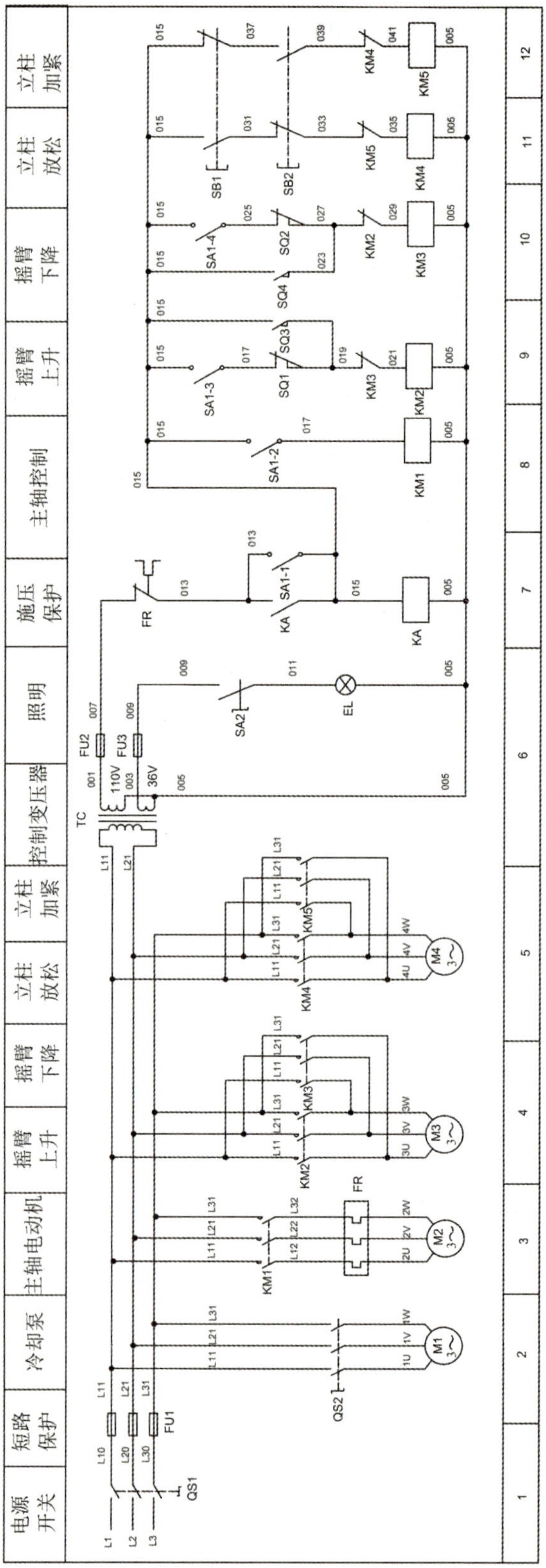

图 8-7-3 Z35 摇臂钻床电气原理图

8.7.2.3 主电路工作原理

在 Z35 摇臂钻床的电气系统中，主电路原理如图 8-7-4 所示。QS1 为总电源开关，负责控制整个钻床的电源通断，是钻床电力供应的总枢纽。FU1 为总短路保护，一旦电路出现短路故障，它能够迅速切断电源，有效保护设备安全，避免因短路引发的设备损坏或安全事故。

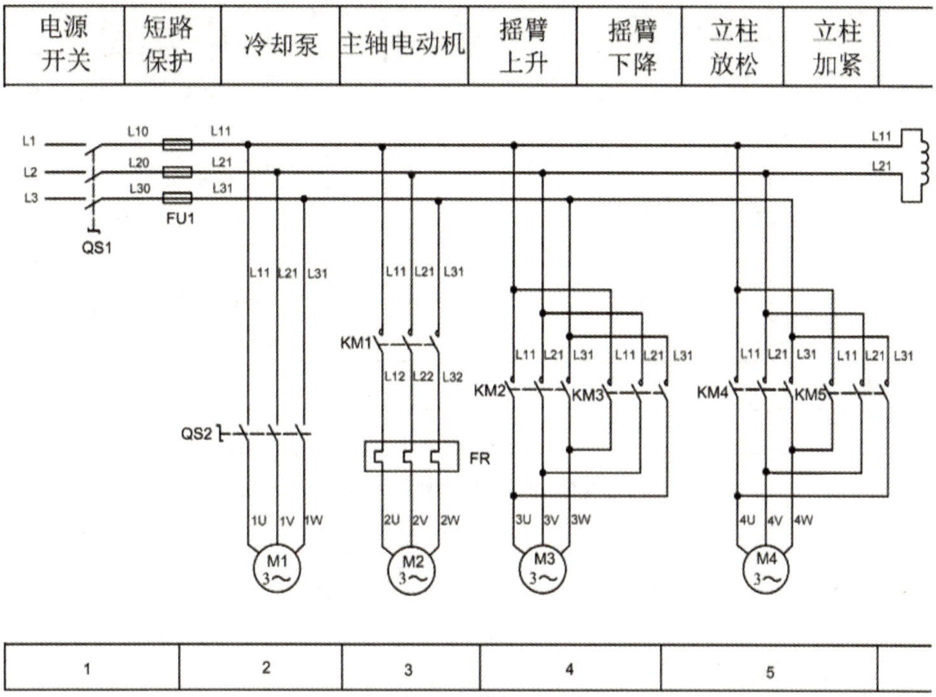

图 8-7-4 Z35 摇臂钻床主电路

M1 为冷却泵电机，它由转换开关 QS2 直接控制。鉴于其容量较小，在设计上未设置过载保护装置。其主要功能是为钻床的加工过程提供冷却作用，确保加工过程中刀具和工件的温度处于合适范围，保证加工精度和刀具寿命。

M2 是主轴电机，它实现单向运行控制，在钻削加工中为钻头提供主要动力，带动钻头进行旋转，完成对工件的钻削作业，是钻床实现加工功能的核心动力源之一。

M3 是摇臂升降电机，通过正反转来控制摇臂的上升和下降动作。由于该电机为短时工作，所以无须设置过载保护。在实际操作中，摇臂的升降动作根据加工需求进行调整，为钻床的操作提供了便利。

M4 是立柱夹紧电机（液压泵），它主要用于控制外立柱的夹紧与松开。在加工过程中，为了确保钻床的稳定性，需要通过 M4 来实现外立柱的可靠夹紧；而在需要调整摇臂位置等操作时，则通过 M4 控制外立柱松开，以满足不同的加工需求。

8.7.2.4 控制线路工作原理

主轴电机 M2 和摇臂升降电机 M3 采用十字开关 SA1 进行操作。它有集中控制和操作方便等优点。控制线路工作原理如图 8-7-5 所示。

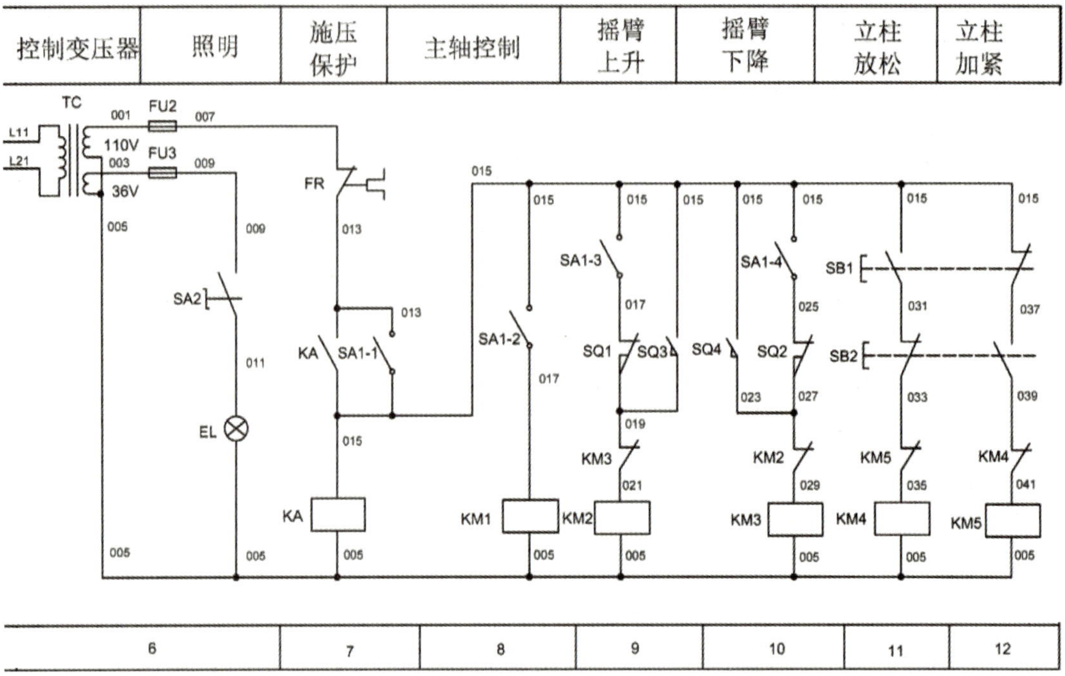

图 8-7-5 控制线路原理图

SA1 十字开关具有五个操作位置，可接通四对触点，每次只能扳向一个方向，接通对应方向的触点。在进行上、下、左、右位置切换时，必须先经过中间停止位置，动作说明如表 8-7-1 所示。

表 8-7-1 十字开关动作说明

手柄位置	接通微动开关的触点	工作情况
中	都不通	控制线路断电
左	SA1-1	KA 得电实现自锁，提供零压保护
右	SA1-2	KM1 得电，主轴运转
上	SA1-3	KM2 得电，摇臂上升
下	SA1-4	KM3 得电，摇臂下降

在 Z35 摇臂钻床的电气控制系统中，包含多种控制功能，这些功能对钻床的安全、稳定运行以及精准操作起着关键作用。

主轴电机的控制，当控制开关 SA1 的触点 SA1-2 闭合时，电路接通，主轴电机开始运转，为钻床的主运动提供动力，带动钻头进行旋转，实现对工件的钻削加工。

摇臂升降控制是在中间继电器 KA 得电并自锁的前提下进行的，用来调整工件与钻头的相对高度。摇臂升降前必须将夹紧装置放松，升降完毕后又必须夹紧，这些动作是通过十字开关 SA1，接触器 KM2、KM3，位置开关 SQ1-SQ4 控制电机 M3 来实现的。

当需要摇臂上升时，操作人员将 SA1 手柄扳向上位，此时 SA1-3 闭合，接触器 KM2 得电。KM2 的吸合使得电机带动丝杠正转，与丝杠配合的辅助螺母随之上升，进而带动传动条上升。在这个阶段，由于传动条尚未压到升降螺母，摇臂并不会立即上升。随着辅助螺母的上升，它会带动传动松紧装置的轴逆时针转动，这一动作会使摇臂松开，同时辅助螺母的上升还会使行程开关 SQ4 的触点闭合，为后续摇臂上升后的夹紧动作做好准备。当辅助螺母带动传动条继续上升，直至传动条顶在升降螺母上时，升降螺母开始带动摇臂上升。当上升到所需位置时，将十字开关 SA1 扳到中间位置，接触器 KM2 线圈断电释放，电机 M3 停转。KM2 互锁常闭触点（027-029）恢复闭合后，接触器 KM3 线圈得电吸合，电机 M3 启动反转，带动机械夹紧机构将摇臂夹紧，夹紧后鼓形开关 SQ4 的常开触点恢复断开状态，接触器 KM3 线圈断电释放，电机 M3 停转，完成摇臂上升过程。

摇臂下降：可将十字开关 SA1 扳到向下位置，其动作情况与摇臂上升相似，不再细述。通过以上分析可知摇臂的升降过程是由机械、电气联合控制实现的，其工作流程如下。

扳动十字开关 SA1 向上（向下）→摇臂松开→摇臂上升（下降）→上升（下降）到达所需位置→扳动十字开关 SA1 回中间位置→摇臂夹紧→自动停止。

为了不使摇臂上升或下降超出允许的极限位置，在摇臂上升和下降的控制电路中分别串入位置开关 SQ1 和 SQ2 作限位保护。

总结：摇臂上升或下降的工作过程为：松开→（上升）下降到所需位置→夹紧。

立柱的夹紧与放松是通过接触器 KM4 和 KM5 控制电机 M4 的正、反转来实现的。

钻床正常工作时，外立柱是夹紧在内立柱上的，当需要摇臂和外立柱绕内立柱转动时，应先按下按钮 SB1，接触器 KM4 线圈得电吸合，电机 M4 正转，通过齿式离合器驱动齿轮式油泵，送出高压油，经油路系统和传动机构将内外立柱松开。松开 SB1，电机 M4 停转。

这时，可在人力推动下转动摇臂，当转到所需位置时，再按下按钮 SB2，接触器 KM5 线圈得电，电机 M4 反转，在液压推动下立柱被夹紧。SB2 松开后，电机 M4 停转。整个“松开→移动→夹紧”的过程结束。

由于主轴箱在摇臂上的夹紧与放松和立柱的夹紧与放松是用同一台电机和液压机构配合进行的，因此，在对立柱夹紧与放松的同时，也对主轴箱在摇臂上进行了夹紧与放松。

照明电路的电源由变压器 TC 将 380 V 的交流电压降为 36 V 的安全电压来提供。照明灯 EL 由开关 SA2 控制，由熔断器 FU3 提供短路保护。

8.7.3　Z35 钻床常见电气故障及检修

8.7.3.1　Z35 型摇臂钻床典型故障排除的一般方法

（1）熟悉 Z35 型摇臂钻床各电气元件的位置、线路走向。

（2）观察、体会教师示范检修的流程。

（3）对典型故障分析中涉及的故障现象设置已知故障点试车、检测并排除。

（4）故障检测前先通过试车试出故障现象，分析故障大致范围，确定拟采用的故障检测手段、检测流程，正确无误后在教师监护下进行检测训练。

（5）找出故障点以后切断电源，仔细修复，不得扩大故障或产生新的故障，修复后通电试车。

8.7.3.2 Z35 型摇臂钻床典型故障

电机不能正常启动，并伴有“嗡嗡”声。此类故障属于主回路缺相故障，故障原因可能有主电源缺相、继电器主触点接触不良、热元件某相烧断、主回路电源断线，电机某相绕组开路等原因，在未查出故障确切位置时不能再通电试车检验，以防故障进一步扩大。

注意事项：

检修中不能更改电源相序，否则会发生摇臂上升、下降方向颠倒，位置开关不起作用，立柱松开夹紧操作变反甚至产生机械故障。大修后试车时，若发现上升、下降反向应立即切断电源，查明原因。

Z35 型摇臂钻床常见电气故障及检修方法见表 8-7-2。

表 8-7-2 Z35 型摇臂钻床常见电气故障及检修方法

故障现象	故障原因分析	故障排除与检修
电机不能正常启动，并伴有“嗡嗡”声	主回路缺相故障	电压法测量相间电压是否为 380V
	继电器主触点接触不良	电阻法测量继电器主触点是否良好
	热元件某相烧断	电阻法测量热元件各相触点是否良好
	主回路电源断线电机某相绕组开路	电阻法测量主回路电源线、电机各项绕组是否良好
摇臂上升、下降方向颠倒，位置开关不起作用，立柱松开夹紧操作变反甚至产生机械故障	电源相序变化	检查三相变压器的连接组别，查看变压器的铭牌，确定其连接组别。然后根据连接组别的定义和变压器绕组的实际连接情况，结合输入侧电源的相序要求进行分析。如果发现低压侧输出的相序不符对应关系，就可能是电源相序出现了问题 或利用相序表、示波器检查相序是否正确
摇臂上升（下降）夹紧后，电机 M3 仍正反转重复不停	SQ4 的触点调节不合适，使它们不能及时分断	观察 SQ4 安装位置，将常开触点调节至合理位置

8.7.3.3 检修实例

1. 故障现象描述

某机械加工车间 Z35 摇臂钻床出现以下异常：

（1）主轴电机启动困难，伴随明显“嗡嗡”声；

（2）摇臂上升/下降方向与操作指令相反；

（3）立柱夹紧/松开动作逻辑混乱；

（4）摇臂到达极限位置后未触发限位保护。

2. 故障诊断流程

1)主电路缺相检测

(1)使用万用表交流电压挡测量电源进线端。

L1-L2=380 V,L2-L3=380 V,L1-L3=0 V(实际测量值);

(2)逐段检测主电路连接。

熔断器 FU1:三相均导通。

接触器 KM1 主触点:第三相接触电阻>10 Ω。

热继电器 FR:第三相双金属片烧断。

2)控制线路检测

(1)十字开关 SA1 功能测试。

左位:SA1-1 通断正常。

右位:SA1-2 接触电阻 0.5 Ω(正常)。

上位:SA1-3 接触电阻 12 Ω(异常)。

下位:SA1-4 通断正常。

(2)行程开关检测。

SQ1(摇臂上升限位):常闭触点电阻 ∞;

SQ4(摇臂夹紧检测):常开触点无法闭合。

3)相序检测

使用相序表检测电源进线端:显示相序为 L1-L3-L2(正常应为 L1-L2-L3)。

3. 故障原因分析

(1)主电路故障:热继电器第三相烧断导致电机缺相运行。

(2)控制线路故障:十字开关 SA1-3 触点氧化接触不良;摇臂上升限位开关 SQ1 触点烧蚀开路。

(3)电源相序错误:三相电源进线相序颠倒。

4. 维修实施步骤

(1)主电路修复:更换热继电器 FR(型号:JR36-20),清洁接触器 KM1 触点并调整压力。

(2)控制线路修复:更换十字开关 SA1(型号:LW5-15D0761/2),检修行程开关 SQ1(修复烧蚀触点),调整行程开关 SQ4 安装位置至合理间距。

(3)相序调整:交换 L2 与 L3 相线位置;验证相序表显示 L1-L2-L3。

5. 功能恢复测试

(1)主运动测试:主轴电机启动电流 15 A(额定电流 16.8 A);空载转速 1 440 r/min(50 Hz)。

(2)辅助运动测试:摇臂升降速度:0.3 m/min(符合技术要求);立柱夹紧压力:4 MPa(液压系统正常);限位保护测试:摇臂上升至极限位置后自动停止。

(3)联锁功能验证:摇臂升降时主轴电机无法启动;立柱未夹紧状态下主轴无法进给。

6. 维修经验总结

(1)热继电器选型应与电机额定电流匹配(本例电机功率 7.5 kW,额定电流 16.8 A)。

(2)十字开关触点氧化是常见故障点,建议每季度进行触点清洁。

(3)相序错误会导致机械部件动作逻辑混乱,维修后必须进行相序验证。

(4)行程开关安装位置应符合机械限位要求,建议使用塞尺调整至 0.5~1 mm 间距。

8.7.3.4 任务实施

1. 所需的工具、材料

本任务所需实训设备及工具材料清单见表 8-7-3。

表 8-7-3 技能训练所需器材

序号	名称	型号规格	数量	备注
1	模块	Z35 型摇臂钻床电气线路故障考核模块	1	
2	仪表	万用表	1	
3	工具	测电笔、尖嘴钳、螺钉旋具等		
4	电工材料	连接线、绝缘胶带等		

2. 故障分析

根据老师设置的故障进行排故并按照表 8-7-4 的要求记录排故过程。

表 8-7-4 Z35 型摇臂钻床电气线路故障检测与排除

工作任务	Z35 型摇臂钻床电气线路故障检测与排除		
	故障一	故障二	故障三
故障现象			
故障范围判定			
排故步骤			
实际故障点			
工作条件	观察故障现象,排除故障后试机通电;检测及排故过程停电		
维修要求			

3. 注意事项

(1)电路检查经指导老师确认后,通电进行模拟操作。

(2)通电操作中,发现有异常现象,立即断电检查,并分析故障原因。

(3)严格遵守电工操作安全规程。

(4)不得擅自改变原线路接线,不得更改电路和元件位置。

(5)完成检修后,能恢复该控制系统各项功能。

思考与练习

一、填空题

1. Z35 型摇臂钻床的主运动(主轴旋转)由__________电机拖动。
2. 摇臂升降电机 M3 的正反转由接触器__________和__________控制。
3. 十字开关 SA1 的“左”位用于接通__________线圈,实现零压保护。
4. 摇臂升降的极限位置由行程开关__________和__________进行限位保护。

二、选择题

1. Z35 钻床中控制摇臂升降的电机是(　　)。

A. M1　　B. M2　　C. M3　　D. M4

2. 主轴正反转的实现方式是(　　)。

A. 主轴电机直接正反转　　B. 电气控制正反转接触器

C. 液压系统配合摩擦离合器　　D. 手动机械换向

3. 摇臂夹紧后,电机 M3 仍持续正转的可能原因是(　　)。

A. SQ4 触点粘连　　B. KM2 线圈断路　　C. 电源缺相　　D. 主轴电机过载

4. 控制线路的电源电压为(　　)。

A. 380 V　　B. 220 V　　C. 110 V　　D. 24 V

三、判断题

1. Z35 钻床的所有电机均需设置长期过载保护。(　　)
2. 摇臂升降的控制过程需通过电气与机械联动实现。(　　)
3. 照明电路的安全电压为 110 V。(　　)
4. 检修时若电源相序错误,会导致摇臂升降方向颠倒。(　　)

四、简答题

1. 简述 Z35 钻床摇臂升降的控制过程。

2. 如何检测 KM2 线圈控制回路断路故障?

拓展任务　M1432 磨床电气系统的识读和检修

任务描述

M1432 型万能外圆磨床功能多样，主要用于磨削各类零件的特定表面。可以用来加工外圆柱面及外圆锥面，借助磨床上配备的内圆磨具，它还能磨削内圆柱面、内圆锥面，也可以磨削阶梯轴的轴肩和端平面，此外，还可用于磨削平面。这种磨床的万能性程度较高，但自动化程度较低，故不适用于大批量生产，常用于单件、小批量生产或工具、修理车间。

本任务聚焦 M1432 磨床电气系统，要求学生能剖析其主电路、控制线路、电磁吸盘及照明电路构成，明晰各元件作用，能运用理论知识锁定故障范围，检修排查问题，强化电气控制系统故障诊断与排除能力，掌握电气控制系统保养维护基本方法。

任务目标

知识目标

- 了解 M1432 磨床的基本结构。
- 理解 M1432 磨床电气控制线路的工作原理，能说出各电路组成与元件功能。
- 明晰其控制及保护环节与短路保护方式。
- 熟悉 M1432 磨床电气系统操作和检修的安全规范。
- 了解电气设备的日常维护保养知识。

技能目标

- 能精准识读图纸，快速定位 M1432 磨床电气故障区域。
- 准确分析各控制环节的逻辑关系，以及电路工作过程。
- 能规范操作工具，精准检测磨床电气元件性能优劣。
- 能依据故障现象，高效制定科学合理的检修方案。
- 能团队协作实操，妥善处理磨床复杂电气检修难题。

知识准备

8.8.1　M1432 磨床简介

M1432 型万能外圆磨床由多个重要部件组成，包括床身、工件头架、工作台、内圆磨具、砂轮架、尾座、控制箱等其外形结构如图 8-8-1 所示。

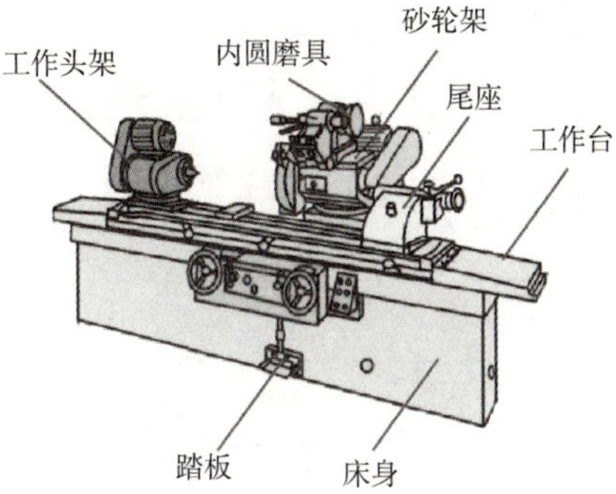

图 8-8-1　M1432 型万能外圆磨床外形结构图

该磨床采用五台电机拖动工作，分别是油泵电机 M1、头架电机 M2、内圆砂轮电机 M3、外圆砂轮电机 M4 和冷却泵电机 M5。机床的工作台纵向运动，可由液压驱动，也可用手轮摇动。

8.8.2　M1432 磨床电气系统工作原理

M1432 型万能外圆磨床电气控制原理图如图 8-8-2 所示。

8.8.2.1　主电路

M1432 型万能外圆磨床主电路如图 8-8-3 所示。电源总开关 QS1 引入三相交流电源，为整个磨床供电。总短路保护依靠熔断器 FU1，对电路起到整体的短路防护作用。分路保护方面，M1 和 M2 由熔断器 FU2 保护，M3 和 M4 则由 FU3 保护。此外，所有电机都配备了热继电器（FR1-FR5），用于实现过载保护。

磨床中的电机配置也各有作用。M1 油泵电机功率为 7.5 kW，主要驱动液压系统；M2 是 4/2 极双速电机，用于带动工件旋转；M3 和 M4 分别是 4 kW 的内、外圆砂轮电机；M5 冷却泵电机，负责为砂轮和工件提供冷却液。

8.8.2.2　控制线路

M1432 型万能外圆磨床控制电路如图 8-8-4 所示。

1. 油泵电机控制（M1）

在 M1432 磨床控制线路中，油泵电机 M1 的启动控制流程为：按下启动按钮 SB2（10 区），电路接通，接触器 KM1 的线圈得电（10 区），KM1 的主触点闭合（5 区），油泵电机 M1 接通电源开始运行。

停止控制，当按下停止按钮 SB1 时（10 区），接触器 KM1 的线圈失电，其主触点断开，油泵电机 M1 因失去电源而停止运转。

在电源联锁机制中，其他电机的控制线路电源均取自接触器 KM1 的自锁触点（10 区）之后。因此只有在油泵电机 M1 启动，即 KM1 自锁触点闭合后，其他电机的控制线路才有电源供应，进而才能启动，这有效避免了其他电机在油泵电机未启动时误动作。

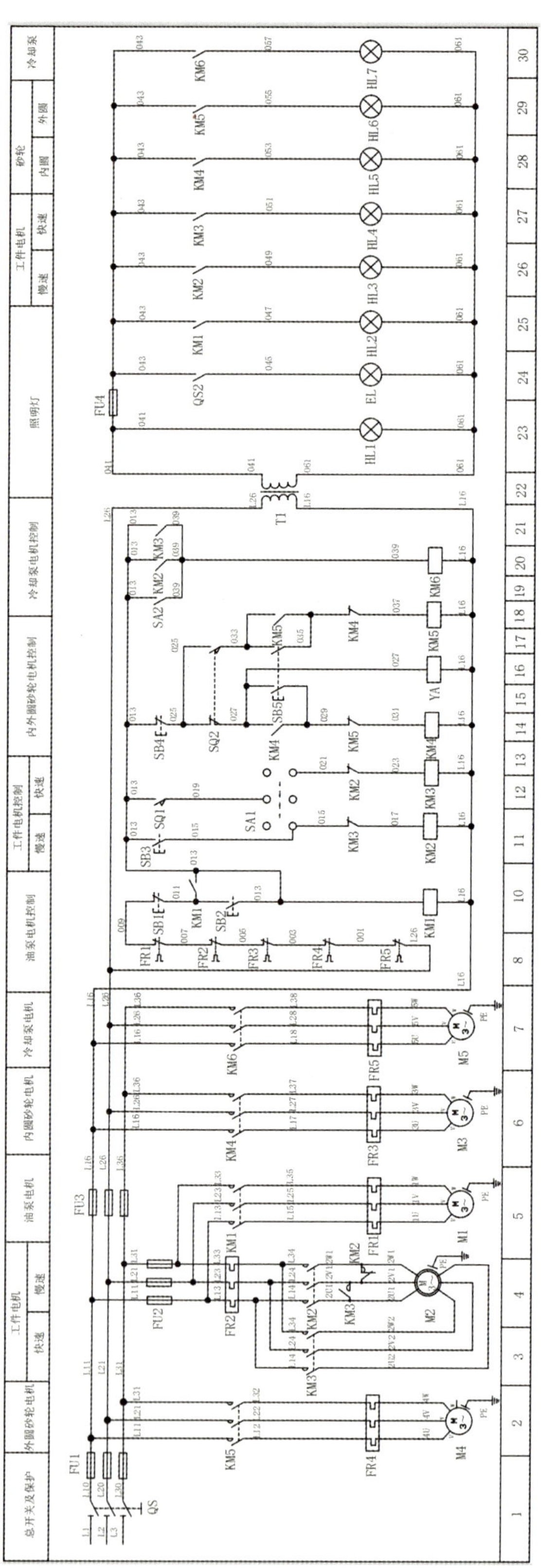

图 8-8-2 M1432 型万能外圆磨床电气控制原理图

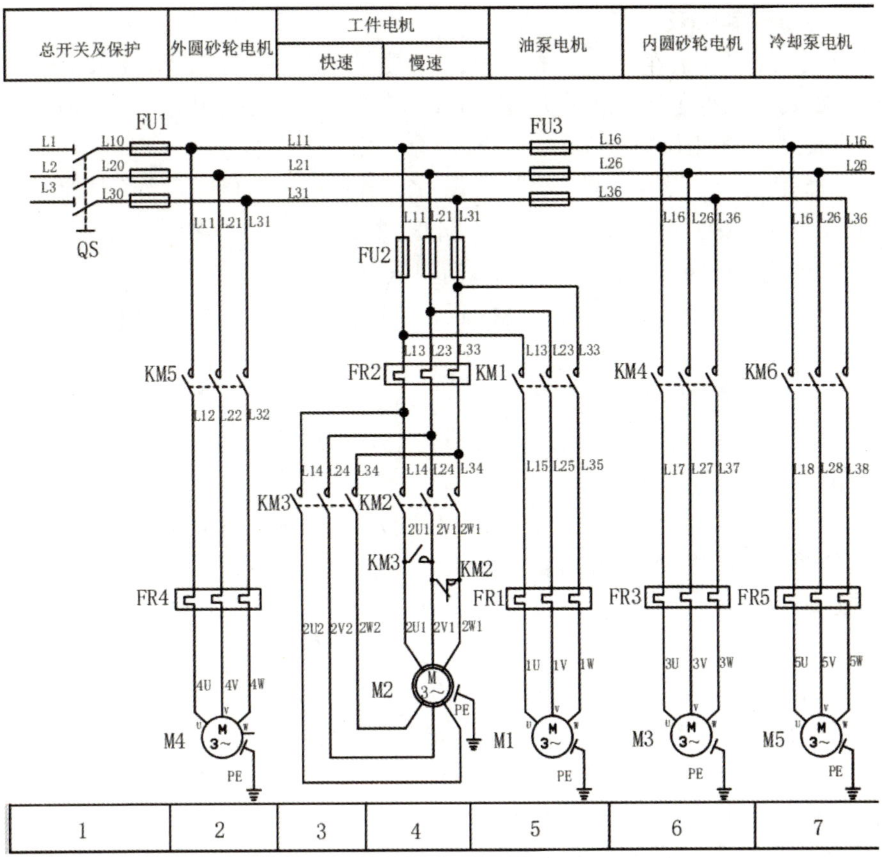

图 8-8-3　M1432 型万能外圆磨床主电路

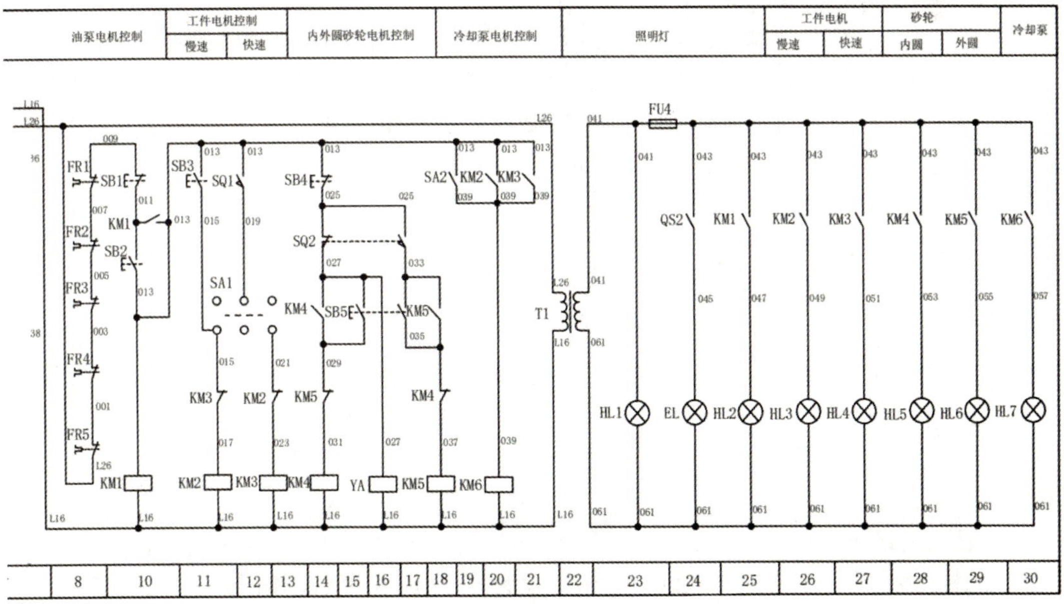

图 8-8-4　M1432 型万能外圆磨床控制电路

2. 工件电机控制（M2）

工件电机 M2 是安装在头架上的，头架中有主轴，它与尾架一起把工件沿轴线顶牢，然后带着工件旋转。根据工件直径的大小和粗磨或精磨的不同，头架的转速是需要调整的，一般是采用塔式皮带轮调换转速。

转速选择开关 SA1 设有“低”“停”“高”三个挡位。当 SA1 置于“低”挡时，按下油泵电机 M1 的启动按钮 SB2，接触器 KM2 通电，此时通过液压传动使砂轮架电机 M2 的绕组接成三角形，电机低速运转。若将 SA1 置于“高”挡（13 区），砂轮架快速前进使行程开关 SQ1 常开触点受压闭合（13 区），接触器 KM3 通电，头架电机 M2 绕组接成 YY 形，电机高速运转。

此外，SB3（11 区）作为点动控制按钮，直接控制 KM2，能实现 M2 的低速点动，方便对工件进行校正和调试。在安全联锁方面，当砂轮架退回原位，SQ1 复位断开，M2 会自动停机，有效保障设备和人员安全。

磨削完毕，砂轮架退回原处，开关 SQ1 复位断开，电机 M2 自动停转。

3. 内、外圆砂轮电机 M3 和 M4 的控制

在磨削操作中，内、外圆砂轮电机的控制与安全联锁机制紧密配合，确保了磨削工作的顺利进行。

内、外圆砂轮电机 M3 和 M4 的控制。内圆砂轮电机 M3 由接触器 KM4 控制，外圆砂轮电机 M4 由接触器 KM5 控制。内、外圆砂轮电机不能同时启动，由开关 SQ2 对它们实行联锁。当进行外圆磨削时，把砂轮架上的内圆磨具往上翻，它的后侧压住位置开关 SQ2，SQ2 的常闭触点断开（14 区），常开触点闭合（17 区），按下启动按钮 SB5（15 区），接触器 KM5 线圈获电吸合，外圆砂轮电机 M4 启动。当进行内圆磨削时，将内圆磨具翻下，原被内圆磨具压下的位置开关 SQ2 复原，它的常开触点恢复断开，常闭触点恢复闭合，按下启动按钮 SB5，接触器 KM4 线圈获电吸合，使内圆砂轮电机 M3 启动运行。内圆砂轮磨削时，砂轮架是不允许快速退回的，因为此时内圆磨头在工件的内孔，砂轮架若快速移动，易造成损坏磨头及工件报废的严重事故，因此，内圆磨削与砂轮架的快速退回联锁。当内圆磨具翻下时，由于位置开关 SQ2 复位，故电磁铁 YA 线圈获电动作，衔铁被吸下，砂轮架快速进退的操纵手柄锁住液压回路，使砂轮架不能快速退回。

4. 冷却泵电机控制（M5）

冷却泵电机 M5 的控制与工件电机 M2 紧密关联。当接触器 KM2 或 KM3 动作时，工件电机 M2 进入运行状态，接触器 KM6 线圈（20 区）得电，进而 KM6 主触点闭合（7 区），冷却泵电机 M5 启动，为砂轮和工件供应冷却液。

当工件电机 M2 停止运行，接触器 KM2 和 KM3 均失电，相应的控制线路断开，接触器 KM6 线圈也随之失电，其主触点断开，冷却泵电机 M5 停止工作，这一过程称为随动停机。该机制确保冷却泵电机 M5 与工件电机 M2 的运行状态相匹配，提高设备运行的合理性与安全性。

5. 照明电路

照明电路由 TC 变压器将 220 V 电压转化为 36 V 的安全电压输出。为磨床工作区域提供安全、稳定的照明，便于操作人员清晰观察加工情况。

指示灯系统包含电源指示灯 HL1，用于显示磨床的总电源是否处于接通状态，油泵电机指示灯 HL2、工件电机指示灯 HL3/HL4、砂轮电机指示灯 HL5/HL6 和冷却泵电机指示灯 HL7 等的工作状态，便于及时发现故障或异常情况，保障设备安全、稳定运行。

8.8.3　M1432 磨床常见电气故障及检修

8.8.3.1　M1432 磨床常见电气故障及检修方法

M1432 磨床作为机械加工中的关键设备，在工业生产中扮演着不可或缺的角色。然而，长期高负荷运转下，电气故障时有发生，这不仅阻碍生产进度，还可能引发安全隐患。掌握 M1432 磨床常见电气故障的排查与检修方法，是设备维护人员的必备技能，也对保障磨床高效运行、提高企业生产效益有着重要意义。M1432 磨床常见电气故障及检修见表 8-8-1。

表 8-8-1　M1432 磨床常见电气故障及检修表

故障现象	故障原因分析	故障排除与检修
整机无电，指示灯不亮	电源输入异常，三相电源缺相或电压偏差超过 10%，导致控制线路无法正常工作	①用万用表交流 500 V 挡测量 QS 进线端三相电压 ②合闸后测量出线端电压，若存在缺相或电压偏差>10% ③解体检查触点氧化情况，使用 00 砂纸打磨触点 ④调整触点弹簧压力至标准值（15~20 N）
	电源开关 QS 触点氧化、烧蚀或弹簧压力不足，引发接触不良或断路	
	熔断器熔断或线路断路，阻断控制电源传输	
	接触器线圈烧毁或辅助触点失效，导致主电路无法合闸	
热继电器频繁跳闸	负载超限，M1（7.5 kW）额定电流约 15 A，M2（4/2 kW）高速挡约 8 A、低速挡约 4 A。若实际运行电流超过额定值，热继电器将因过载跳闸	①确认负载是否超过电机额定值（M1：7.5 kW/M2：4/2 kW） ②测量电机三相绕组直流电阻（偏差应<5%） ③检查机械传动是否卡阻（如液压油泵柱塞咬死） ④校验热继电器整定值（应整定在电机额定电流的 1.05 倍）
	存在匝间短路或断路，导致电流不平衡	
	液压油泵柱塞咬死、轴承损坏或皮带过紧等机械故障，导致电机负载转矩增大，电流上升	
	热继电器整定错误，整定值未按电机额定电流的 1.05 倍设置（如 M1 应为 15 × 1.05≈15.75 A），或长期未校验导致双金属片性能漂移	
油泵电机 M1 启动失效	控制回路短路（如 KM1 线圈短路）或电机主电路短路	① KM1 线圈两端电压（正常应为 AC380 V） ② FR1 常闭触点通断测试（冷态阻值<50 mΩ） ③ SB2 按钮触点接触电阻（按下时<100 mΩ）
	按钮 SB2 触点氧化或机械卡阻，导致按下时无法导通	
	KM1 线圈断路、烧毁或接线端子松动	
M3/M4 同时启动	行程开关 SQ2 机械定位异常，导致其触点无法可靠断开 M4 控制线路，允许 M3/M4 同时得电	①检查 SQ2 机械动作行程（应≥3 mm） ②测量 SQ2 触点转换时间差（应>50 ms） ③验证 KM4/KM5 辅助常闭触点互锁功能 ④检查内圆磨具翻转变位机构的机械定位精度
	SQ2 触发滞后磨具翻转到位后，SQ2 触点未及时复位，误发允许启动信号	
	互锁逻辑失效，KM4/KM5 辅助常闭触点氧化或接触不良，导致 M3/M4 控制线路同时导通	

8.8.3.2 检修实例

1. 故障现象

合上电源总开关 QS 后，操作启动按钮 SB2，油泵电机 M1 无响应，其余电机均无法启动。

2. 故障分析

（1）主电路故障：检查电源总开关 QS 是否合闸到位，熔断器 FU1/FU2 是否熔断，热继电器 FR1 是否动作。

（2）控制线路故障：启动按钮 SB2 触点（10 区）接触不良，接触器 KM1 线圈断路，自锁触点（10 区）接触不良，或 FR1 常闭触点未复位（8 区）。

（3）联锁失效：其他控制线路未通过 KM1 自锁触点供电（10 区），导致整体控制电源缺失。

3. 排除步骤

1）电源检测

用万用表交流 500 V 挡测量 QS 进线端电压（正常为 380 V ± 10%）。

合闸后测量出线端电压，确认三相平衡且无缺相。

检查 FU1 熔体无熔断，热继电器 FR1 未动作（红色复位按钮弹出）。

2）控制线路排查

断开电源，用万用表电阻挡测量 SB2 按钮触点：按下时阻值<100 mΩ，松开时阻值无穷大，状态正常。

测量 KM1 线圈直流电阻（约 120 Ω），发现阻值异常增大，判断线圈断路。

检查 KM1 自锁触点接触电阻（<50 mΩ），状态正常。

3）元件更换与测试

更换同型号接触器 KM1，重新连接线路。

短接 KM1 线圈端子（临时模拟 KM1 吸合），其他电机控制线路电源恢复，验证联锁功能正常。恢复电路后，按下 SB2，KM1 吸合，M1 启动，测量空载电流 3.2 A（额定电流 15 A），运行正常。

4. 检修总结

KM1 线圈因长期过载导致绝缘老化烧断，更换后故障排除。同步校验热继电器整定值（15.75 A），确保保护功能有效。

8.8.3.3 任务实施

1. 所需的工具、材料

本任务所需实训设备及工具材料清单见表 8-8-2。

表 8-8-2 技能训练所需器材

序号	名称	型号规格	数量	备注
1	模块	M1432 万能磨床考核模块	1	
2	仪表	万用表	1	

续表

序号	名称	型号规格	数量	备注
3	工具	测电笔、尖嘴钳、螺钉旋具等		
4	电工材料	连接线、绝缘胶带等		

2. 故障分析

根据老师设置的故障进行排故并按照表 8-8-3 的要求记录排故过程。

表 8-8-3　M1432 万能磨床电气线路故障检测与排除

工作任务	M1432 万能磨床电气线路故障检测与排除		
	故障一	故障二	故障三
故障现象			
故障范围判定			
排故步骤			
实际故障点			
工作条件	观察故障现象，排除故障后试机通电；检测及排故过程停电		
维修要求			

3. 注意事项

（1）在工作许可人签名后方可进行检修。

（2）对电气线路进行检测，确定线路的故障点并排除、调试，最后填写表格。

（3）严格遵守电工操作安全规程。

（4）不得擅自改变原线路接线，不得更改电路和元件位置。

（5）完成检修后，能恢复该磨床各项功能。

思考与练习

一、填空题

1. M1432 磨床主电路中，油泵电机 M1 和工件电机 M2 的短路保护由熔断器________实现。

2. 内圆砂轮电机 M3 与外圆砂轮电机 M4 通过________实现互锁控制。

3. 冷却泵电机 M5 由接触器________控制，其电源取自工件电机 M2 的控制线路。

4. 砂轮架快速进退的液压回路锁定功能通过________（元件名称）实现。

二、选择题

1. 工件电机 M2 高速运行时，其绕组接法为(　　)。

A. 三角形　　B. YY 形　　C. Y 形　　D. 双星形

2. 油泵电机 M1 的控制线路电源取自(　　)。

A. 接触器 KM1 主触点前端　　B. 接触器 KM1 自锁触点后端

C. 热继电器 FR1 前端　　D. 熔断器 FU1 后端

3. 内圆磨削时,砂轮架快退功能被锁定是因为(　　)。

A. SQ1 复位　　B. SQ2 复位使 YA 得电

C. KM4 线圈失电　　D. 液压泵停止工作

4. 照明电路的安全电压由______提供。

A. 变压器 TC　　B. 熔断器 FU4　　C. 接触器 KM6　　D. 热继电器 FR5

三、判断题

1. 外圆砂轮电机 M4 启动时,内圆磨具需处于抬起状态。(　　)

2. 冷却泵电机 M5 可独立于工件电机 M2 启动。(　　)

3. 热继电器整定值应调整为电机额定电流的 1.5 倍。(　　)

4. 电源总开关 QS 的触点弹簧压力标准值为 15~20N。(　　)

四、简答题

1. 简述内圆磨削时的安全联锁机制。

2. 热继电器频繁跳闸的检修步骤有哪些?

参考文献

References

[1] 李瑞福. 工厂电气控制技术[M]. 北京：化学工业出版社，2010.

[2] 赵红顺. 常用电气控制设备[M]. 上海：华东师范大学出版社，2008.

[3] 王洪. 机床电气控制[M]. 北京：科学出版社，2009.

[4] 郑凤翼，郑丹丹. 图解机械设备电气控制电路[M]. 北京：人民邮电出版社，2006.

[5] 赵秉衡. 工厂电气控制设备[M]. 北京：冶金工业出版社，2001.

[6] 王兵. 常用机床电气检修[M]. 北京：中国劳动社会保障出版社，2006.